浙江乌岩岭森林动态样地

树种及其分布格局

仲　磊　雷祖培　刘　西　郑方东　主编

清华大学出版社
北　京

本书封面贴有清华大学出版社防伪标签，无标签者不得销售。
版权所有，侵权必究。举报：010-62782989，beiqinquan@tup.tsinghua.edu.cn。

图书在版编目（CIP）数据

浙江乌岩岭森林动态样地：树种及其分布格局 / 仲磊等主编 .— 北京：清华大学出版社，2023.5
ISBN 978-7-302-63647-2

Ⅰ. ①浙… Ⅱ. ①仲… Ⅲ. ①自然保护区—森林植物—研究—浙江 Ⅳ. ① S759.992.55

中国国家版本馆 CIP 数据核字（2023）第 096107 号

责任编辑：辛瑞瑞
封面设计：钟　达
责任校对：李建庄
责任印制：丛怀宇

出版发行：清华大学出版社
网　　址：http://www.tup.com.cn，http://www.wqbook.com
地　　址：北京清华大学学研大厦 A 座　　邮　　编：100084
社 总 机：010-83470000　　邮　　购：010-62786544
投稿与读者服务：010-62776969，c-service@tup.tsinghua.edu.cn
质量反馈：010-62772015，zhiliang@tup.tsinghua.edu.cn
印 装 者：小森印刷（北京）有限公司
经　　销：全国新华书店
开　　本：210mm × 285mm　　印　张：14.75　　字　数：367 千字
版　　次：2023 年 6 月第 1 版　　印　次：2023 年 6 月第 1 次印刷
定　　价：188.00 元

产品编号：101122-01

主编简介

仲磊，男，1990 年出生，生态学博士。现为浙江乌岩岭国家级自然保护区管理中心、浙江大学博士后，乌岩岭 9 hm^2 森林动态样地建设、调查、首次复查以及土壤理化性质调查的主要参与者之一。主要从事群落生态学、岛屿生物地理学的研究，并参与了多个国家级和省级自然保护区的生物多样性监测工作。在《生物多样性》和 *Diversity and Distributions* 等国内外期刊上发表论文近 20 篇。

雷祖培，男，畲族，1967 年出生，正高级工程师，博士生导师。任浙江乌岩岭国家级自然保护区管理中心党委委员、总工程师，长期从事保护区科研与保护工作，具有扎实系统理论知识和丰富的实践经验，独立或带领团队解决保护区管理、科研及保护中遇到的难题，在浙江省林业系统享有较高的影响力。先后主持科技与专业项目 30 多项，参与 40 项，荣获省部级奖项 4 项，授权专利 21 项，参与制定浙江省地方标准 3 项，编著专著 8 部，发表科研论文 50 余篇。兼任第九届和第十届泰顺县政协委员。

刘西，男，1985 年出生，硕士研究生，林业高级工程师，任浙江乌岩岭国家级自然保护区管理中心科研宣教处副处长，长期从事野生动植物分类、调查和保育工作，先后主持了蛛网萼、山豆根、台闽苣苔、毛果青冈等小物种保护项目，建有浙江乌岩岭国家级自然保护区维管束植物数据库，收集了 1800 多种的物种信息，为乌岩岭科学保护提供精准数据；在核心期刊发表科研论文 18 篇。

郑方东，男，1973 年出生，浙江农林大学农业推广专业在职硕士，林业高级工程师，任浙江乌岩岭国家级自然保护区管理中心科研宣教处处长，主要从事生物多样性科研监测与宣传教育工作；主持或参与了“黄腹角雉物种保护技术研究”“黄腹角雉种群和栖息地保护与监测”“乌岩岭保护区生物本底资源调查”“乌岩岭 9 hm^2 森林动态样地建设”等项目工作。

《浙江乌岩岭森林动态样地——树种及其分布格局》

编写委员会

顾　　问　孙义方　于明坚　丁　平

主　　任　毛晓忠　周碧素　毛达雄

副 主 任　林伟强　杨秀丽　毛晓鹏　陶翠玲　翁国杭　蓝锋生

主　　编　仲　磊　雷祖培　刘　西　郑方东

副 主 编　韦博良　赖小连　林莉斯　潘向东　刘雷雷　柯以恒

编　　委　（按姓氏笔画排序）

丁文勇　王金旺　王翠翠　毛海澄　卢　品　包长远

包志远　包其敏　刘金亮　刘敏慧　苏　醒　李书益

吴先助　何向武　张友仲　张书润　陈丽群　陈荣发

陈雪风　陈景峰　林月华　林瑞峰　周乐意　周镇刚

郑而重　项婷婷　顾雪萍　夏颖慧　郭晓彤　陶英坤

黄满好　章书声　蓝家仁　蓝道远　赖家厚　雷启阳

蔡延奔　蔡建祥　潘成秋

摄　　影　刘　西　仲　磊　郑方东　王军峰　吴东浩　叶喜阳

陈炳华　章书声　李　杰

编写单位　浙江乌岩岭国家级自然保护区管理中心

浙江大学生命科学学院

序 言

森林是人类赖以生存的重要生态系统，其不仅能提供干净的空气和水，更是多种生物赖以生存的家园。在全球现代化的过程中，森林承受了高度开发压力，因此也被大面积破坏，直接地降低了固碳、水源涵养和水质净化等功能。另外，大量增加的人口及不断推进的城市化进程，更增加了人类对森林生态系统所提供服务的需求。在全球气候变暖越趋严重、气候越趋极端的当下，如何加强对森林的了解并进一步保育受到破坏的森林，实为当务之急。

亚热带常绿阔叶林是中国亚热带地区的代表性植被，然而，由于近百年来受到人为破坏，原生性常绿阔叶林几乎丧失殆尽。乌岩岭国家级自然保护区的常绿阔叶林是我国亚热带地区典型次生常绿阔叶林的代表，是浙江省温州市生物多样性最丰富的地区，也是浙闽赣山地生物多样性最丰富的地区之一。虽然乌岩岭国家级自然保护区的常绿阔叶林也曾遭受人为砍伐，但经过近几十年的复育，次生常绿阔叶林恢复得相当完整，在中国中亚热带次生常绿阔叶林中具有代表性和原真性。

20 世纪 80 年代，国外就已开始建立大型森林动态样地，迄今已有 29 多个国家建立了 76 个森林动态大样地，并建立 ForestGEO 网络。森林动态样地采用大面积、长时间的方法研究森林动态，这种研究方法除了能完整提供森林树种在时间及空间上变迁的资料外，也能与其他学科进行整合性研究，分析气候变迁造成森林变化的原因及其影响，是现今森林生态学研究的重要趋势，在森林生态研究、生物多样性保护等方面都取得了重大研究成果。

乌岩岭大样地始于 2011 年，在浙江大学于明坚教授、浙江省温州市工业科学研究院蔡延奔书记及乌岩岭国家级自然保护区历任局长和主任的支持下，依照 ForestGEO 的原则，历经数年时间建成了 9 hm^2 的次生常绿阔叶林大样地。这是浙江省第一个地方科研机构及大学共同合作完成的大样地，充分体现了跨机构合作的精神。

设置森林动态样地所花费之人力及物力绝非一般研究可比，决策者必须有高远的眼光与坚定的支持，而执行者必须有坚强的意志力与执行力，方才可能克服万难完成。

本书详细记录了乌岩岭 9 hm^2 大样地内出现的木本植物信息，包含物种组成、分类特征、种群数量和空间分布等，翔实地呈现了中亚热带次生常绿阔叶林的生态特征。相信本书的出版能帮助读者对亚热带地区典型次生常绿阔叶林有更深入的了解，从而帮助和鼓励更多研究人员参与森林生态学的研究。

孙义方

2023 年 6 月

前 言

常绿阔叶林为亚热带地区的地带性植被，我国的常绿阔叶林分布面积达 250 万平方千米，是世界范围内分布最广、最典型的，生物多样性极其丰富，具有极高的保护和科研价值，但由于人为干扰等原因，大部分常绿阔叶林遭到了严重破坏，原生林几乎丧失殆尽。

浙江乌岩岭国家级自然保护区属于“南岭闽瓯中亚热带”气候区，常年温暖湿润，季风交替，四季分明，雨水充沛，具有中亚热带海洋性季风气候特点。乌岩岭享有天然“生物基因库”和绿色“生态博物馆”的美誉。保护区内植被保存和恢复良好，其中保护区双坑口保护站上芳香林区的一面北坡有着一片发育典型的次生常绿阔叶林，以甜槠（*Castanopsis eyrei*）、褐叶青冈（*Cyclobalanopsis stewardiana*）、木荷（*Schima superba*）和短尾石栎（*Lithocarpus brevicaudatus*）等为建群种，同时也是国家一级保护动物黄腹角雉（*Tragopan caboti*）和金斑喙凤蝶（*Teinopalpus aureus*）的栖息地。因此，在此建立大型固定样地，并进行长期监测，可以更全面地研究常绿阔叶林不同尺度的生物多样性格局和形成过程。

2021—2013 年，9 hm^2 的生物多样性长期监测样地在乌岩岭保护区上芳香林区建成。样地高差达 275.3 m（海拔 869.3 ~ 1144.6 m），平均坡度达 42.1°，平均岩石裸露率达 29.5%，有着 7 万多株、191 种胸径≥ 1 cm 的木本植物。样地地形十分复杂，物种十分丰富，完成该样地的建设和持续监测离不开许多人的坚持和付出。样地的建设和选址在温州工业科学研究院蔡延奔研究员、我国台湾省东华大学孙义方教授和浙江大学于明坚教授的策划和推动下得以启动。除本书的作者外，参与样地建设或复查的还有浙江大学于明坚教授课题组的金毅、胡广、吴倩倩、姚燊豪、巫东豪、张爱英、王衷涵、王莹、陈春、阮振、秦雪妍、Ravi Mohan Tiwari、潘林、张田田、钟雨辰、翁昌露、杨席席等。我国台湾省东华大学陈毓昀博士和张杨家豪博士等给予了理论和技术的指导。温州工业科学研究院顾雪萍工程师和浙江省亚热带作物研究所的夏海涛、卢翔、魏馨、杨升等也协助了样地调查工作。浙江大学郑朝宗教授、温州大学丁炳扬教授和浙江农林大学金孝锋教授等对物种鉴定给予了很大的帮助。整个建设和复查过程中，乌岩岭的工作人员何振洪、陈福娇、宋文峰、夏东平等为野外调查提供了生活和工作的便利，赖正标、姜幸福、何土法、赖正林、郭瑞海、何振元、雷绍标、郭克勤、陈明学等参加了野外调查工作。最后样地的数据录入和校对工作得到了浙江大学大量本科生和研究生志愿者的协助，在此诚挚感谢大家的辛勤付出！

在此，向清华大学出版社在本书出版过程中提供的支持和帮助表示感谢。由于时间仓促，加之编者水平有限，书中的错误和疏漏在所难免，敬请读者不吝赐教，以便在后续重版重印过程中加以改正。

仲 磊

2022 年 10 月

目　录

第 1 章　乌岩岭自然保护区

第 2 章　乌岩岭常绿阔叶林 9 hm^2 森林样地

第 3 章　木本植物及其分布格局

第 1 章　乌岩岭自然保护区
Chapter 1　Introduction to Wuyanling Nature Reserve

1.1 发展简史

乌岩岭得名于当地乌黑的岩石和繁茂的森林，旧称“万里林”“百丈林”“乌岩林”“武夷岭”。乌岩岭留存着丰富的自然资源，是我国重要的“生物基因库”。历史上虽几经人为破坏，但由于区域面积广大，仍保有大量的野生动植物资源。自 20 世纪 50 年代以来，常有许多科研工作者在保护区内开展科研调查。

早在商代就可能已有人类在乌岩岭区域活动，这一地区承载着随后千百年的历史。新中国成立以来，乌岩岭自然保护区的发展离不开林场和自然保护区管理局的设立和运行。

1958 年，乌岩岭建炭窑 200 余座，砍伐木材三万余立方米，造成部分原生阔叶林的破坏。

1959 年，乌岩岭国营林场建立，林场开始了林木资源的保护。

1962 年，乌岩岭国营林场被撤销，作为一个林区被并入罗阳林场。

1964 年，浙江省计划经济委员会和浙江省林业厅批准恢复乌岩岭国营林场。

1969 年，泰顺县乌岩岭林场革命委员会成立，开展了林木资源保护和用材建设。经过精心造林、护林，森林资源不断增加，原有的阔叶林得到恢复和保存。

1975 年，浙江省乌岩岭自然保护区经由浙江省改革委员会正式批准设立（范围仅限于国有部分 1 500 hm^2），开展了一些以保护、科研为主的活动。

1981 年，杭州大学诸葛阳教授首次在保护区发现世界濒危物种、国家一级重点保护野生动物黄腹角雉。

1983 年，由温州市科委立项，并组织和邀请北京师范大学、华东师范大学、杭州大学、浙江林学院、杭州植物园、温州市和泰顺县林业、环保、气象、科协等 17 个单位的专家、教授组成综合考察队，分成植物区系、植被、动物、昆虫、环保、土壤、地质、气象等 10 个考察小组，对乌岩岭进行全面系统的考察，取得了很大成果，特别对国际濒危鸟类——黄腹角雉进行了野外动态观察、习性调查、无线电跟踪等研究，填补了国际空白，成立了国家唯一黄腹角雉保护种基地。

1994 年，国务院批准建立浙江乌岩岭国家级自然保护区。

1995 年，浙江省批准设立浙江乌岩岭国家级自然保护区管理局。

1997 年，浙江乌岩岭国家级自然保护区管理局正式挂牌，时任代省长柴松岳出席成立仪式，并为保护区授牌。同年，泰顺县人民政府决定将乌岩岭林场从县林业局划归浙江乌岩岭国家级自然保护区管理局管理。

2000 年，乌岩岭管理局编制了《浙江工乌岩岭国家级自然保护区总体规划（2001—2015 年）》并于 2003 年获得国家林业局批准同意，规划总面积 18 861.50 hm^2，其中核心区面积 4 469.00 hm^2，缓冲区面积 2 035.00 hm^2，实验区面积 12 339.50 hm^2。

2002 年，乌岩岭保护区获得基础设施一期可行性研究的批复，并于第二年开始建设，于 2009 年获得验收。

2004 年，首届“中国鸟类保护科学乌岩岭论坛”在泰顺召开。

2006 年，双坑口保护站综合楼（现场管理中心）建成并投入使用。

2007 年，乌岩岭管理局科技人员林莉斯在保护区发现被誉为“国蝶”的国家一级保护动物金斑喙凤蝶，为浙江省填补了一项空白。

2008 年，乌岩岭保护区遭受 50 年一遇的冰雪灾害，林木和林区公路受损严重，直接经济损失 100 多万元。

2009 年，乌岩岭管理局举行综合办公楼落成暨乔迁典礼，该工程于 2004 年立项，2007 年开工，2008 年完工并通过质量综合验收。

2010 年，乌岩岭保护区获得二期可行性研究的批复，开始进行基础设施二期项目的建设。

2011 年，乌岩岭保护区进行了第一次功能区划调整，调整后的保护区总面积 18 861.50 hm^2，其中核心区面积 4 593.90 hm^2，缓冲区面积 2 007.10 hm^2，实验区面积 12 260.50 hm^2；浙南 – 台湾生物与生态工程研究中心、浙江大学生命科学学院、乌岩岭保护管理局联合在双坑口保护站上芳香林区启动了 9 hm^2 的森林动态监测样地建设项目。

2012 年，乌岩岭景区成功创建国家 AAA 级旅游景区，成为泰顺首个国家 AAA 级旅游景区；中国乌岩岭生物多样性研究基地建成典礼在上芳香举行，该基地是温州首个海峡两岸共建的生物多样性研究基地，2011 年 8 月启动以来，多方先后派出 100 多批次科研工作者进驻基地，完成了首个 9 hm^2 森林动态样地建设，初步调查发现木本植物 190 多种。

2013 年，完成了乌岩岭宣教中心原标本楼标本迁移和旧房拆迁的项目招标、施工证办理等工作，启动了乌岩岭宣教中心（黄腹角雉主题馆）建设工程；启动了黄腹角雉繁育及野生动物救护中心工程；开展了黄腹角雉喜好树种交让木的人工育苗和栽培等工作。

2014 年，保护区内安装了 50 多台红外自动感应监控相机及视频监控探头，对区内野生动物开展了调查监测，首次在野外清晰拍摄到黄腹角雉与王锦蛇搏斗、黄腹角雉发情炫耀等场景；完成了《乌岩岭志》的出版发行。

2015 年，完成了乌岩岭宣教中心（黄腹角雉主题馆）主体工程建设，利用先进的声光电技术对乌岩岭宣教中心（黄腹角雉主题馆）进行布展设计；乌岩岭景区完成了游客服务中心建设，内设票务中心、商品服务中心、影视厅、医务室、导游休息室及投诉办公室等，进一步提升乌岩岭景区游客服务能力。

2016 年，乌岩岭景区成功创成国家 AAAA 级景区和省级生态旅游示范区；同中国科学院院士、北京师范大学郑光美教授签订《乌岩岭生物多样性研究院士专家工作站合作协议》，建立了泰顺生物多样性研究院士专家工作站。

2017 年，乌岩岭保护区进行了第二次功能区划调整，调整后的保护区总面积 18 861.50 hm^2，其中核心区面积 4 597.03 hm^2，缓冲区面积 2 007.68 hm^2，实验区面积 12 256.79 hm^2；开展了乌岩岭保护区鸟类、两栖爬行类动物以及植物资源调查。

2018 年，建成保护区林业资源数据库，完成保护区 80 坐标系及 2 000 坐标系的界线和功能区界线，矢量化工作得到生态环境部批复；乌岩岭 9 hm^2 的森林动态监测样地完成了第一次复查。

2019 年，完成乌岩岭保护区森林防火预警指挥系统建设；《浙江乌岩岭国家级自然保护区总体规划（2019—2028 年）》通过国家林业局批复；成功创成温州市森林康养基地和温州市中小学研学基地，获得国家生态环境部等七部委长江经济带国家级自然保护区管理评估优秀等级，并成功入选浙江最美森林氧吧，出版了《乌岩岭两栖爬行动物》一书。

2020 年，全面启动了乌岩岭保护区的综合科学考察工作；保护区荣获省森林生态保护突出贡献集体称号；乌岩岭景区成功创成浙江省森林康养基地和第三批温州市职工疗休养基地。

2021 年，乌岩岭管理中心续签全国首家生物多样性保护院士专家工作站、建成全省首家以“生物多样性”为研究方向的博士后工作站和全县首个生物多样性科研实验室，形成“院士专家工作站 + 博士后工作站 + 生物多样性科研实验室”，荣获国家梁希林业科技进步奖二等奖 1 个，浙江省科技兴林奖二等奖 1 个、三等奖 1 个，创成全省首个全国第一批濒危动物保育示范基地；乌岩岭以优良的生态环境和森林康养优势入选全省第二批名山公园、首批“浙江省气象康养乡村”；建成乌岩岭上芳香黄腹角雉野生驯养场；出版了《浙江乌岩岭国家级自然保护区植物资源调查研究》一书。

2022 年，保护区被授予浙江省黄腹角雉抢救保护基地、省第十二批“生态文化基地”、温州市“十大生态文化基地”、温州市院士专家康养基地、无废景区等称号；博士后工作站在 9 hm^2 样地内开展了土壤微生物、土壤理化性质和森林郁闭度等的调查，并在泰顺县域内建立 10 个卫星样地；出版了《浙江乌岩岭国家级自然保护区濒危植物图鉴》《浙江乌岩岭国家级自然保护区濒危动物图鉴》《浙江乌岩岭国家级自然保护区蝴蝶图鉴》《浙江乌岩岭国家级自然保护区鸟类图鉴（上册）》和《浙江乌岩岭国家级自然保护区鸟类图鉴（下册）》共 5 册生物多样性丛书。

1.2 地理位置和自然环境

浙江省乌岩岭国家级自然保护区位于浙江省泰顺县西北及西南部，包括北、南两个片区，总面积达 18 861.5 hm^2。其中北片区为主片区（设有双坑口、黄桥和碑排共三个保护站），位于浙江省泰顺县西北部（北纬 27°20'52" ~ 27°48'39"，东经 119°37'08" ~ 119°50'00"），西连福建省寿宁、福安，北接浙江省文成、景宁。南片区（设有垟溪保护站）位于泰顺县西南角（北纬 27°22'52"，东经 119°45'），海拔较低。乌岩岭自然保护区位于洞宫山脉南段，山脉呈北北东向绵延展布。主峰为“温州第一高峰”白云尖，海拔 1 611.3 m。保护区地处“南岭闽瓯中亚热带”气候区，具中亚热带海洋性季风气候特色，常年温暖湿润，季风交替，四季分明，雨水充沛。年降水量平均为 2 195.8 mm，其中每年 5—6 月降水较多。空气相对湿度平均大于 85%。据保护区上芳香气象哨（海拔 1 040 m）测定分析，年平均气温为 14.0 ℃，最冷月平均 4.0 ℃，最热月平均 23.0 ℃。无霜期约 210 天，日照百分率为 38%，伊万诺夫湿润度大于 4.0。双坑口保护站（海拔 650 m）的年均气温则为 15.2 ℃，无霜期 230 天。

保护区的土壤基岩以中生代侏罗纪晚世的火成岩为主，其土壤隶属红壤、黄壤 2 个土类，6 个土种。通常乌黄泥土和乌黄砾泥土分布在海拔 600 m 以下的低山；山地黄泥土和山地砾石黄泥土分布于 600 ~ 1 100 m 的山坡地；山地香灰黄泥土和山地砾石香灰黄泥土分布于海拔 1 000 m 左右，高植被覆盖率的阔叶林带和灌草丛带。土壤酸度强度从强酸性、酸性至微酸性均有。土壤氮钾含量高，含磷量中等偏低，有机质含量与 C/N 值高。高植被覆盖度利于土壤有机质的形成和积累。

1.3 主要植被类型

亚热带常绿阔叶林是乌岩岭保护区的地带性植被，保护区内的植被随海拔梯度的变化，在相应气候垂直分布带上形成了一定的垂直带谱。保护区内常见的类型：

1. 暖性针叶林 / 针阔叶混交林

马尾松针阔叶混交林：分布于芳香坪至双坑口一带、垟溪和黄桥三插溪水库周边等地，一般分布于海拔 900 m 以下。

杉木林：杉木林多属人工栽培，碑排、黄桥和双坑口等均有分布，分布于海拔 1 060 m 以下（图 1–1）。

图 1–1　暖性针叶林 / 针阔叶混交林

a：马尾松针阔叶混交林（垟溪）；b：杉木林（双坑口）

2. 温性针叶林

保护区内温性针叶林主要分布于海拔 800 m 以上。

黄山松林：分布于双坑口至白云尖山坡，海拔 800 m 以上。

柳杉林：人工起源，分布于双坑口保护站至白云尖、垟溪林场等地，海拔 700 ~ 1 200 m（图 1–2）。

图 1–2　温性针叶林

a：黄山松林（白云尖）；b：柳杉林（双坑口）

3. 常绿阔叶林

常绿阔叶林是我国中亚热带地带性植被类型，景象丰富，保护区内常见类型如下：

青冈 + 红楠林：分布于双坑口保护站，海拔 500 m 以下的沟谷两侧山坡。

红楠 + 薯豆林：分布于乌岩岭东北部沟谷旁，海拔 800 m 左右。

栲树林：该区地带性植被，主要分布于双坑口保护山的白云漈沟谷、黄桥保护站三插溪两侧、垟溪林场山坡，海拔 210 ~ 997 m。

甜槠林：主要分布于上芳香至双坑口一带，海拔 1 200 m 以下。

木荷 + 甜槠 + 青榨槭林：主要分布于上芳香至双坑口一带，海拔 1 000 m 以下（图 1–3）。

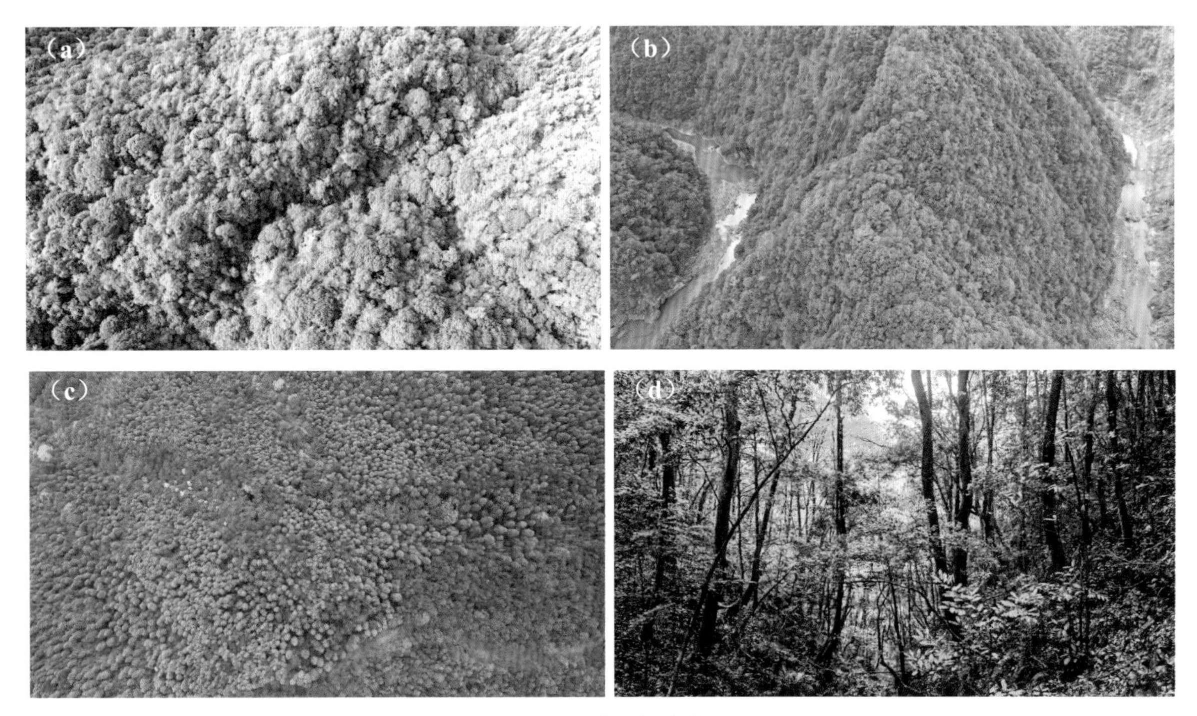

图 1–3　常绿阔叶林

a：低山常绿阔叶林（垟溪）；b：低山常绿阔叶林（黄桥）；

c：中山常绿阔叶林（双坑口）；d：中山常绿阔叶林（乌岩岭 9 hm^2 森林动态监测样地）

4. 常绿落叶阔叶混交林

木荷 + 硬斗石栎 + 缺萼枫香林：主要分布于芳香坪至双坑口一带，海拔 1 000 m 以下。

5. 落叶阔叶林

水青冈林：主要分布于双坑口保护站，海拔 990 m 以下。

枫香林：分布于垟溪林场，海拔 220 m 左右。

锈叶野桐林：仅分布于黄桥乡三插溪旁谷底，海拔 208 m 左右，为特殊类型，非地带性植被。

6. 暖性竹林

毛竹林：主要分布于垟溪林区、黄桥保护站、双坑口保护站至上芳香林区沿途等地，为块状人工林，生长在立地条件较好的沟谷和山坡地段，海拔常在 800 m 以下（图 1–4）。

图 1-4　毛竹林

7. 灌丛

杜鹃花灌丛：分布于乌岩岭保护区与望东垟保护区交界处山脊，海拔 1 500 ~ 1 600 m。

小叶蚊母树灌丛：主要分布于垟溪林场、黄桥保护站等河流水位线附近的溪滩边，海拔 300 m 以下（图 1-5）。

图 1-5　灌丛

a：杜鹃花灌丛（白云尖）；b：小叶蚊母树灌丛（垟溪）

8. 草地

常见于保护区内抛荒地，所处立地土质较疏松。

五节芒草地群落：主要分布于垟溪林场的抛荒地，海拔 600 m 以下。

芒 + 白茅草地群落：主要分布于黄桥小燕地区（图 1-6）。

图 1-6　草地

a：五节芒草地群落（垟溪）；b：芒 + 白茅草地群落（黄桥）

9. 栽培植被

保护区内栽培植被主要位于黄桥黄山村，以水稻、瓜类、蔬菜等作物为主，海拔 600 m 左右。

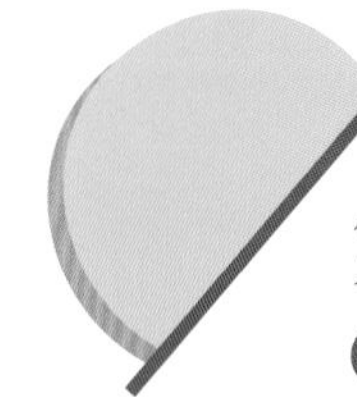

第 2 章　乌岩岭常绿阔叶林 9 hm^2 森林样地
Chapter 2　The 9 hm^2 Broadleaved Evergreen Forest Plot in Wuyanling

2.1 样地建设和群落调查

2011—2013 年，浙南 – 台湾生物与生态工程研究中心、浙江大学生命科学学院、乌岩岭国家级自然保护区管理局（2018 年 11 月开始改为浙江乌岩岭国家级自然保护区管理中心）联合在温州泰顺乌岩岭国家级自然保护区双坑口保护站上芳香林区的一面北坡，选择了一片发育典型的次生常绿阔叶林，参照美国史密森学会亚热带研究所的热带森林研究中心（Center for Tropical Forest Science，CTFS）大型森林动态监测样地的标准建立了一个 9 hm^2 的森林动态监测样地（林龄 50 ~ 60 年）。

乌岩岭 9 hm^2 森林动态监测样地为南北宽 300 m，东西长 300 m 的正方形布局，具体位置为北纬 27°42'10.16" ~ 27°42'20.92"，东经 119°40'6.61" ~ 119°40'19.22"（图 2–1），由全站仪以 10 m 的间距标定而成。整个样地被划分成 225 个 20 m × 20 m 的样方，每个样方又被平分成 16 个 5 m × 5 m 的小样方。样地的原点为西南角，即西南角为样地的起点。调查时每个样方或者小样方的原点都为西南角。定位时由西往东方向为 *X* 轴，由南往北方向为 *Y* 轴。

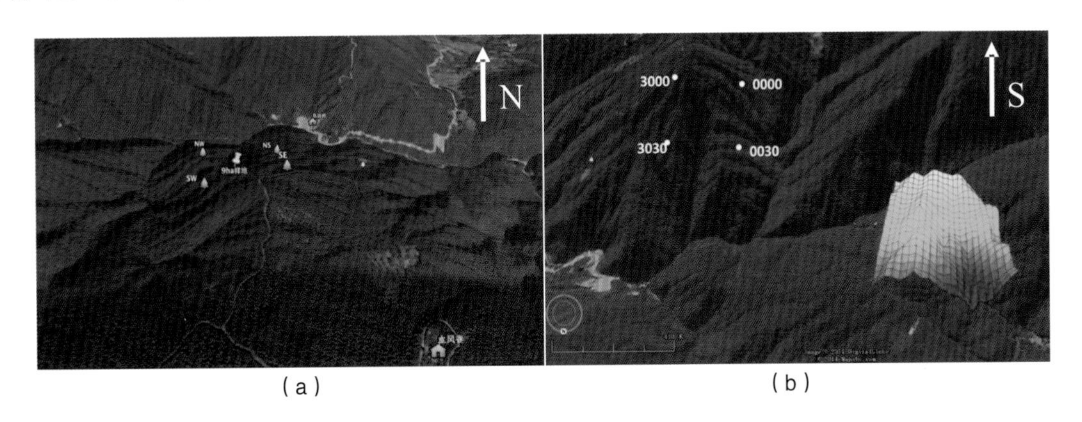

（a）　（b）

图 2–1　乌岩岭 9 hm^2 森林动态监测样地

调查时，每个样方的编号为其西南角顶点的坐标号，如样地第一个样方的编号是 00_00，样地最后一个样方的编号是 28_28，其中前面的两位数代表样方顶点的 *X* 轴，后面两位数代表样方顶点的 *Y* 轴（图 2–2a）。

整个样地被划分成 15 条样线。从西到东，分别为样地的 0 线、1 线、2 线、…、13 线和 14 线，共 15 条样线。每条样线共有 15 个样方。如 0 线的样方编号为 00_00、00_02、00_04、…、00_28；1 线的样方编号为 02_00、02_02、02_04、…、02_28；依次类推，14 线的样方编号是 28_00、

28_02、28_04、…、28_28。每个样方的编号都必为偶数，因为每个样方的边长都为 20 m（图 2-2b）。

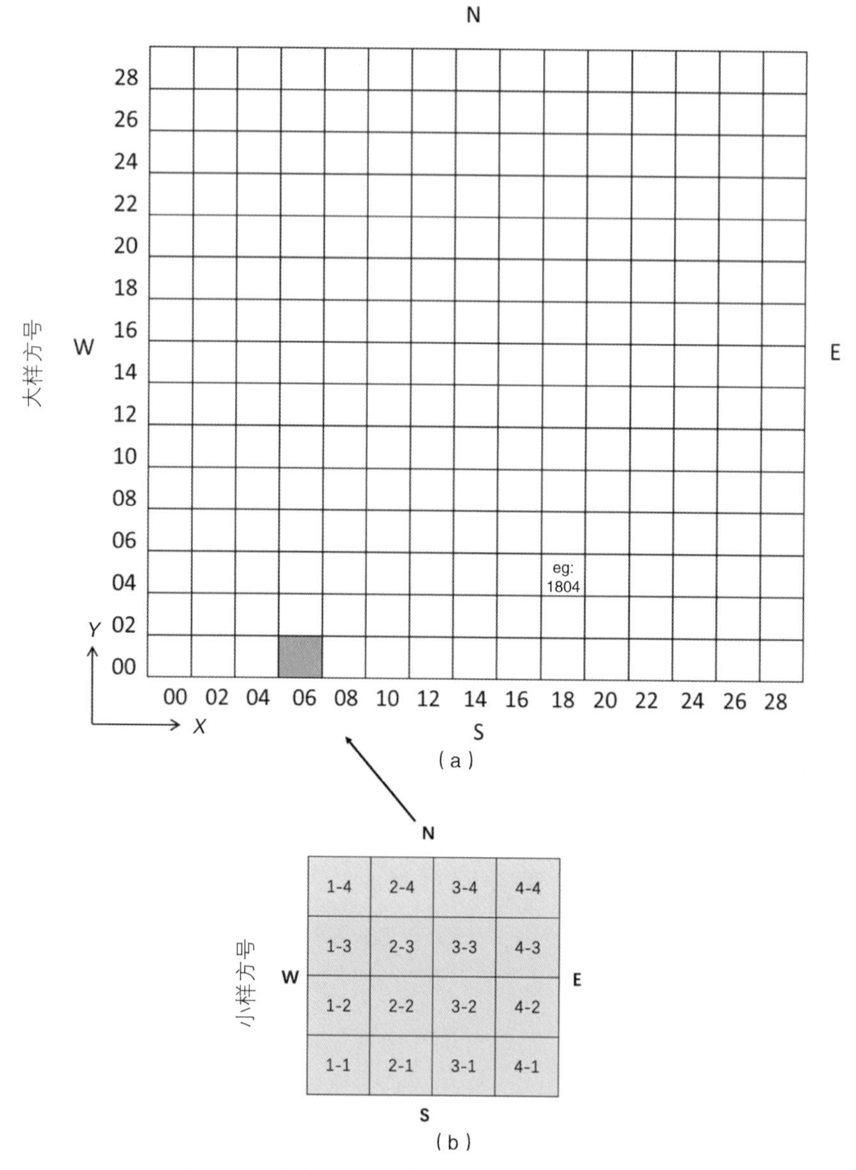

图 2-2　乌岩岭 9 hm^2 森林动态监测样地样方分布图

（a）大样方号的示意；（b）小样方号的示意

最初设计是每条样线 10 000 个主牌，从 0000 到 9999。每条样线的编号都会把第几条线加到这些数据的最前面。如 0 线的第一个主牌编号为 00000，最后一个编号为 09999；1 线的第一个主牌编号为 10000，最后一个主牌的编号为 19999；14 线第一个主牌的编号为 140000，最后一个主牌的编号为 149999。即对 0 线到 9 线的主牌数据来说，每个主牌的第一个数据即为第几条样线。对 10 线到 14 线，每个主牌的前两位数字代表第几条样线。所以一旦拿到一个主牌，最多不会超过 6 位数，最少也不会少于 5 位数。对 5 位数的主牌来说，第一个数据即为第几条样线，对 6 位数的主牌来说，前两位数即为第几条样线。由于每条样线的主牌都是从第一个主牌依次往下挂，没有区分每条样线的每个样方，所以看到一个主牌，只能确定是哪条样线的，而不能确定是哪个样方的。

对每个样方来说，其包含了 16 个小样方。西南角的那个小样方的编号为 1_1，从西往东的小样方编号分别为 1_1、2_1、3_1 和 4_1，从南往北的小样方编号分别为 1_1 到 1_4、2_1 到 2_4、3_1 到 3_4、4_1 到 4_4。调查时，一般都首先从 1_1 开始，然后从西往东调查到 4_1，其次从 4_2 调查到 1_2，再次从 1_3 调查到 4_3，最后从 4_4 调查到 1_4（图 2–2b）。有的小样方因太陡等原因不能按此顺序进行调查，可能会有变动。但每个样方一定有 16 个小样方，有的小样方由于一棵符合调查的树都没有，所以会出现数据空白的现象。

以小样方为基本单位，对样地内胸径（胸高 1.3 m 处的直径，diameter at breast hight，DBH）≥ 1 cm 的每株木本植物进行调查，调查内容包括胸高（1.3 m）处刷漆、挂牌、种类识别、胸径测量、定位（*X* 轴和 *Y* 轴坐标）、树高和树木的生长状态等。

2018 年 8—12 月，浙江大学生命科学学院项目组组织了研究助理、博士后和研究生共 20 余人，在亚热带作物研究所及乌岩岭管理局科技人员的密切配合下，完成了乌岩岭 9 hm^2 样地的复查工作，重新测量了存活个体的胸径，记录了每个个体的存活 / 死亡等信息，并为胸径达到 1 cm 的新增木本植物个体进行了挂牌、调查和记录。

2.2 地形和土壤理化性质

乌岩岭 9 hm^2 森林动态监测样地位于保护区上芳香林区，除了西南角，其余均位于北坡（图 2–3）。样地地形十分崎岖，生境异质性高，最高和最低高程差达 275.3 m（海拔 869.3 ~ 1 144.6 m），凹凸度在 –15.99 ~ 35.58 m，坡度在 20.74° ~ 68.88°，平均坡度高达 42.1°，坡向则在 1.35° ~ 89.03° 以及 162.45° ~ 359.35°（图 2–4）。

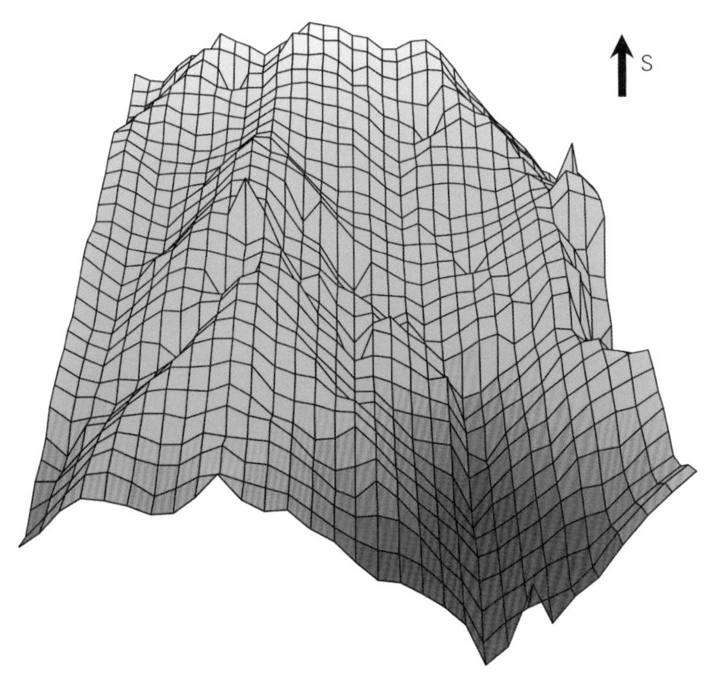

图 2–3　乌岩岭 9 hm^2 森林动态监测样地三维地形图

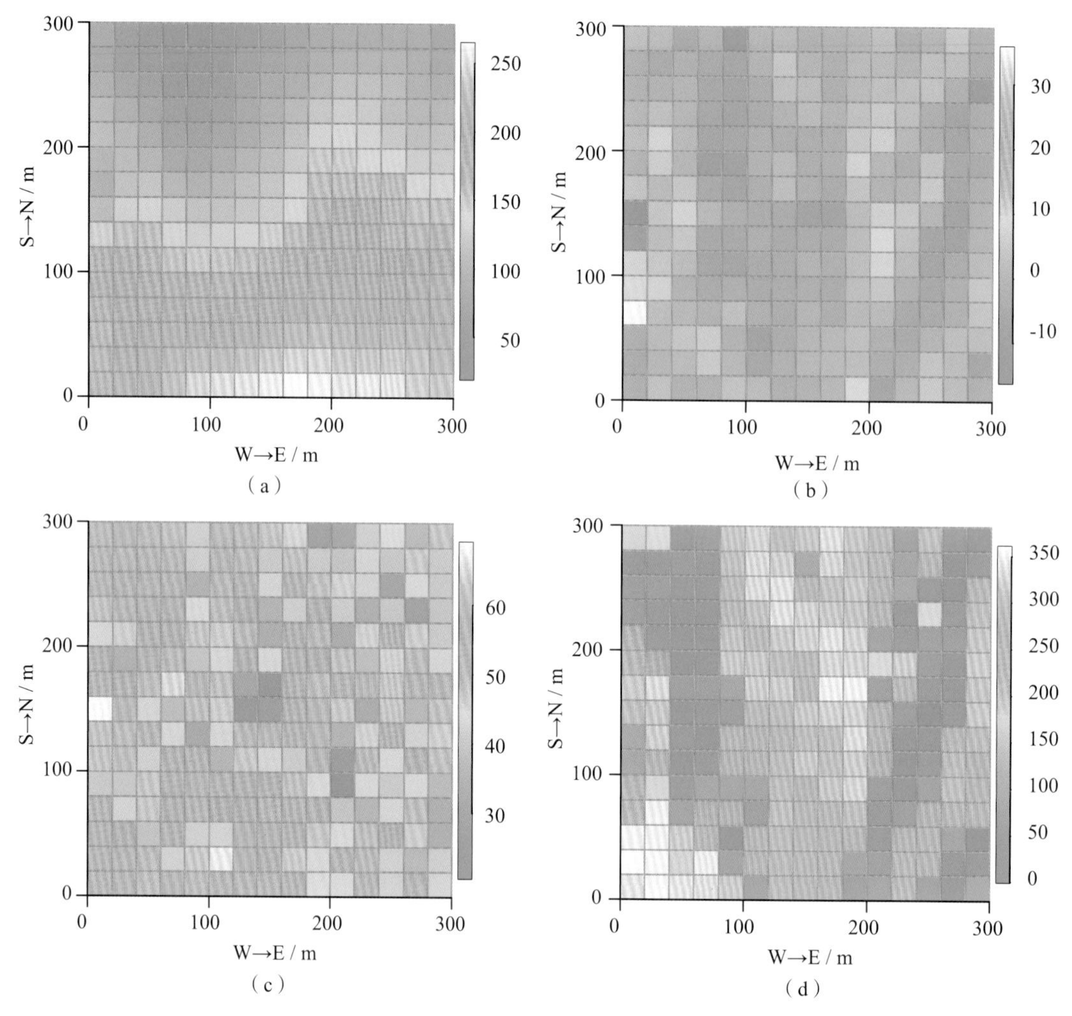

图 2-4 乌岩岭 9 hm² 森林动态监测样地 20 m × 20 m 尺度下 4 种地形因子空间分布图

a：相对高差；b：凹凸度；c：坡度；d：坡向

研究人员测定了样地内 6 种具有代表性的土壤物理因子，分别为凋落物厚度（litter depth，LD）、凋落物盖度（litter coverage，LC）、岩石裸露率（rock coverage，RC）、土壤厚度（soil depth，SD）、土壤容重（soil bulk density，SBD）和最大持水能力（maximum water holding capacity，Max WHC），每种因子均取 481 个样。样地的 LD 为（16.07 ± 4.71）mm，东侧高于西侧；LC 总体较高，为（81.40 ± 7.32）%；样地整体的 RC 极高，且波动较大，为（29.51 ± 16.55）%；SD 为（44.95 ± 17.76）cm，东侧高于西侧；SBD 为（0.52 ± 0.09）g/cm^3，东北侧高于西南侧；Max WHC 为（1 556.1 ± 406.0）g/kg，西南侧高于东北侧（图 2-5）。

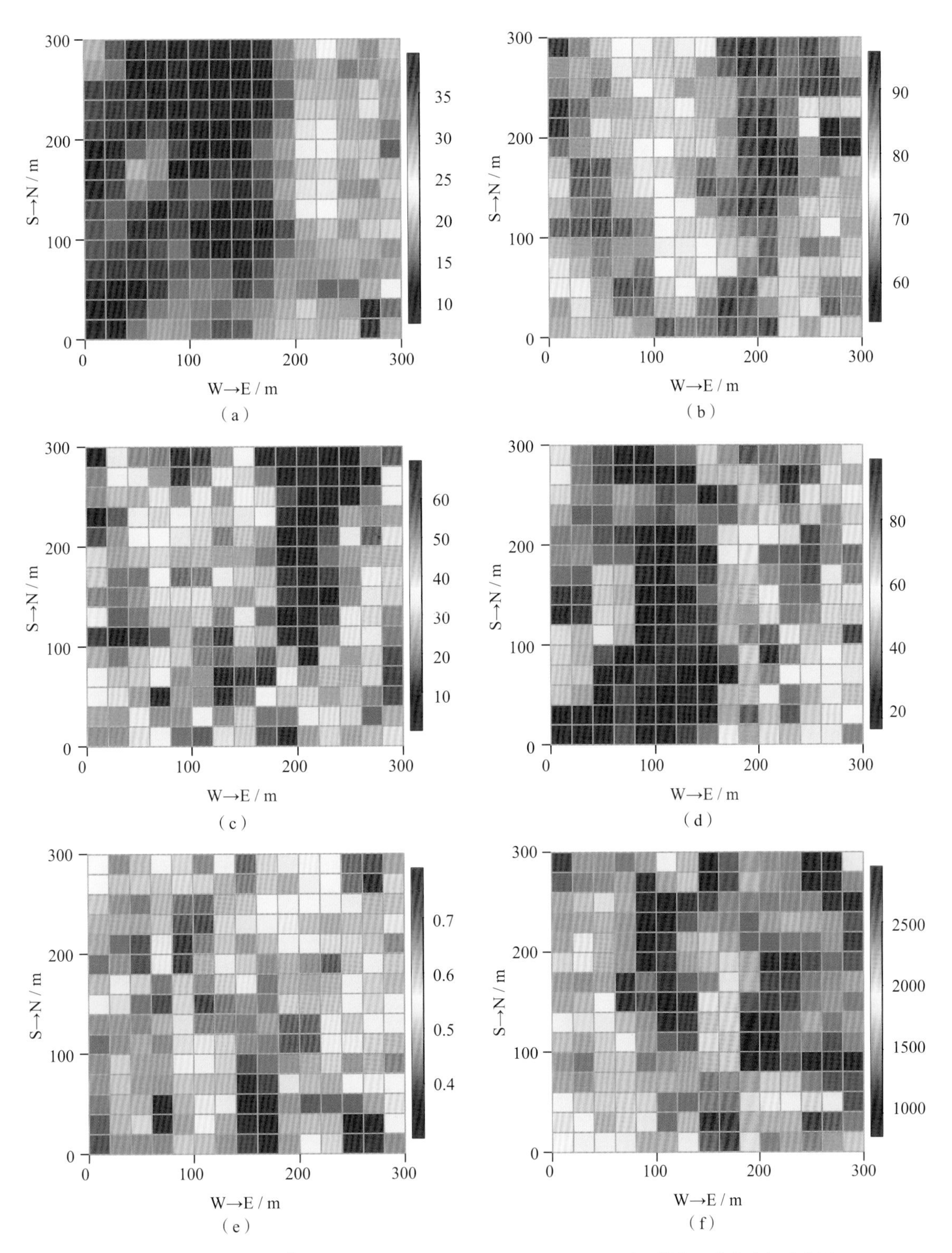

图 2-5　乌岩岭 9 hm² 森林动态监测样地 20 m × 20 m 尺度下 6 种土壤物理参数空间分布图

a：凋落物厚度；b：凋落物盖度；c：岩石裸露率；d：土壤厚度；e：土壤容重；f：最大持水能力

研究人员测定了样地内 12 种与植物生长、繁殖相关的土壤元素含量，分别为碳（C）、氮（N）、磷（P）、有效磷（available P，AP）、铵态氮（NH_4^+）、硝态氮（NO_3^-）、钾（K）、钙（Ca）、锌（Zn）、锰（Mn）、铜（Cu）和镁（Mg），每种因子均取 481 个样。样地土壤 C 含量为（12.08 ± 4.90）%，N 含量为（0.77 ± 0.30）%，P 含量为（304.2 ± 115.0）mg/kg，AP 含量为（5.94 ± 3.37）mg/kg，NH_4^+ 含量为（73.95 ± 25.42）mg/kg，NO_3^- 含量为（8.72 ± 11.86）mg/kg，K 含量为（4 173 ± 1 378）mg/kg，Ca 含量为（347.78 ± 255.00）mg/kg，Zn 含量为（48.68 ± 15.02）mg/kg，Mn 含量为（256.24 ± 362.09）mg/kg，Cu 含量为（3.70 ± 2.48）mg/kg，Mg 含量为（1 757 ± 609）mg/kg。

2.3 物种组成与群落结构

乌岩岭 9 hm^2 森林动态监测样地第一次调查共记录了 71 481 株胸径≥ 1 cm 的木本植物，植株密度平均达 7 942 株 /hm^2，分属 53 科 97 属 191 种，其中以壳斗科和冬青科的树种最多，各含 18 种，其次樟科（17 种）、山茶科（15 种），有 25 科仅有 1 属 1 种被调查到。在种类组成上，样地内总计有 15 个树种个体数超过 1 000 株，植株数量最多的树种为鹿角杜鹃（*Rhododendron latoucheae*，7 075 株），其次为窄基红褐柃（*Eurya rubiginosa* var. *attenuata*，6 711 株）。9 hm^2 样地中所有木本植物的胸高截面积（basal area）之和为 422.57 m^2（46.95 m^2/hm^2），胸高截面积最高的树种则为甜槠（*Castanopsis eyrei*，69.40 m^2），其次为褐叶青冈（*Cyclobalanopsis stewardiana*，49.50 m^2）与木荷（*Schima superba*，43.61 m^2）。

191 种物种中，有常绿阔叶物种 116 种，落叶阔叶物种 67 种，针叶物种 8 种，但从重要值上看，常绿阔叶物种达 81.7%，落叶阔叶物种为 17.5%，而针叶物种则低于 0.8%；所有常绿阔叶物种的多度为 63 522，所有落叶阔叶物种为 7 629，前者为后者的 8.32 倍，所有针叶物种多度仅为 330；样地内常绿阔叶物种、落叶阔叶物种、针叶物种的胸高截面积分别为 325.2695m^2、92.2651m^2、5.0326 m^2，比值为 64.63 ∶ 18.33 ∶ 1。以上数据充分反映了该群落的优势类群是常绿阔叶物种。

在科组成上，以植株数量（多度）来看，样地内个体数最多的科为山茶科（Theaceae），共 19 356 株，占总植株数的 27%，其次为杜鹃花科（Ericaceae，14 960 株，21%）与樟科（Lauraceae，10 810 株，15%）；若以胸高截面积来看，样地内胸高截面积主要集中在壳斗科（Fagaceae），占全样地的 41%，其次为山茶科（13%）与樟科（10%）（图 2-6）。

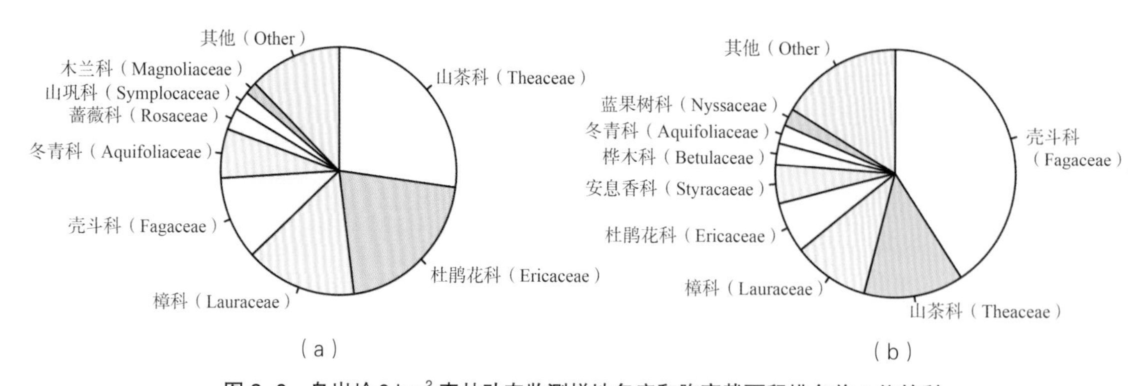

图 2-6　乌岩岭 9 hm^2 森林动态监测样地多度和胸高截面积排名前 8 位的科

a：多度；b：胸高截面积

由种－面积曲线来看，在取样面积较小时，物种数快速上升，当取样面积达 0.24 hm² 时（约占总面积的 2.7%），物种数即达 100 种（占总物种数的 52.4%）；而后随着取样面积增大，物种数增加速率趋缓，当取样面积达到 3 hm² 时（约占总面积的 33.3%），物种数达 169 种（占总物种数的 88.5%），而当取样面积达到 6 hm² 时（约占总面积的 66.7%），物种数达 184 种（占总物种数的 96.3%）（图 2–7）。

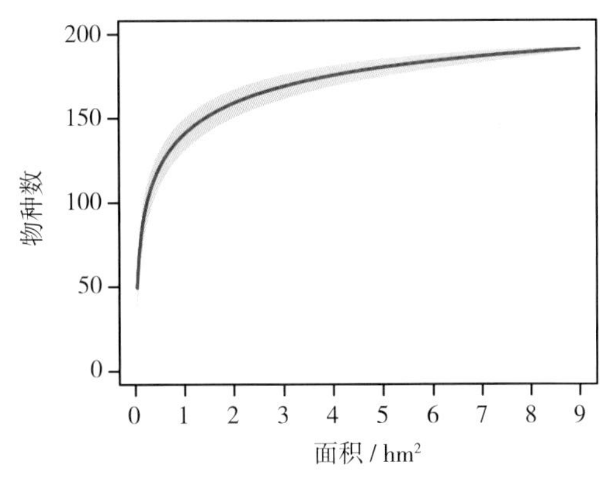

图 2–7 乌岩岭 9 hm² 森林动态监测样地种－面积曲线

样地内优势种明显，样地内重要值最高的 15 个物种就占了总体的 50%；样地内个体数最多的 10 个物种就占了总个体数的 48%，前 50 个物种就占了总个体数的 91.5%；而若以胸高截面积来看，样地内前 6 个物种就累积了样地 44.7% 的胸高截面积（表 2–1）。另外，样地内偶见种有 118 种，占 61.8%。此外，样地内也有很多稀有种，有 28.3% 的物种（54 种）其个体数每公顷≤ 1 株，其中更有 15 种在样地内仅出现 1 株，如长尾半枫荷（*Semiliquidambar caudata*）、香果树（*Emmenopterys henryi*）、栲树（*Castanopsis fargesii*）、密花山矾（*Symplocos congesta*）、伯乐树（*Bretschneidera sinensis*）和毛冬青（*Ilex pubescens*）等。

表 2–1 乌岩岭 9 hm² 森林动态监测样地物种组成（重要值前 15 位）

物种（species）	重要值（importance value）	多度（abundance）	胸高截面积（basal area，cm²）
甜槠（*Castanopsis eyrei*）	7.000	1 959	694 017.3
褐叶青冈（*Cyclobalanopsis stewardiana*）	5.708	2 552	495 004.5
麂角杜鹃（*Rhododendron latoucheae*）	5.100	7 075	144 231.5
木荷（*Schima superba*）	4.890	1 788	436 108.5
窄基红褐柃（*Eurya rubiginosa* var. *attenuata*）	3.945	6 711	21 976.3
浙江新木姜子（*Neolitsea aurata* var. *chekiangensis*）	3.046	3 493	97 716.0
马银花（*Rhododendron ovatum*）	3.002	4 007	59 156.8
尖连蕊茶（*Camellia cuspidata*）	2.859	4 234	32 878.4
短尾石栎（*Lithocarpus brevicaudatus*）	2.662	773	219 676.0
红楠（*Machilus thunbergii*）	2.650	1 815	144 414.1
满山红（*Rhododendron mariesii*）	2.189	2 643	57 912.9
凤凰润楠（*Machilus phoenicis*）	1.750	2 460	9 718.5
格药柃（*Eurya muricata*）	1.729	2 401	13 135.4
硬斗石栎（*Lithocarpus hancei*）	1.654	757	95 043.7
拟赤杨（*Alniphyllum fortunei*）	1.646	378	132 049.1

样地群落垂直结构清晰，可以分为 3 个层次，其中乔木层（主林层）以甜槠、褐叶青冈、木荷、短尾石栎（*Lithocarpus brevicaudatus*）和红楠（*Machilus thunbergii*）等为主，而亚乔木层和灌木层以鹿角杜鹃、浙江新木姜子（*Neolitsea aurata* var. *chekiangensis*）、马银花（*Rhododendron ovatum*）、凤凰润楠（*Machilus phoenicis*）、窄基红褐柃、尖连蕊茶（*Camellia cuspidata*）、满山红（*Rhododendron mariesii*）和格药柃（*Eurya muricata*）等为主。

在森林垂直结构上，林冠通过对光照的吸收、反射、散射和透射直接或间接影响乔木层、亚乔木层、灌木层和地表层的光照强度与分布。在水平方向上，倒木和枯立木等形成的林窗则可以增加光的输入，有利于先锋树种的更新和幼苗的存活。林冠结构一般可以用冠层覆盖率（ground covered by canopy，GndCover）、总间隙率（visible sky，VisSky）、叶面积指数（leaf area index，LAI）、叶面积指数标准差（leaf area index deviation，LAIDev）、平均叶倾角（lean leaf angle，MLA）和椭球体叶倾角分布参数（overall ellipsoidal leaf angle distribution parameter，ELADP）等来衡量。使用配备鱼眼镜头的相机对样地内 481 个样点（1.3 m 处）进行了垂直向上的拍摄，并使用 Hemiview 冠层分析系统对拍摄的照片进行了处理和分析。样地的 GndCover 总体较高，达 0.75 ± 0.07，但东北一侧相对偏低；VisSky 为 0.14 ± 0.07，东侧高于西侧；LAI 为 2.06 ± 0.07，LAIDev 为 2.78 ± 0.60；MLA 为（32.13° ± 13.19°），东侧高于中间及西侧；96.4% 样方内的 ELADP >1，表明样地冠层经过水平和垂直分解后，垂直成分占主导地位（图 2-8）。

样地内所有个体的径级分布格局接近 L 型（图 2-9），样地内 1 ～ 5 cm 的植株占总个体数的 69.5%，显示该群落更新良好。样地内有 679 棵胸径大于 30 cm 的树仅占总个体数的 0.9%，却占总胸高截面积的 21.0%；其中有 58 棵树胸径超过 50 cm（估计为五六十年前森林砍伐留下的植株），调查到最大胸径的植株可达 83.2 cm，树种为檫木（*Sassafras tzumu*）。

查看样地 4 个优势乔木树种的径级结构（图 2-10），甜槠与短尾石栎均为波动型，此二树种在最小径级都有相当多的幼树，但甜槠在 10 ~ 20 cm 另有一高峰，占其总个体数的 43.1%，短尾石栎则在 10 ~ 25 cm 有另一高峰，占其总个体数的 60.4%。褐叶青冈为倒 J 型，具有充足大量的幼树，其 1 ~ 10 cm 的个体占总个体数的 50.3%；木荷的径级分布则为偏常态分布，以胸径 13 cm 为中心向两侧递减，其 8 ~ 18 cm 的个体占总个体数的 44%。

9 hm^2 样地内，在 20 m × 20 m 尺度上，多度（abundance）和胸高截面积呈现两种不同的空间分布格局，样地内多度较高的区域集中在样地的中心偏北靠近棱线处，胸高截面积较高的区域则集中在样地的西南角的谷地。样地内物种丰富度（species richness）的分布格局则与多度的分布格局类似，主要集中在样地中心偏北处（图 2-11）。

整体而言，乌岩岭样地所在群落不管是在物种组成、多度或是胸高截面积分布上，均以壳斗科、樟科、山茶科、冬青科、杜鹃花科和山矾科等科为主；常绿阔叶树种重要值、多度和胸高截面积的和分别为落叶阔叶树种的近 5 倍、8 倍多、3 倍多，针叶树种则仅占极小的比例；乔木树种则以甜槠、褐叶青冈、木荷和短尾石栎占优势，这四者的重要值累计达 20.3%；上述特征均体现了该群落为典型常绿阔叶林。从种 – 面积关系或从物种多度分布格局来看，均显示群落内少数物种相当优势，群落内同时有大量的稀有种，占总物种数的 28.3%。在森林垂直结构上，乔木层树种以甜槠、褐叶青冈、木荷为主，亚乔木层树种则以鹿角杜鹃、浙江新木姜子为主，灌木种类则以窄基红褐柃、马银花、尖连蕊茶最为优势。

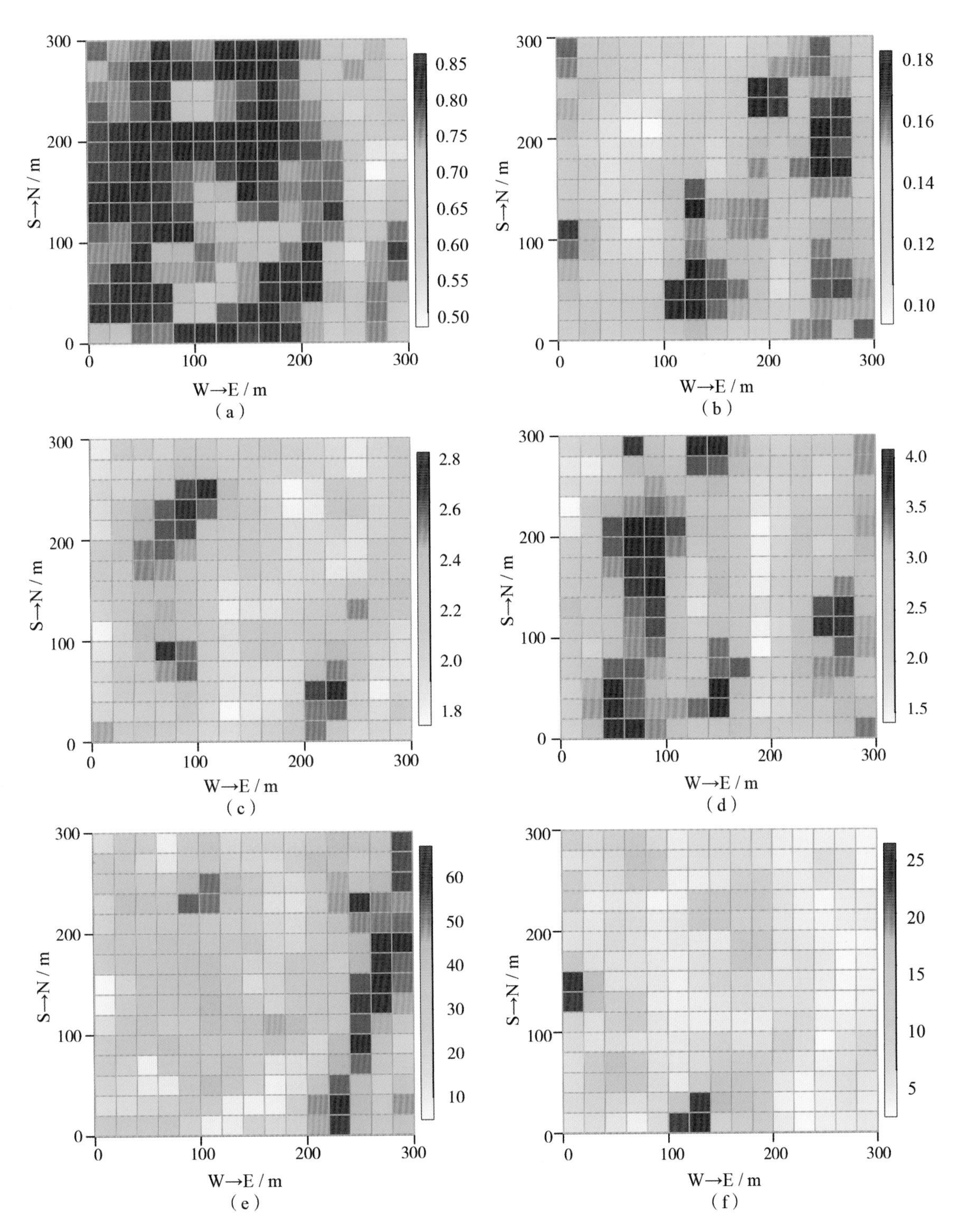

图 2-8　乌岩岭 9 hm² 森林动态监测样地 20 m×20 m 尺度下 6 种林冠结构参数空间分布图

a：冠层覆盖率；b：总间隙率；c：叶面积指数；d：叶面积指数标准差；e：平均叶倾角；f：椭球体叶倾角分布参数

值得一提的是，乌岩岭样地内蕴含丰富的物种多样性，虽然样地面积仅有 9 hm²，但含有 53 科、97 属、191 种。样地面积为 24 hm²、同处浙江省的古田山自然保护区，有 48 科、104 属、159 种。地处广东省的鼎湖山样地，面积为 20 hm²，有 60 科、120 属、226 种。虽然三者均为常绿阔叶林，其中前两者为中亚热带常绿阔叶林，后者为南亚热带常绿阔叶林，但乌岩岭样地的物种数比古田山多，比纬度明显低得多的鼎湖山样地也毫不逊色。

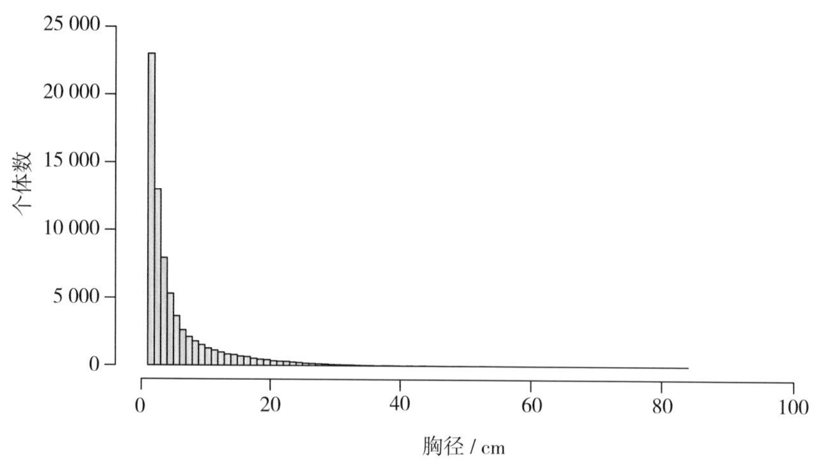

图 2-9 乌岩岭 9 hm^2 森林动态监测样地胸径≥ 1 cm 的木本植物径级分布图

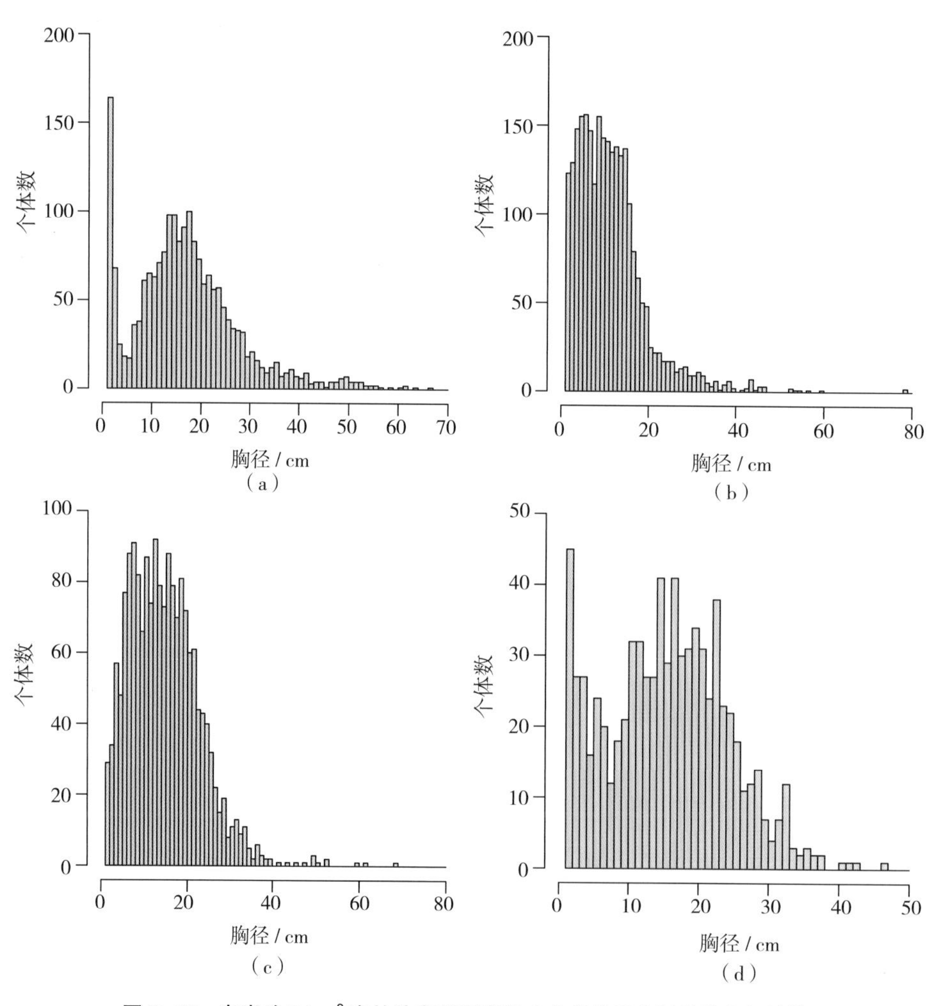

图 2-10 乌岩岭 9 hm^2 森林动态监测样地 4 个优势乔木树种的径级结构

a：甜槠；b：褐叶青冈；c：木荷；d：短尾石栎

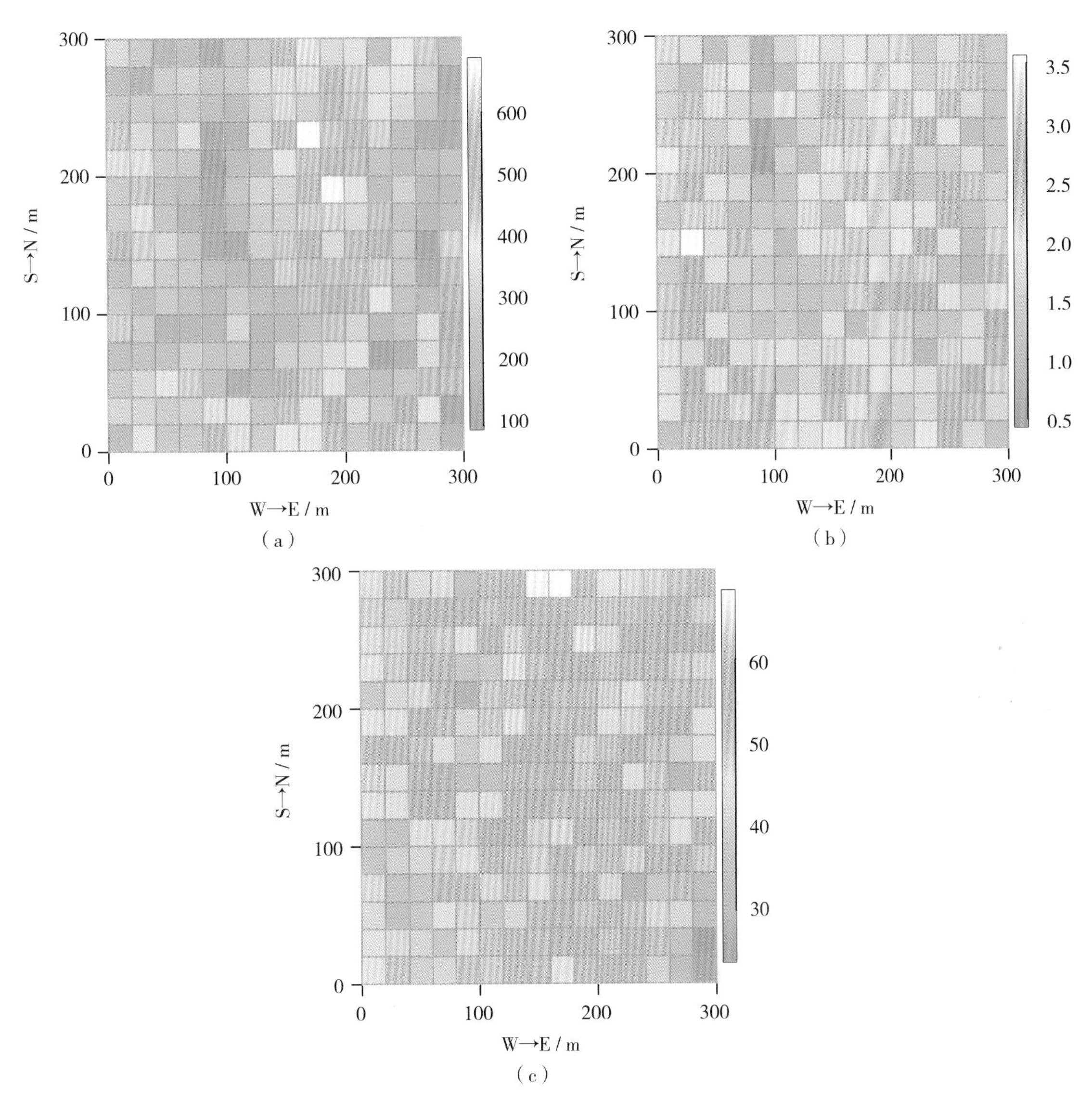

图 2–11　乌岩岭 9 hm² 森林动态监测样地 20 m×20 m 尺度上多度、胸高截面积（m²）和物种丰富度的空间分布格局

a：物种多度；b：胸高截面积；c：物种丰富度

样地内整体径级结构接近 L 型，表明群落有充足的幼树更新。主要乔木树种的径级结构，如甜槠呈波动型，木荷则为偏常态分布，暗示过去森林可能相对有较多干扰发生，但真正的机制是什么则还需要做更深入的资料分析，并配合长期的监测和研究。

在 20 m×20 m 的样方尺度上，样地内多度、胸高截面积与物种丰富度均有明显分化，这可能是由样地内复杂的微地形变化造成的。许多研究均指出不同树种有不同的生境偏好，而此现象则表明生态位分化（niche differentiation）或是环境过滤（environmental filtering）很可能为维持森林群落物种多样性的重要机制。然而，要区分这两种机制的作用强度，则必须结合其他数据的收集与分析，如植物功能性状的调查、样地小生境变化、其他生物的数量和分布格局的具体量化等。

对于任一森林而言，对其动态了解得越多，对其经营、管理和保护的帮助就越大，而设立大型森林动态监测样地，则将帮助我们了解生物多样性的形成与维持机制，以充足、具体的数据响应包括理论生态学或生物多样性保护相关的议题。大样地建立的一大目标就是能有效监测群落内多个树种生长、死亡以及补员（recruit）的动态，并以加大取样面积来增加各树种的取样数。在乌岩岭 9 hm^2 样地内，有 71 个树种的个体数超过 100 株，足以代表样地内重要物种的动态变化。另外，样地内包含了大量的稀有种，了解这些稀有种如何在样地内存续有助于研究生物多样性维持机制。此外，同一种群在不同尺度下会呈现不同的空间分布格局，且在不同尺度下有不同的生态机制发生作用，大样地提供了样地内所有树种在多个尺度下的空间分布信息，结合时间上的动态信息，有助于深入探讨不同生态机制对森林群落构建的作用，进而制定生物多样性保护和森林经营策略。

第 3 章　木本植物及其分布格局
Chapter 3　Woody Plants and Their Distribution Patterns

说明：

注 1：样地植物命名、分类和描述主要参照《浙江植物志（新编）》。

注 2：各树种个体数项包含两组数据：2012 年首次调查结果 → 2018 年复查结果；↑、↓分别为 2018 年复查较首次调查数量的增减。

注 3：以 20 m × 20 m 为取样粒度计算重要值：重要值 =（相对多度 + 相对频度 + 相对显著度）/3。其中，相对多度和相对频度的计算仅统计了独立个体，而相对显著度的计算还包括了分枝和根萌的胸高断面积。

注 4：在树种的个体分布图中分别用 ●、+、○、▲四色符号表示从小到大的径级，分级标准（单位 cm，上限排除法）：乔木物种为 1 ~ 5，5 ~ 10，10 ~ 25，≥ 25；小乔木物种为 1 ~ 3，3 ~ 5，5 ~ 15，≥ 15；灌木物种为 1 ~ 2，2 ~ 3，3 ~ 10，≥ 10。

注 5：在树种的径级结构图中分别用绿、蓝、橙、红 4 色表示从小到大的径级，分级标准（单位 cm，上限排除法）：乔木物种为 1 ~ 5，5 ~ 10，10 ~ 25，≥ 25；小乔木物种为 1 ~ 3，3 ~ 5，5 ~ 15，≥ 15；灌木物种为 1 ~ 2，2 ~ 3，3 ~ 10，≥ 10。

1 黄山松（短叶松、台湾松）

Pinus taiwanensis **Hayata**

松科 Pinaceae 松属 *Pinus*

个体数（individual number/9 hm^2）= 28 → 27 ↓

最大胸径（Max DBH）= 52.0 cm

重要值排序（importance value rank）= 76

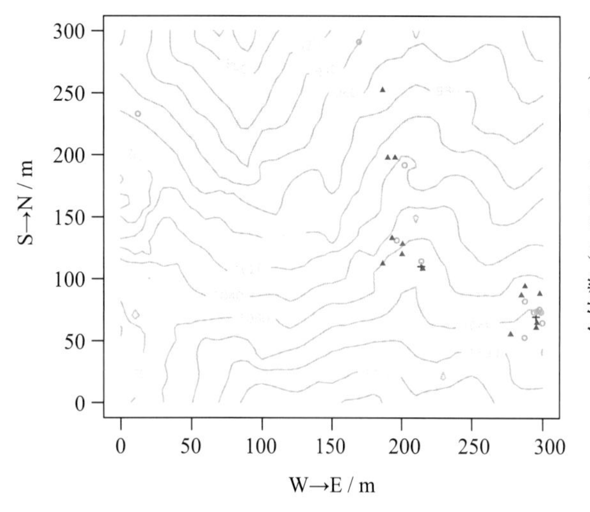

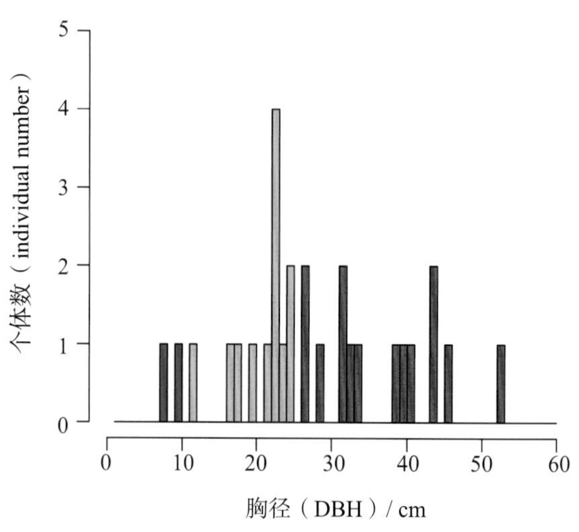

常绿乔木，高达 30 m。树皮呈深灰褐色，不规则鳞块状开裂；一年生小枝呈淡黄褐色或暗红褐色，无毛；冬芽呈栗褐色。叶 2 针 1 束，粗硬，不扭曲，长 7 ~ 11 cm，横切面半圆形，边缘有细锯齿。雄球花圆呈柱形，淡红褐色。球果呈卵圆形，长 4 ~ 6 cm，直径 3 ~ 4 cm，近无梗，成熟前呈绿色，成熟时呈褐色或栗褐色；鳞盾隆起，鳞脐有短尖刺。种子具翅，长 4 ~ 6 mm，连翅长 1 ~ 2 cm。花期为 4—5 月，球果次年 10 月成熟。

2　马尾松

Pinus massoniana **Lamb.**

松科　Pinaceae　松属　*Pinus*

个体数（individual number/9 hm^2）= 11 → 10 ↓

最大胸径（Max DBH）= 45.5 cm

重要值排序（importance value rank）= 105

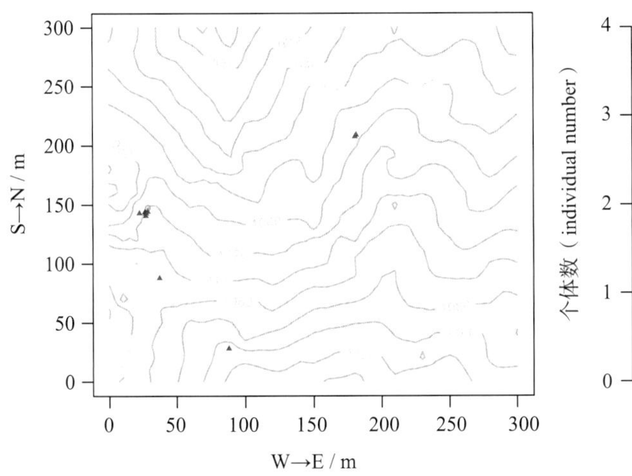

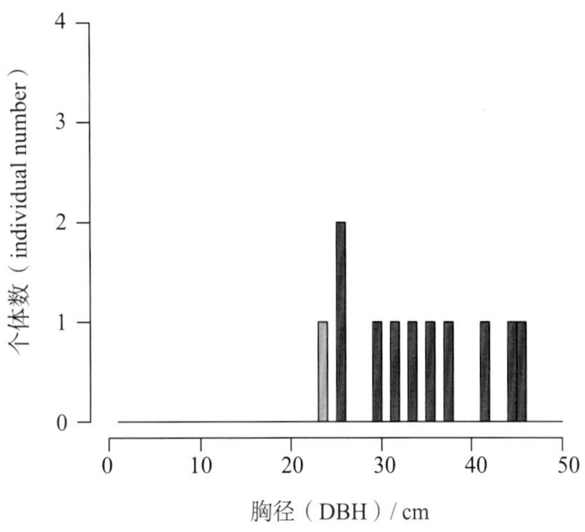

常绿乔木，高达 40 m。树皮呈红褐色，不规则鳞块状开裂；小枝呈淡黄褐色；冬芽呈赤褐色。叶 2 针 1 束，细柔，长 10 ~ 20 cm，两面有气孔线，边缘有细锯齿。雄球花呈淡红褐色，圆柱形，弯垂；雌球花单生或 2 ~ 4 个聚生于新枝近顶端，呈淡紫红色。一年生球果呈紫褐色，成熟时呈长卵形或卵圆形，长 4 ~ 7 cm，直径 2.5 ~ 4 cm，栗褐色，有短梗，常下垂；鳞盾扁平或微隆起，鳞脐通常无刺。种子具翅，翅长 1.5 ~ 2 cm。花期为 3—4 月，球果次年 10—11 月成熟。

3 杉木（刺杉、杉树）

Cunninghamia lanceolata **(Lamb.) Hook.**

杉科 Taxodiaceae 杉木属 *Cunninghamia*

个体数（individual number/9 hm^2）= 278 → 235 ↓

最大胸径（Max DBH）= 32.8 cm

重要值排序（importance value rank）= 59

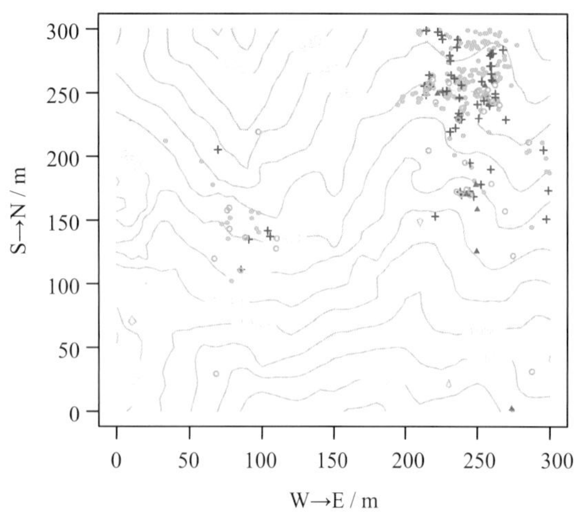

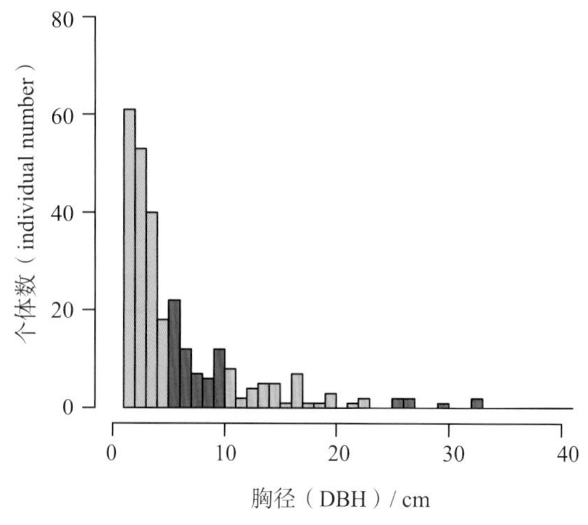

常绿乔木，高达 35 m。树皮呈灰褐色，裂成长条片脱落，内皮呈红褐色；小枝近对生或轮生，幼枝呈绿色。叶片革质，呈披针形或条状披针形，长 2.5 ~ 6.5 cm，先端急尖，上面呈绿色，有光泽，微有白粉，下面呈淡绿色，沿中脉两侧各有 1 条白色气孔带。雄球花呈圆锥状，有短梗，通常有 40 余个簇生枝顶；雌球花单生或 2 ~ 3 个集生，呈绿色。球果近球形或卵圆形；苞鳞革质，呈三角状卵形，先端有刺状尖头，边缘有不规则锯齿，向内紧包；种鳞小，先端 3 裂，腹面着生 3 粒种子。种子扁平，两侧有窄翅。花期为 3—4 月，球果 10 月成熟。

4　柳杉

***Cryptomeria japonica* var. *sinensis* Miq.**

杉科　Taxodiaceae　柳杉属　*Cryptomeria*

个体数（individual number/9 hm^2）= 5→4 ↓

最大胸径（Max DBH）= 45.2 cm

重要值排序（importance value rank）= 135

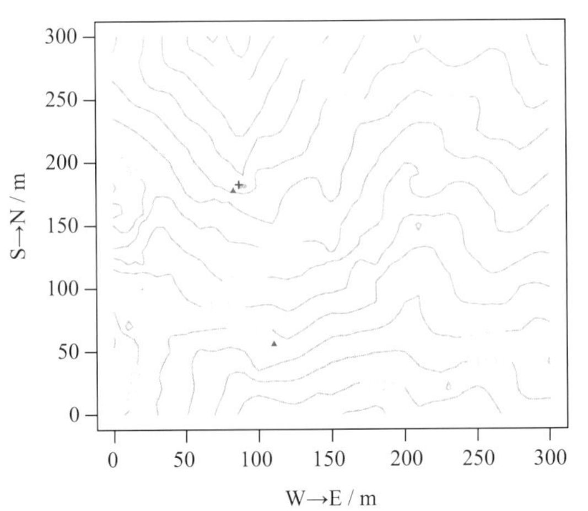

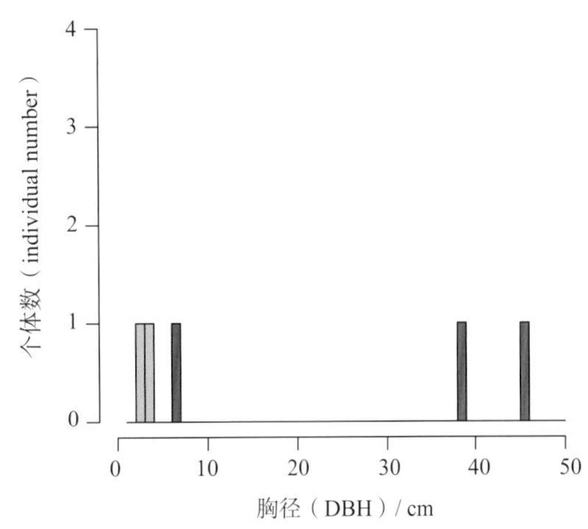

常绿乔木，在原产地高达 40 m。树皮呈红褐色，纤维状，裂成长条片脱落；大枝常轮状着生，水平开展或微下垂；小枝微下垂，当年生枝呈绿色。叶片呈钻形，直而斜展，叶片先端内弯，长 0.4 ~ 1.5 cm，幼树及萌生枝上的叶长达 2 cm。球果近球形，直径 1.5 ~ 2.5 cm 或更大；种鳞 20 ~ 30 枚，苞鳞的尖头及种鳞的先端裂齿均较长，裂齿长 6 ~ 7 mm，能育种鳞具 2 ~ 5 粒种子。种子棕褐色，长 2 ~ 4 mm，边缘有窄翅。花期为 4 月，球果 10—11 月成熟。

与日本柳杉的区别在于叶片先端内弯；球果种鳞较少，约 20 枚，先端裂齿较短，长 2 ~ 4 mm；能育种鳞具 2 粒种子。

5 水杉

***Metasequoia glyptostroboides* Hu & W. C. Cheng**

杉科 Taxodiaceae 水杉属 *Metasequoia*

个体数（individual number/9 hm^2）= 2 → 1 ↓

最大胸径（Max DBH）= 3.7 cm

重要值排序（importance value rank）= 174

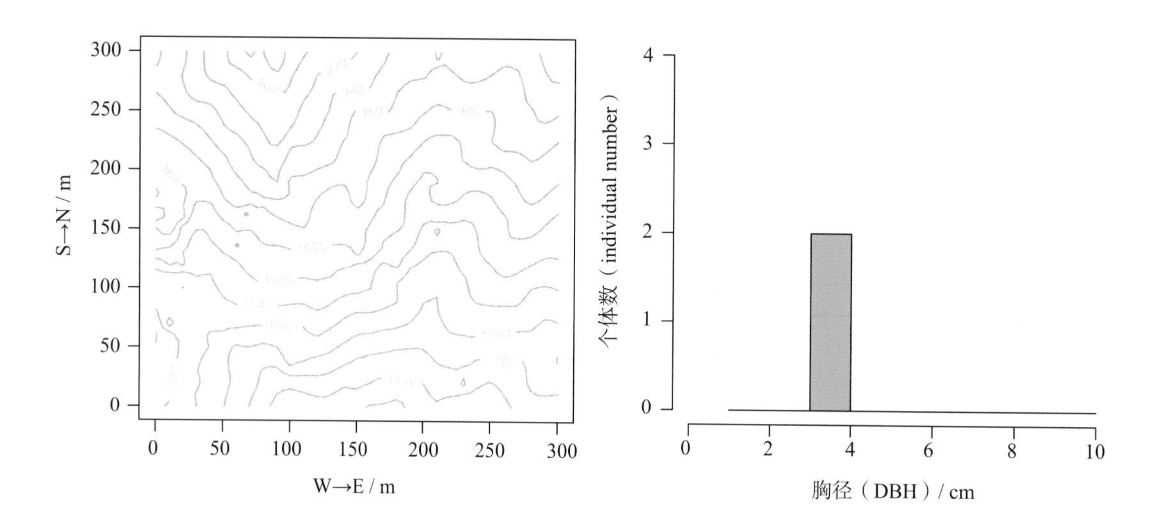

落叶乔木，高达 35 m。树干基部通常凹凸不平；树皮呈灰褐色，裂成薄片状脱落；小枝对生，下垂。叶片条形，长 1 ~ 2 cm，上面呈淡绿色，下面颜色较淡，沿中脉有 2 条淡黄色气孔带，每条气孔带有 4 ~ 8 条气孔线；叶在侧生小枝上排成 2 列，呈羽状，冬季与枝一起脱落。球果近球形或四棱状球。周围有翅，先端具凹缺。花期为 3 月，球果 10 月成熟。该物种为国家一级重点保护野生植物。

6　福建柏

***Fokienia hodginsii* (Dunn) A. Henry et Thomas**

柏科　Cupressaceae　福建柏属　*Fokienia*

个体数（individual number/9 hm^2）= 2 → 2

最大胸径（Max DBH）= 13.1 cm

重要值排序（importance value rank）= 171

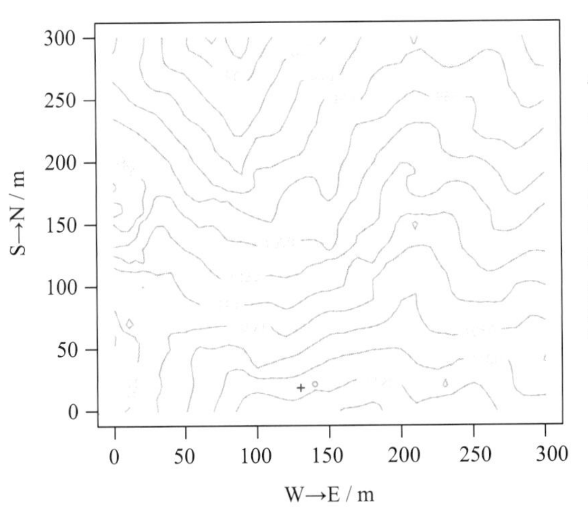

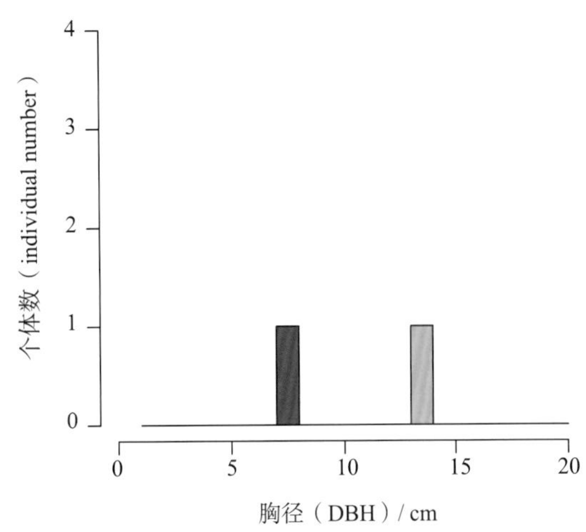

常绿乔木，高 30 m。树皮呈红褐色，纵裂成条片状脱落；具叶小枝扁平，排成一平面。鳞叶较大，质地较薄，长 4 ~ 7 mm，2 对交互对生，近轮生而呈节状，先端渐尖或急尖，两侧的叶常较中央的叶稍长，上面中央的叶呈蓝绿色，下面中央的叶中脉两侧各具 1 条较小的白色气孔带，两侧的叶各具 1 条较大的白色气孔带。球果近球形；种鳞 6 ~ 8 对，顶部多角形，顶面皱缩微凹，中间具 1 小尖头。种子长约 5 mm，具 2 枚大小不等的薄翅。花期在浙江省北部为 9—11 月；在浙江省南部为 3—7 月，球果次年 10—11 月成熟。该物种为国家二级保护野生植物。

7 三尖杉

***Cephalotaxus fortunei* Hook.**

三尖杉科 Cephalotaxaceae 三尖杉属 *Cephalotaxus*

个体数（individual number/9 hm^2）= 2 → 1 ↓

最大胸径（Max DBH）= 4.9 cm

重要值排序（importance value rank）= 173

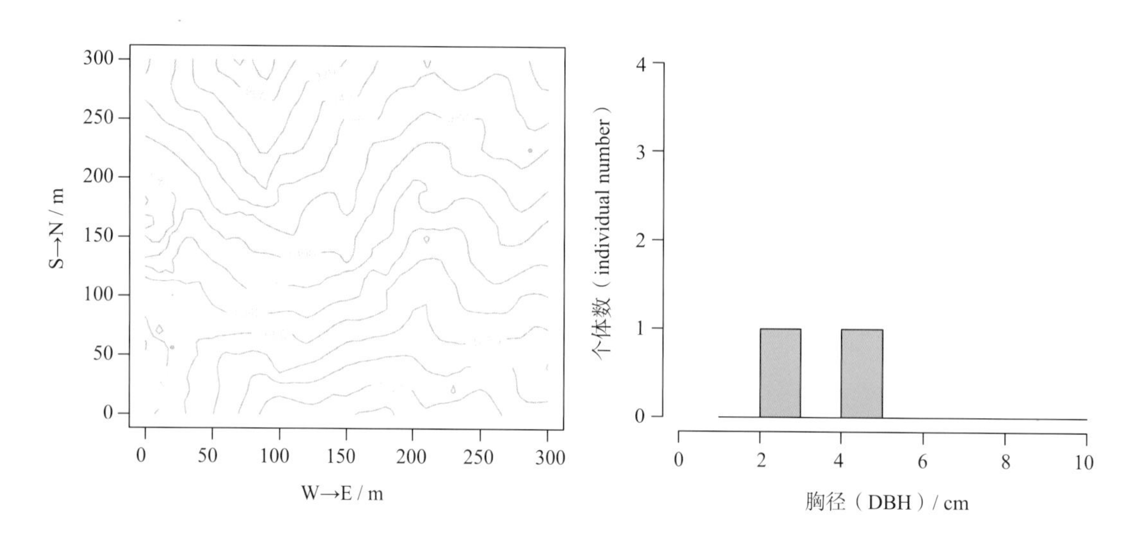

常绿乔木或小乔木，高达 20 m。树皮呈褐色或红褐色，裂成不规则片状脱落；小枝稍下垂；芽鳞宿存。叶排成微下垂的 2 列，呈条状披针形，微弯，长 4 ~ 13 cm，宽 0.3 ~ 0.5 cm，先端长渐尖，基部呈楔形，中脉隆起，下面气孔带呈白色，较绿色边带宽 3 ~ 4 倍。雄球花 8 ~ 10 个聚生成头状，生于去年生枝的叶腋；雌球花具长 1.2 ~ 2 cm 的花序梗，3 ~ 8 个胚珠可发育成种子。种子呈椭球形或近球形，长 1.5 ~ 2.5 cm，顶端有小尖头，假种皮成熟时呈紫褐色，外种皮褐色；胚乳不内皱。花期为 3—4 月，种子次年 8—10 月成熟。

8　南方红豆杉

***Taxus mairei* (Lemée et H. Lév.) S.Y.Hu**

红豆杉科　Taxaceae　红豆杉属　*Taxus*

个体数（individual number/9 hm^2）= 2 → 2

最大胸径（Max DBH）= 4.9 cm

重要值排序（importance value rank）= 175

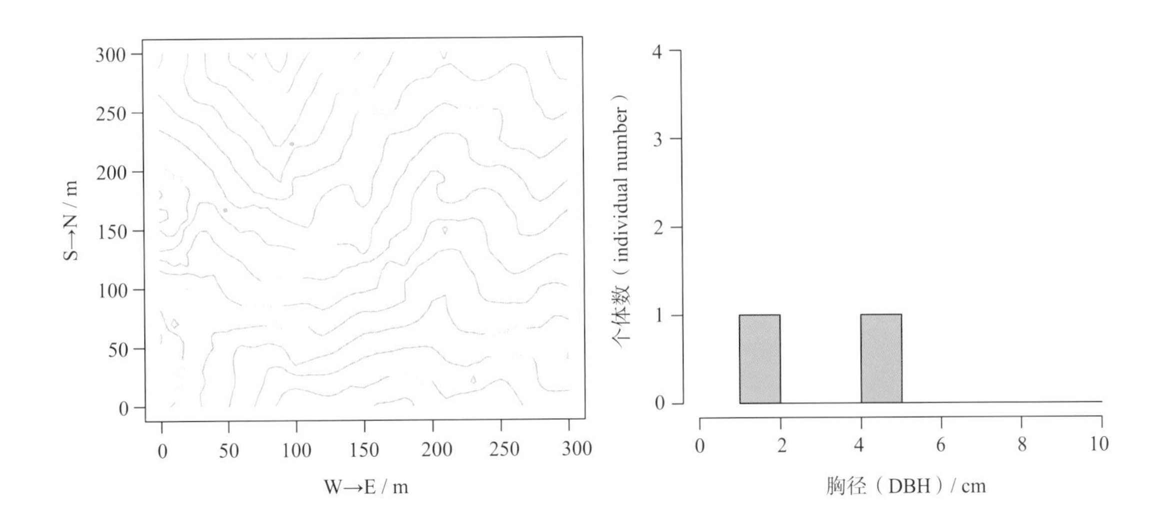

常绿乔木，高达 20 m。树皮呈赤褐色或灰褐色，浅纵裂。叶片通常较宽较长，多呈星镰状，排成较整齐的 2 列，长 1.5 ~ 4 cm，宽 3 ~ 5 mm，稍弯曲，上部渐窄，先端渐尖，下面中脉带上局部有成片或零星的角质乳头状突起或无，中脉明显可见，呈淡绿色或绿色，气孔带呈黄绿色，与中脉异色，绿色边带较宽而明显。种子生于鲜红色肉质杯状假种皮中，长 6 ~ 8 mm，直径 4 ~ 5 mm，微扁，上部较宽，呈倒卵圆形或椭圆状卵形，有钝纵脊，种脐呈椭圆形或近三角形。花期为 3—4 月，种子 11 月成熟。该物种为国家一级重点保护野生植物。

9 乳源木莲

***MangLietia yuyuanensis* Y.W.Law**

木兰科 Magnoliaceae 木莲属 *MangLietia*

个体数（individual number/9 hm^2）= 378 → 347 ↓

最大胸径（Max DBH）= 40.0 cm

重要值排序（importance value rank）= 38

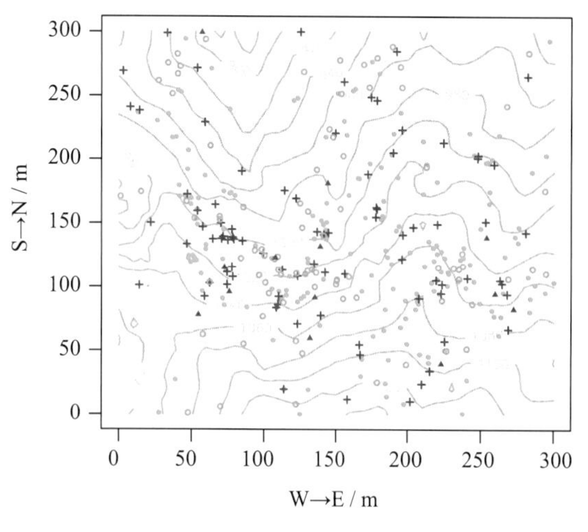

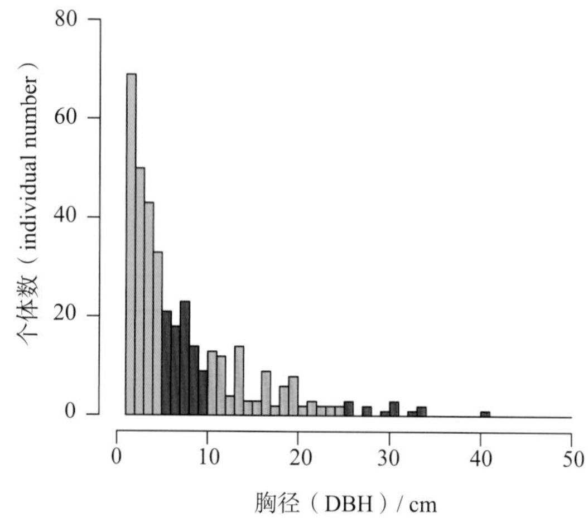

常绿乔木，高达 20 m。树皮呈灰色，平滑；小枝呈黄褐色，除芽鲜被锈黄色平伏柔毛外，余均无毛。叶片革质，呈倒披针形、狭倒卵状长圆形或狭椭圆形，长 8 ~ 14 cm，宽 2.5 ~ 4 cm，先端渐尖，稀短尾状，基部呈楔形、宽楔形至窄楔形，边缘稍反卷，侧脉 8 ~ 14 对；叶柄长 1 ~ 2.5 cm，无毛，托叶痕长 3 ~ 4 mm。花芳香；花梗长 1.5 ~ 2 cm；花被片 9 片，排成 3 轮，外轮呈绿色，薄革质，内 2 轮肉质，呈白色。聚合果呈卵球形，长 2.5 ~ 3.5 cm；蓇葖果离生，先段具短喙，开裂后果轴不撕裂。花期为 4—5 月，果期为 9—10 月。

10　黄山木兰

***Yulania cylindrica* E. H. Wilson**

木兰科　Magnoliaceae　木兰属　*Yulania*

个体数（individual number/9 hm^2）= 17 → 17

最大胸径（Max DBH）= 22.0 cm

重要值排序（importance value rank）= 117

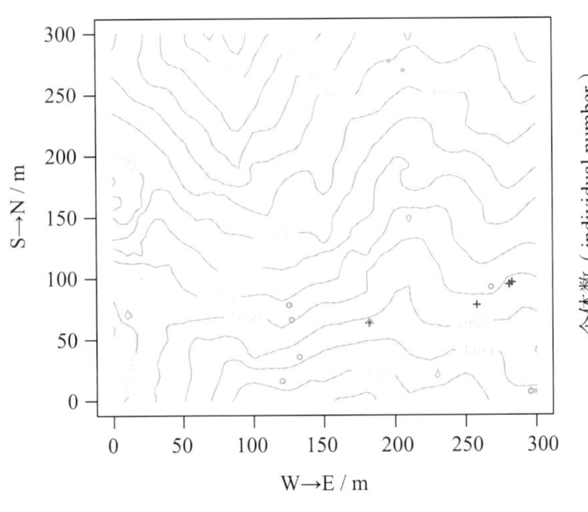

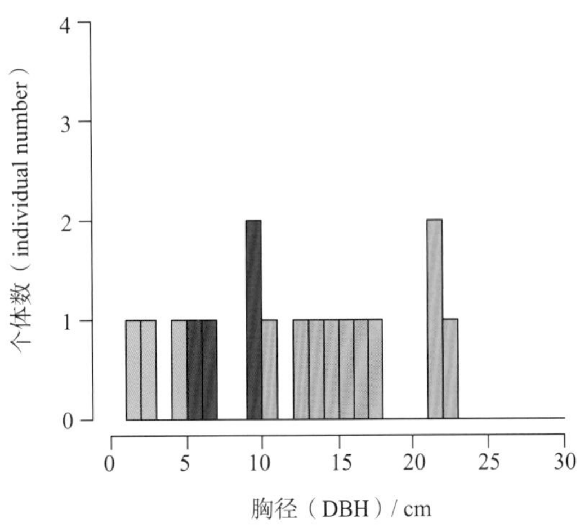

落叶乔木，高达 10 m。树皮呈淡灰褐色，平滑；幼枝、叶柄、叶片下面、花蕾、花梗被均匀的淡黄色短绢毛；二年生枝呈紫褐色。叶散生；叶片呈倒卵形或倒卵状椭圆形，长 6 ~ 13 cm，宽 3 ~ 6 cm，先端钝尖或圆，2/3 以下渐狭成楔形，上面呈绿色，无毛，下面呈灰绿色，侧脉 6 ~ 8 对；叶柄长 1 ~ 2 cm，有狭沟，托叶痕长为叶柄的 1/6 ~ 1/3。花直立，先于叶开放，无香气；花被片 9 片，二型，外轮 3 枚萼片状，白色略带紫绿色，内 2 轮花瓣状，呈白色，外面下部及沿中肋常带紫红色。聚合果呈圆柱形，通直或稍扭曲，下垂，成熟时呈红色；蓇葖果间有不同程度的愈合。花期为 3—4 月，果期为 8—10 月。

11　乐东拟单性木兰（乐东木兰）

***Parakmeria lotungensis* (Chun et Tsoong) Y. W. Law**

木兰科　Magnoliaceae　拟单性木兰属　*Parakmeria*

个体数（individual number/9 hm^2）= 8 → 9 ↑

最大胸径（Max DBH）= 30.5 cm

重要值排序（importance value rank）= 133

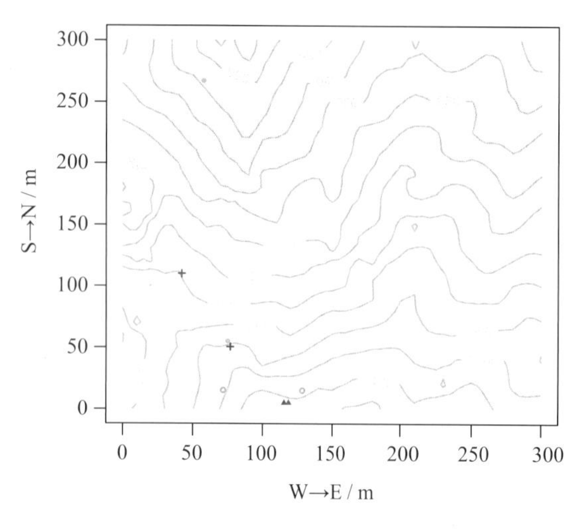

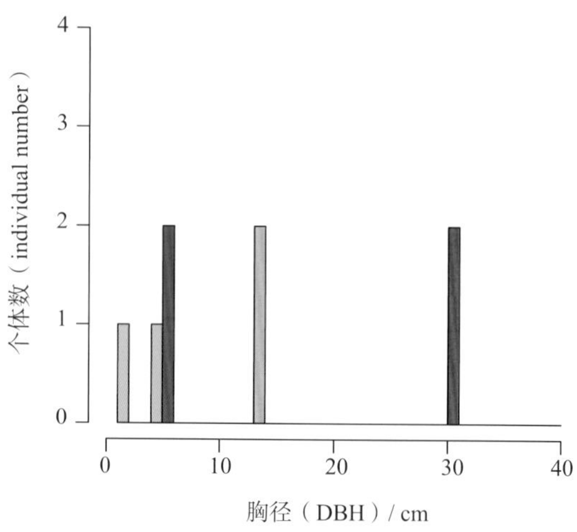

常绿乔木，高达 30 m，胸径 90 cm。树皮呈灰白色；嫩枝、芽、叶柄无白粉；当年生枝呈绿色。叶片厚革质，呈椭圆形或倒卵状椭圆形，长 6 ~ 11 cm，宽 2.5 ~ 3.5 cm，先端钝尖，基部呈楔形，沿叶柄下延，上面呈深绿色，具光泽，中脉在两面突起；叶柄长 1.5 ~ 2 cm。花杂性，雄花与两性花异株；雄花花被片 9 ~ 14 片，呈倒卵状长圆形。先端圆，外轮 3 或 4 枚浅黄色，内 2 或 3 轮乳白色，雄蕊 30 ~ 70 枚，花丝及药隔呈紫红色；两性花花被片与雄花同形而较小，雄蕊 10 ~ 35 枚，雌蕊群被包围在雄蕊群内，心皮 10 ~ 20 枚，稀退化为 1 至数枚。聚合果呈长椭球形，长 3 ~ 6 cm。外种皮呈鲜红色。花期为 4—5 月，果期为 10—11 月。

12　深山含笑（莫夫人含笑花、仁昌含笑）

***Michelia maudiae* Dunn**

木兰科　Magnoliaceae　含笑属　*Michelia*

个体数（individual number/9 hm^2）= 754 → 717 ↓

最大胸径（Max DBH）= 32.4 cm

重要值排序（importance value rank）= 24

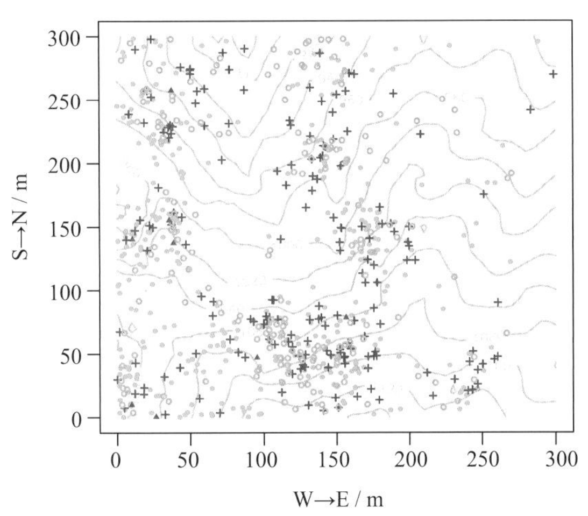

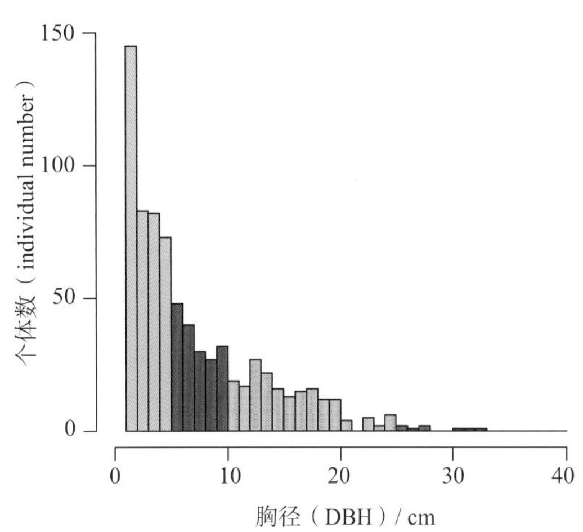

常绿乔木，高达 20 m。树皮呈浅灰色或灰褐色；各部无毛；芽、嫩枝及苞片被白粉。叶片革质，呈长圆状椭圆形或倒卵状椭圆形，长 7 ~ 18 cm，宽 4 ~ 8 cm，先端急尖或钝尖，基部呈楔形或近圆钝，上面呈深绿色，有光泽，中脉隆起，下面呈灰绿色，有白粉，侧脉 7 ~ 12 对，网脉明显；叶柄长 2 ~ 3 cm，托叶与叶柄离生，叶柄上无托叶痕。花梗呈绿色，具 3 个环状佛焰苞状鳞片和苞片的脱落痕；花芳香，直径 5 ~ 7 cm；花被片 9 片，呈纯白色，稀外轮外侧基部稍带淡红色。聚合果长 7 ~ 15 cm；蓇葖果先端圆钝或具短尖头。花期为 2—4 月，果期为 10—11 月。

13 凤凰润楠（光楠）

***Machilus phoenicis* Dunn**

樟科 Lauraceae 润楠属 *Machilus*

个体数（individual number/9 hm²）= 2 460 → 1 920 ↓

最大胸径（Max DBH）= 9.0 cm

重要值排序（importance value rank）= 12

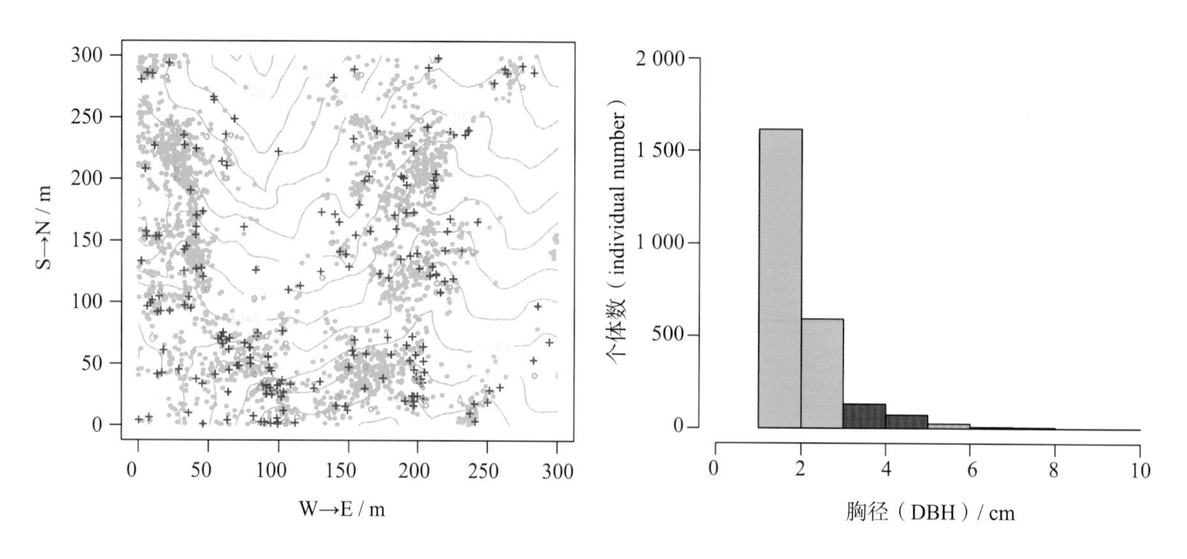

常绿小乔木，高达 5 m。树皮呈褐色；一年生小枝无毛，二年生小枝无皮孔。叶五生；叶片厚革质，呈椭圆形至长椭圆形，长 9 ~ 18 cm，宽 2.5 ~ 5 cm，先端渐尖至短尾尖，尖头钝，基部呈宽楔形至近圆形，上面深绿色，下面呈灰白色，具白粉，两面无毛，中脉在下面显著隆起，带红褐色，侧脉 8 ~ 12 对，下面的较为明显。花序近顶生，2/3 以上有分枝；花呈黄绿色；花被裂片近等大，长圆形，长 6 ~ 10 mm。果呈球形，直径 9 ~ 10 mm，成熟时呈紫黑色；果梗粗壮，肉质，呈鲜红色。花期为 5 月，果期为 6—7 月。

14　红楠

Machilus thunbergii **Siebold et Zucc.**

樟科　Lauraceae　润楠属　*Machilus*

个体数（individual number/9 hm^2）= 1 815 → 1 668 ↓

最大胸径（Max DBH）= 50.0 cm

重要值排序（importance value rank）= 10

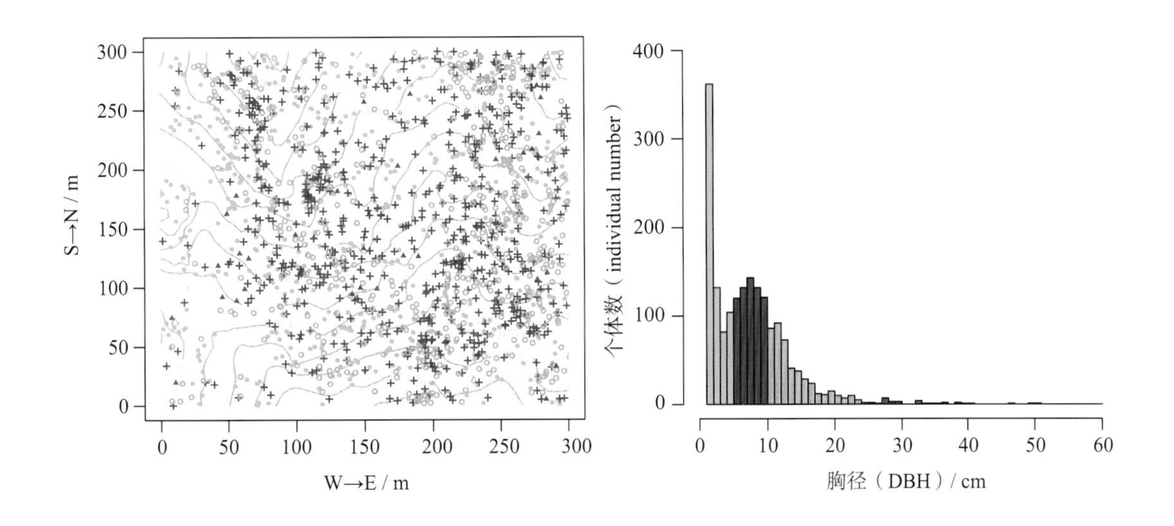

常绿乔木，高达 20 m，胸径达 1 m，树皮呈黄褐色，浅纵裂至不规则鳞片状剥落；顶芽呈卵形至长卵形，多少被毛；一年生小枝绿色，无毛，二年以上生小枝疏生显著隆起皮孔。叶片革质，呈倒卵形至倒卵状披针形，长 4.5 ~ 10 cm，宽 1.5 ~ 4 cm，先端突钝尖或短尾尖，基部呈楔形，叶缘微反卷，上面有光泽，下面微被白粉，两面无毛，中脉近基部带红色，侧脉 7 ~ 12 对，在两面微隆起；叶柄较细，长 1 ~ 3 cm，微带红色。花序腋生于新枝下部，长 5 ~ 12 cm，上部 1/3 具分枝；花序梗常带紫红色，无毛。果呈扁球形，直径 8 ~ 10 mm，成熟时呈紫黑色；果梗长 14 ~ 20 mm，肉质增粗，呈鲜红色。花期为 4 月，果期为 6—7 月。

15 木姜润楠

***Machilus litseifolia* S.K. Lee**

樟科 Lauraceae 润楠属 *Machilus*

个体数（individual number/9 hm^2）= 25 → 15 ↓

最大胸径（Max DBH）= 13.4 cm

重要值排序（importance value rank）= 115

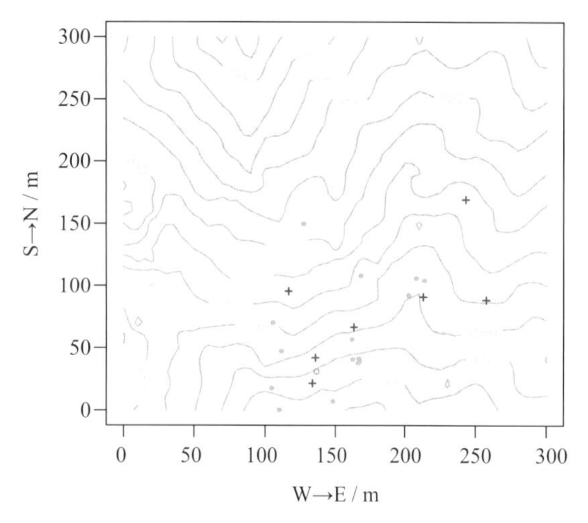

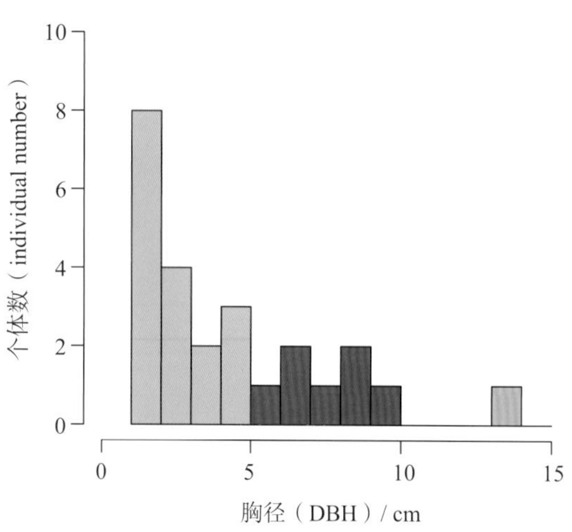

常绿乔木，高达 13 m。树皮呈黑褐色或棕褐色；一年生小枝无毛；顶芽近球形，芽鳞近无毛。叶常集生于枝顶；叶片革质，常呈倒披针形，长 6 ~ 12 cm，宽 2 ~ 4.2 cm，先端急尖至钝，基部呈楔形或两侧不对称，上面呈暗绿色，有光泽，下面呈粉绿色，幼时密被贴生短毛，老后两面无毛，中脉在上面凹下，在下面隆起，侧脉 6 ~ 8（11）对，弧曲延伸至近叶缘网结，网脉纤细而明显；叶柄细，长 1 ~ 2 cm。花序腋生于新枝下部，或兼有近顶生者；花序梗呈红色，稍粗壮，中部以上分枝；花梗细，长 5 ~ 7 mm；花被裂片近等大，外面无毛或近无毛，里面被小柔毛。果呈球形，直径约 7 mm，宿存花被裂片长圆形，薄革质，其下部多少变厚；果梗长约 5 mm。花期为 3—5 月，果期为 6—7 月。

16　刨花润楠（刨花楠）

***Machilus pauhoi* kaneh.**

樟科　Lauraceae　润楠属　*Machilus*

个体数（individual number/9 hm^2）= 26 → 20 ↓

最大胸径（Max DBH）= 18.0 cm

重要值排序（importance value rank）= 112

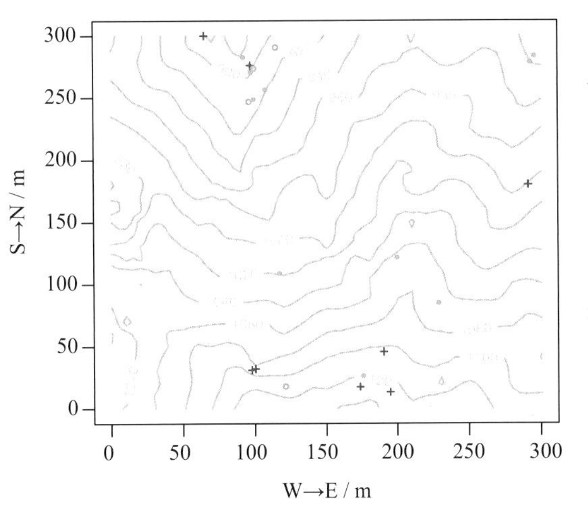

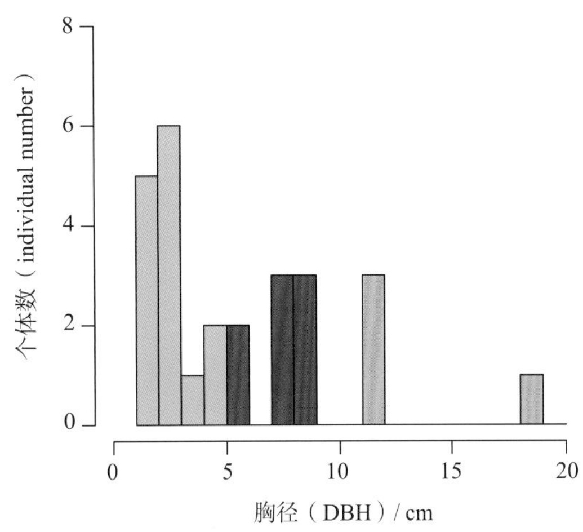

常绿乔木，高 20 m，胸径达 50 cm。树皮浅纵裂；一年生小枝呈绿色，干时常带黑色，无毛或仅基部有浅棕色小柔毛，在隔年生交接处芽鳞痕较稀疏，不肿胀成节状；混合芽，顶芽呈球形至近纺锤形，芽鳞外面密被棕色或黄棕色柔毛。叶常集生于枝顶；叶片革质，常呈长椭圆形，稀倒披针形，长 8 ~ 15 cm，宽 2 ~ 5 cm，先端渐尖至尾状渐尖，基部呈楔形，上面无毛，有光泽，下面密被灰黄色平伏绢毛，中脉在上面凹下，在下面显著隆起，侧脉 12 ~ 17 对，压干后中脉不呈紫红色；叶柄长 1.2 ~ 2.5 cm，上面具凹槽。花序腋生于当年生枝下部，长 5 ~ 9 cm 或过之，被微柔毛；花梗纤细，长 8 ~ 12 mm；花被裂片呈卵状披针形或窄披针形，长约 6 mm，两面被短柔毛。果呈球形，直径 10 ~ 13 mm，成熟时呈黑色；果梗呈红色。花期为 3 月，果期为 6 月。

17 薄叶润楠（华东楠）

***Machilus leptophylla* Hand.-Mazz.**

樟科 Lauraceae 润楠属 *Machilus*

个体数（individual number/9 hm^2）= 20 → 17 ↓

最大胸径（Max DBH）= 14.5 cm

重要值排序（importance value rank）= 121

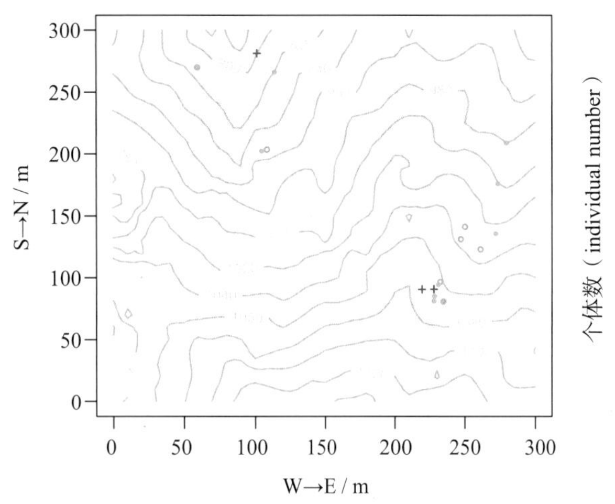

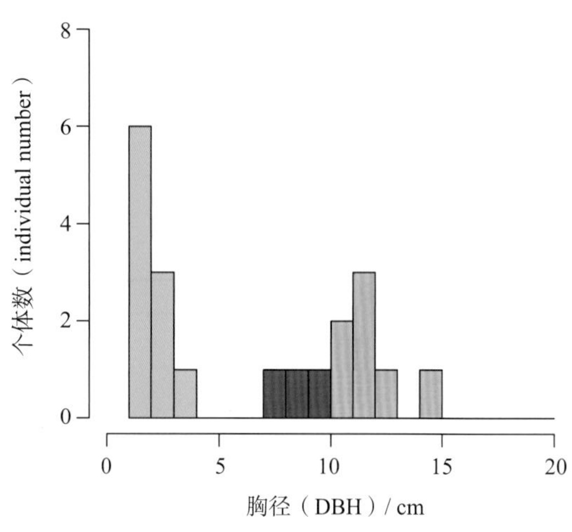

常绿乔木，高 10 ~ 25 m。树皮平滑不裂；一年生小枝无毛；顶芽近球形，直径可达 2 cm，外部芽鳞外被有早落的小绢毛。叶互生或轮生；叶片坚纸质，呈倒卵状长圆形，长 14 ~ 24 cm，宽 3.5 ~ 7 cm，先端短渐尖，基部呈楔形，幼时下面被贴生银白色绢毛，老时上面呈深绿色，无毛，下面带灰白色，疏生绢毛，脉上较密，后渐脱落，中脉在上面凹下，在下面隆起，侧脉 14 ~ 24 对，在两面均微隆起且略带红色，网脉纤细，压干后中脉不呈紫红色；叶柄长 1 ~ 3 cm，上面具浅凹槽，无毛。圆锥花序 6 ~ 10 个腋生于新枝下部，长 8 ~ 12（15）cm；花序梗及花梗疏被灰色微柔毛；花呈白色至黄绿色，有香气；花被裂片几等大，外面被柔毛，里面疏被小柔毛至无毛。果呈球形，直径约 1 cm，成熟时呈紫黑色；果梗长 5 ~ 10 mm，肉质，呈鲜红色。花期为 4 月，果期为 7 月。

18 紫楠

***Phoebe sheareri* (Hemsl.) Gamble**

樟科 Lauraceae 楠木属 *Phoebe*

个体数（individual number/9 hm^2）= 37 → 28 ↓

最大胸径（Max DBH）= 11.6 cm

重要值排序（importance value rank）= 113

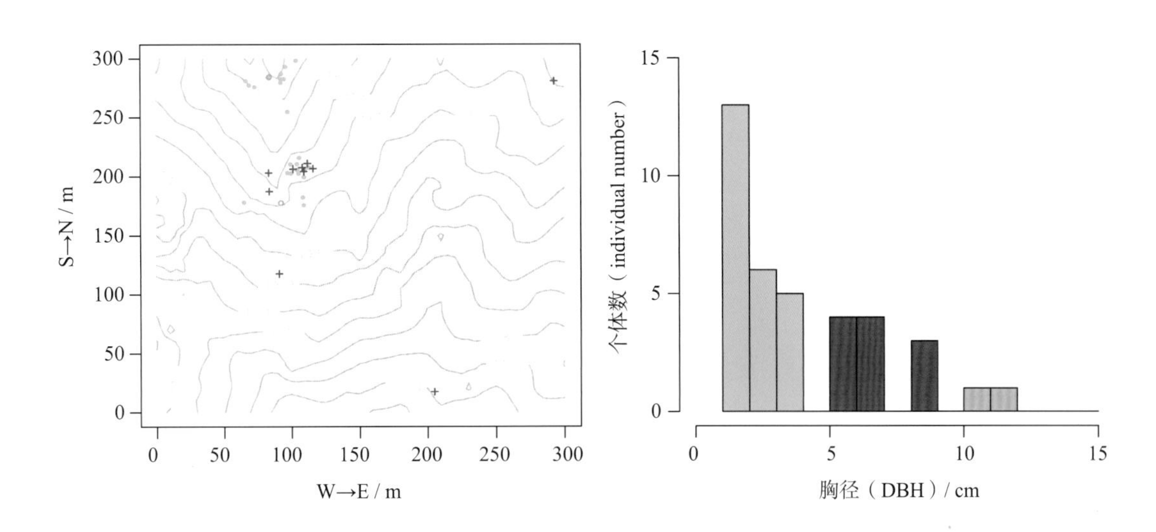

常绿乔木，高 10 ~ 20 m，常呈多干性。树皮呈灰色至灰褐色；小枝、叶柄及花序均密被黄褐色至灰褐色柔毛或绒毛。叶互生；叶片革质，呈倒卵形、椭圆状倒卵形或倒卵状披针形，长 8 ~ 27 cm，宽 4 ~ 9 cm，先端突渐尖或突尾尖，基部渐狭成楔形，上面呈绿色，幼时沿脉有毛，老后渐稀疏，下面密被黄褐色长柔毛，侧脉每边 8 ~ 13 对，与中脉在上面凹下，在下面隆起，网脉致密，结成网格状；叶柄长 1 ~ 2.5 cm。圆锥花序腋生，长 7 ~ 18 cm，在上部分枝，有毛；花呈黄绿色，直径 5 ~ 6 mm；花被裂片呈卵形，长 3 ~ 3.5 mm，两面被毛。果呈卵形至卵圆形，长 8 ~ 10 mm，直径 5 ~ 6 mm，成熟时呈黑色，基部宿存花被裂片多少松散，不紧贴果实基部。种子单胚性，两侧对称，子叶等大。花期为 4—5 月，果期为 9—10 月。

19 浙江樟（浙江桂）

Cinnamomum chekiangense **Nakai**

樟科 Lauraceae 樟属 *Cinnamomum*

个体数（individual number/9 hm^2）= 41 → 35 ↓

最大胸径（Max DBH）= 21.2 cm

重要值排序（importance value rank）= 98

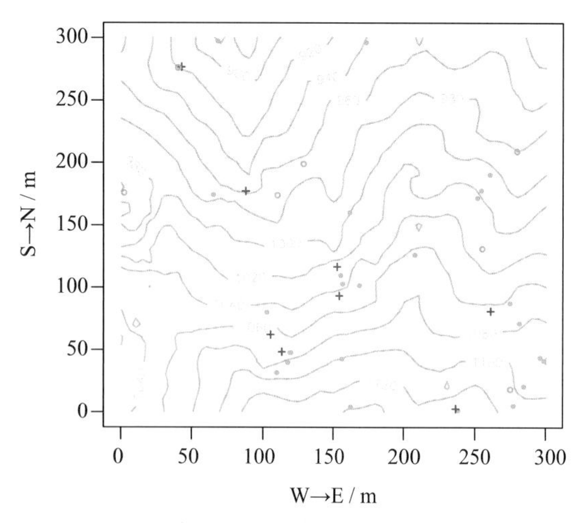

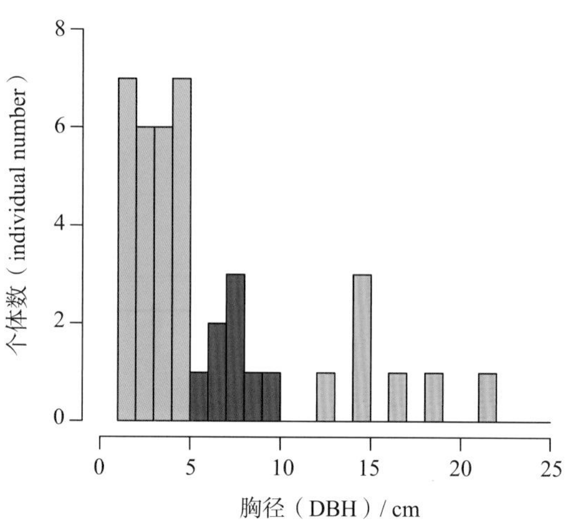

常绿乔木，高达 15 m。树皮呈灰褐色，平滑至近圆块片状剥落，有芳香及辛辣味；小枝呈绿色至暗绿色，幼时有微毛，后渐变无毛。叶互生或近对生，排成 2 列；叶片薄革质，呈长椭圆形、长椭圆状披针形至狭卵形，长 6 ~ 14 cm，宽 1.7 ~ 5 cm，先端长渐尖至尾尖，基部呈楔形，上面呈深绿色，有光泽，无毛，下面稍被白粉及微毛，后变几无毛，基出三出脉或离基三出脉，侧脉自离叶基 0.2 ~ 1 cm 处斜向伸出，在两面隆起，网脉不明显，脉腋无泡状隆起及腺窝；叶柄长 0.7 ~ 1.7 cm，被细柔毛。花序在新枝下部或叶腋单生，在老枝上通常数个集生于叶腋具顶芽的无叶短枝上，具 3 ~ 5 朵花，长 1.5 ~ 5 cm；花序梗几无至长约 3 cm，与花梗均被短伏毛；花梗长 5 ~ 17 mm；花呈黄绿色；花被裂片呈长椭圆形，长约 5 mm，两面均被毛。果呈卵形、长卵形或倒卵形，长约 15 mm，直径约 7 mm，呈蓝黑色，微被白粉；果托呈碗状，高 5 ~ 6 mm，边缘常具 6 圆齿。花期为 4—5 月，果期为 10—11 月。

20 华南樟（华南桂）

***Cinnamomum austrosinense* Hung T. Chang**

樟科 Lauraceae 樟属 *Cinnamomum*

个体数（individual number/9 hm^2）= 11 → 7 ↓

最大胸径（Max DBH）= 23.3 cm

重要值排序（importance value rank）= 141

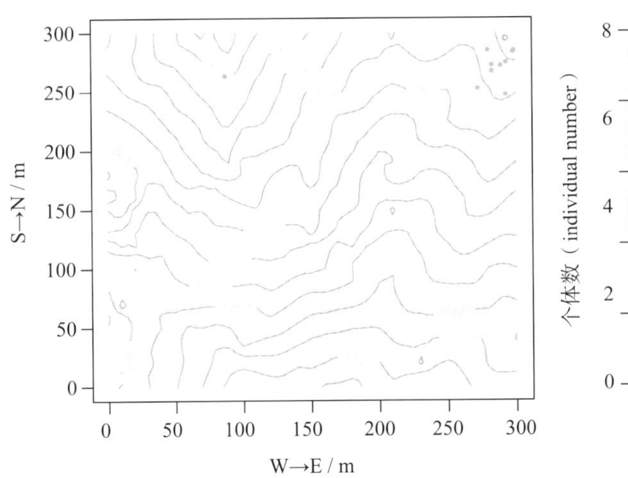

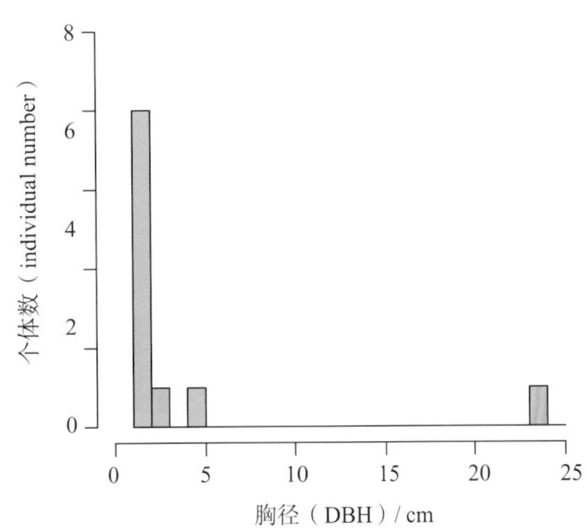

常绿乔木，高达 20 m，胸径达 40 cm。树皮呈灰褐色，平滑；小枝密被灰褐色平伏短柔毛；顶芽小，密被毛。叶对生或近对生，有时互生，排成 2 列；叶片革质或薄革质，呈长椭圆形，长 14 ~ 20 cm，宽 4 ~ 8 cm，先端急尖至渐尖，基部钝，叶缘不反卷，上面幼时被淡灰黄色微柔毛，后脱落至无毛，下面呈灰绿色，始终密被淡灰黄色短伏毛，三出脉或离基三出脉，近达叶先端，其侧脉向叶缘一侧常有 4 ~ 10 条弧形分枝，中、侧脉在下面明显突起，横脉在侧脉间排成梯状，脉腋无泡状隆起及腺窝；叶柄长 1 ~ 1.5 cm，密被灰黄色短柔毛。花序生于当年生枝叶腋，长 4.5 ~ 11(16) cm，3 次分枝，密被淡灰黄色短伏毛；花黄绿色；花被裂片卵圆形，长约 2.5 mm，两面密被微毛。果呈椭球形，长 9 ~ 12 mm，直径 7 ~ 8 mm；果托呈浅杯状，高约 3 mm，直径约 5 mm，边缘具浅齿裂，齿端平截。花期为 6—7 月，果期为 10—11 月。

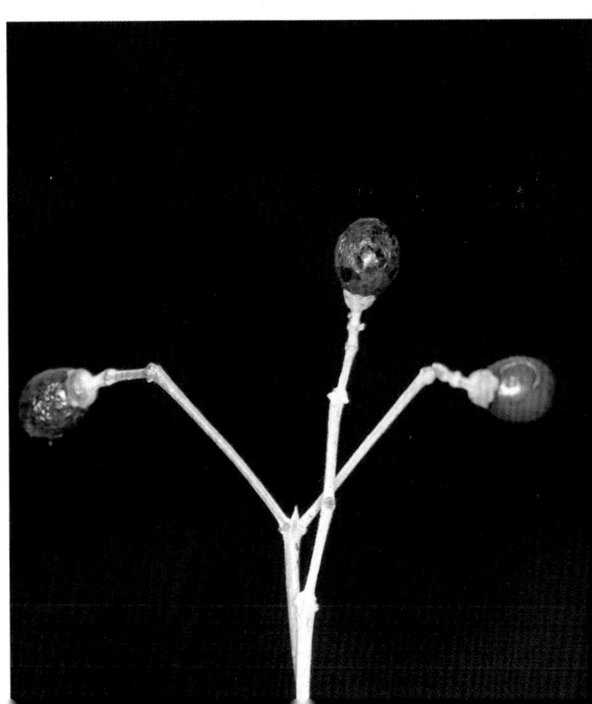

21 细叶香桂（香桂、秦氏樟）

***Cinnamomum subavenium* Miq.**

樟科 Lauraceae 樟属 *Cinnamomum*

个体数（individual number/9 hm^2）= 569 → 528 ↓

最大胸径（Max DBH）= 43.3 cm

重要值排序（importance value rank）= 31

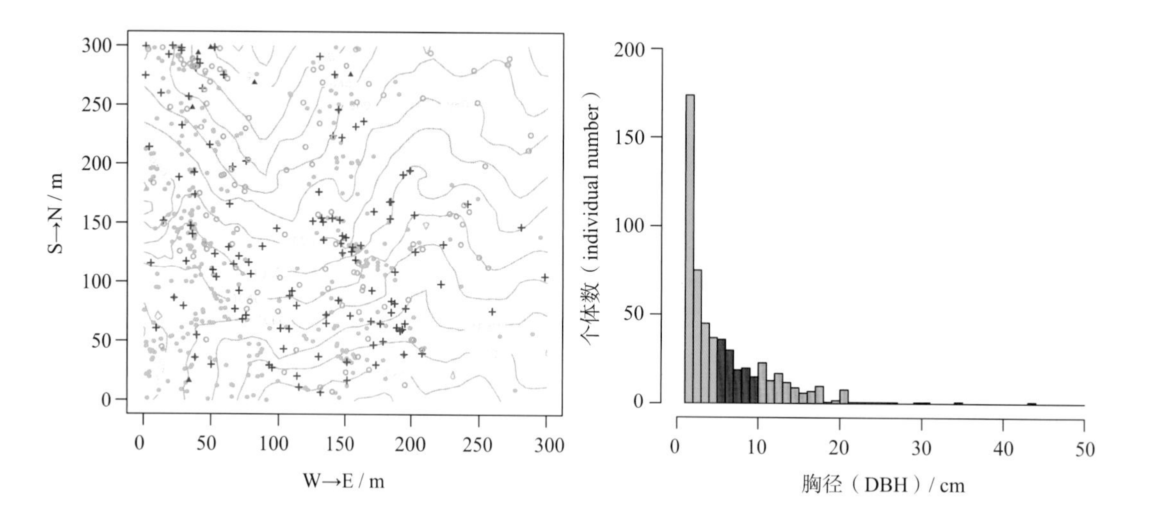

常绿乔木，高达 20 m，胸径达 50 cm。树皮呈灰色，平滑或呈圆片状剥落；小枝纤细，密被黄色绢状短伏毛。叶互生或近对生，排成 2 列；叶片革质，呈长椭圆形、卵状椭圆形至卵状披针形，长 3.5 ~ 13 cm，宽 2 ~ 6 cm，先端急尖至渐尖，基部呈圆形或楔形，叶缘不反卷，上面幼时密被黄色绢状短伏毛，后变无毛，深绿色，有光泽，下面呈黄绿色，幼时密被黄色绢状短伏毛，后渐变稀疏，三出脉或离基三出脉，中脉及侧脉在上面凹陷，在下面明显隆起，近达叶先端，脉腋无泡状隆起及腺窝；叶柄长 0.5 ~ 1.5 cm，被短毛。花序腋生，长 4.5 ~ 10 cm；花序梗长 1 ~ 6 cm；花梗长 2 ~ 3 mm，均密被短毛；花呈淡黄色，长 3 ~ 4 mm；花被裂片近椭圆形，长约 3 mm，两面密被毛。果呈椭球形，长约 7 mm，直径约 5 mm，成熟时呈蓝黑色；果托呈杯状，顶端直径达 5 mm，全缘。花期为 6—7 月，果期为 8—10 月。

22 檫木

***Sassafras tzumu* (Hemsl.) Hemsl.**

樟科 Lauraceae 檫木属 *Sassafras*

个体数（individual number/9 hm^2）= 93 → 91 ↓

最大胸径（Max DBH）= 83.2 cm

重要值排序（importance value rank）= 40

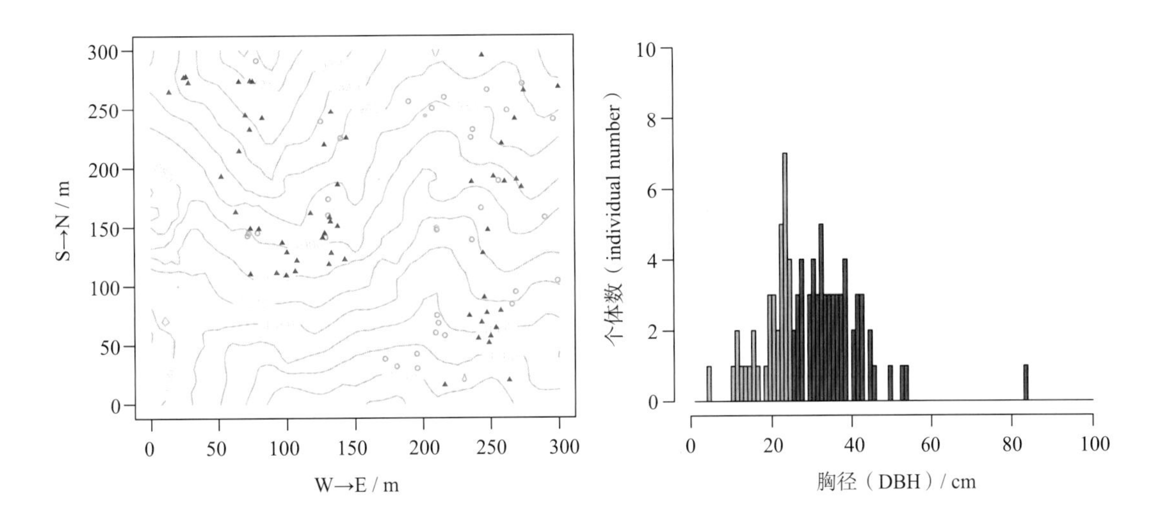

落叶乔木，高达 35 m，胸径达 1 m。树皮平滑，老时不规则深纵裂；小枝呈黄绿色，无毛。叶互生，常集生于枝顶；叶片呈卵形或倒卵形，长 9 ～ 20 cm，宽 6 ～ 12 cm，先端渐尖，基部呈楔形，不裂或 2、3 裂，两面无毛或下面沿脉疏生毛，离基三出脉；叶柄长 2 ～ 7 cm，常带红色。总状花序多数，顶生，密被毛，先于叶开放；雌雄异株；花梗纤细，长 4.5 ～ 6 mm；花呈黄色；花被裂片披针形，长约 3.5 mm，外面疏被毛。果近球形，直径约 8 mm，成熟时呈蓝黑色，被白粉；果梗长 1.5 ～ 2 cm，上端增粗成棒状，肉质，与果托均呈鲜红色，果托浅杯状。花期为 2—3 月，果期为 7—8 月。

23 黄丹木姜子（长叶木姜子）

Litsea elongata **(Wall. ex Nees) Benth. et Hook. f.**

樟科 Lauraceae 木姜子属 *Litsea*

个体数（individual number/9 hm^2）= 156 → 141 ↓

最大胸径（Max DBH）= 32.2 cm

重要值排序（importance value rank）= 60

S→N / m

W→E / m

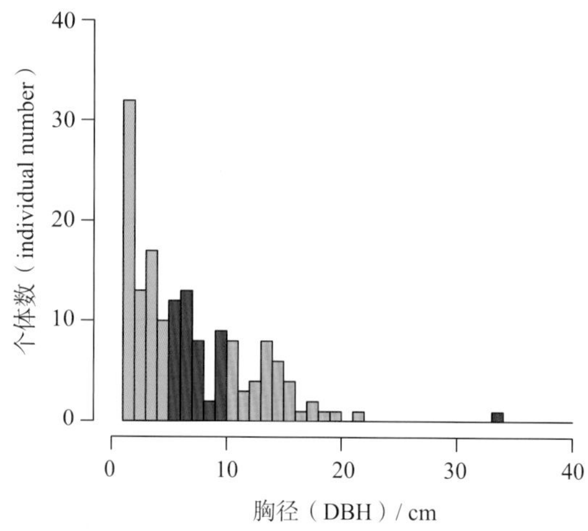

常绿乔木，高达 20 m，胸径达 40 cm。树皮呈灰黄色或红褐色；小枝密被褐色绒毛。叶互生；叶片革质，呈长圆状披针形至长圆形，稀倒披针形，长 6 ~ 22 cm，宽 2 ~ 6 cm，先端钝至短渐尖，基部呈楔形或近圆形，上面呈深绿色，无毛，下面沿中脉及侧脉被黄褐色长柔毛，余处被短柔毛，侧脉 10 ~ 20 对，中脉、侧脉在上面平或稍凹下，在下面隆起，侧脉间网脉相连，明显；叶柄长 1 ~ 2.5 cm，密被褐色绒毛。伞形花序单生，稀簇生，着生于当年生枝叶腋；花序梗粗短，长 2 ~ 5 mm，密被褐色绒毛；每花序具 4 或 5 花；花梗被丝状长柔毛；花呈黄白色，微具香气。果呈椭球形，长 1.1 ~ 1.3 cm，直径 0.7 ~ 0.8 cm，成熟时呈紫黑色；果梗长 2 ~ 3 mm，果托呈杯状。花期为 8—11 月，果期为次年 6—7 月。

24　石木姜子

***Litsea elongata* var. *faberi* (Hemsl.) Yen C. Yang et P.H. Huang**

樟科　Lauraceae　木姜子属　*Litsea*

个体数（individual number/9 hm^2）= 898 → 884 ↓

最大胸径（Max DBH）= 29.5 cm

重要值排序（importance value rank）= 25

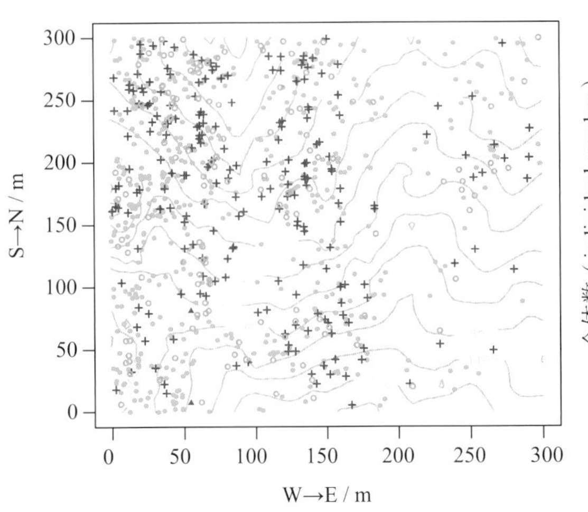

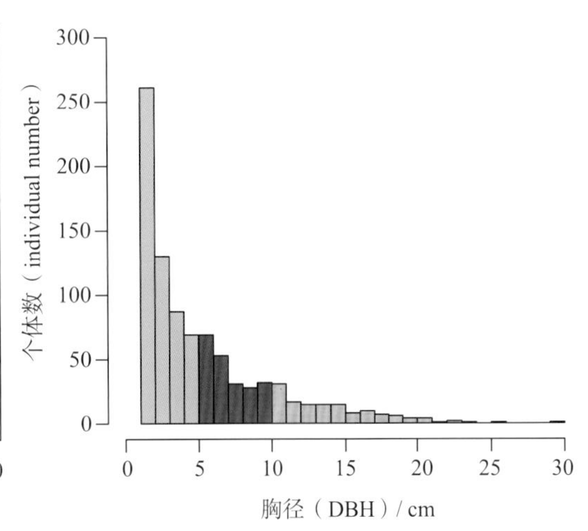

常绿乔木。与黄丹木姜子的主要区别在于叶片呈狭披针形或长圆状披针形，长 5 ~ 16（26）cm，宽 1.2 ~ 2.5（3.6）cm，先端尾尖至长尾尖；花序梗细长，长 5 ~ 10 mm。

25 浙江新木姜子

***Neolitsea aurata* var. *chekiangensis* (Nakai) Yen C. Yang et P.H. Huang**

樟科 Lauraceae 新木姜子属 *Neolitsea*

个体数（individual number/9 hm^2）= 3 493 → 3 251 ↓

最大胸径（Max DBH）= 28.2 cm

重要值排序（importance value rank）= 6

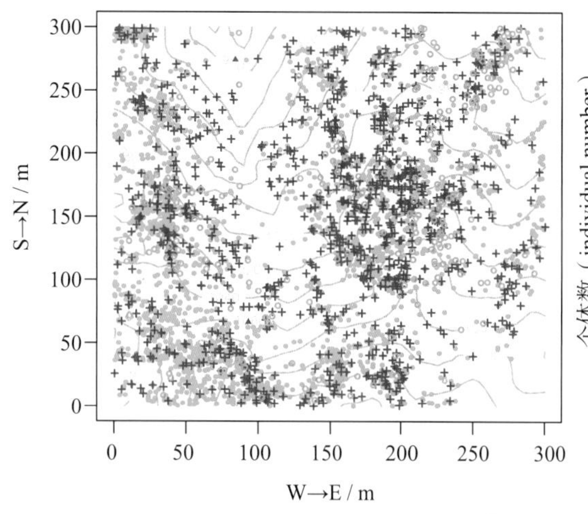

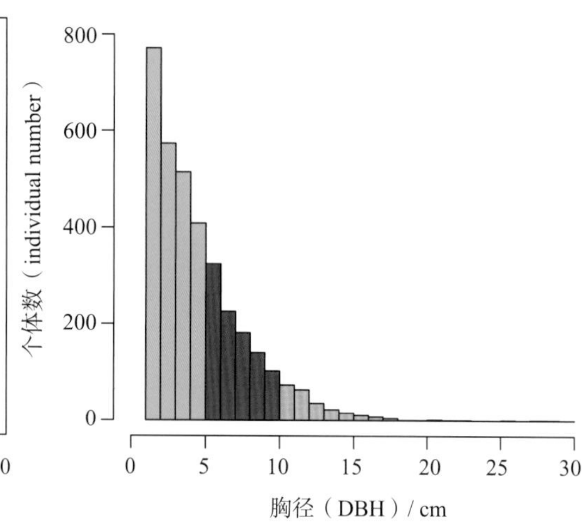

常绿乔木。幼枝与叶柄均被毛。叶片呈披针形、倒披针形或长圆状倒披针形，较狭窄，宽 0.9 ~ 24 cm，下面疏被棕黄色丝状毛，后脱落变近无毛，薄被白粉；叶柄长 0.7 ~ 1.2 cm。果呈椭球形或卵形，长约 8 mm，直径 5 ~ 6 mm，成熟时呈紫黑色。花期为 3 月，果期为 10—12 月。

26　云和新木姜子

***Neolitsea aurata* var. *paraciculata* (Nakai) Yen C. Yang et P.H. Huang**

樟科　Lauraceae　新木姜子属　*Neolitsea*

个体数（individual number/9 hm^2）= 117 → 107 ↓

最大胸径（Max DBH）= 24.8 cm

重要值排序（importance value rank）= 67

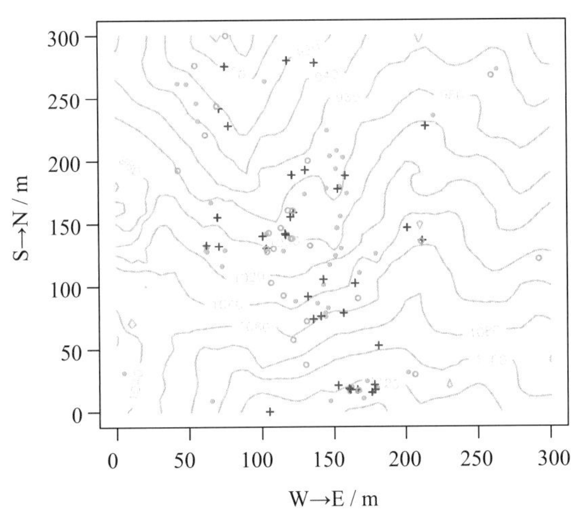

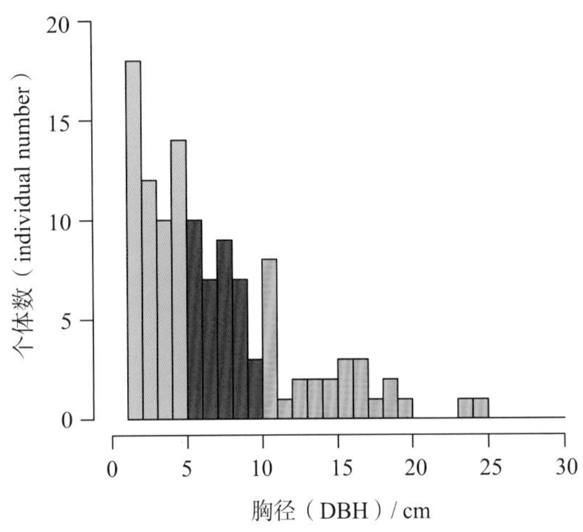

常绿乔木。幼枝与叶柄均无毛。叶片基部呈圆形或近楔形，不下延，边缘不透明，无波状皱褶，下面疏被黄色丝状毛，脱落后变近无毛，白粉明显；叶柄短于 1.5 cm。果呈椭球形或卵形，长约 8 mm，直径 5 ~ 6 mm，成熟时呈紫黑色。花期为 3—4 月，果期为 11—12 月。

27 浙闽新木姜子

***Neolitsea aurata* var. *undulatula* Yen C. Yang et P.H. Huang**

樟科 Lauraceae 新木姜子属 *Neolitsea*

个体数（individual number/9 hm^2）= 136 → 161 ↑

最大胸径（Max DBH）= 24.1 cm

重要值排序（importance value rank）= 83

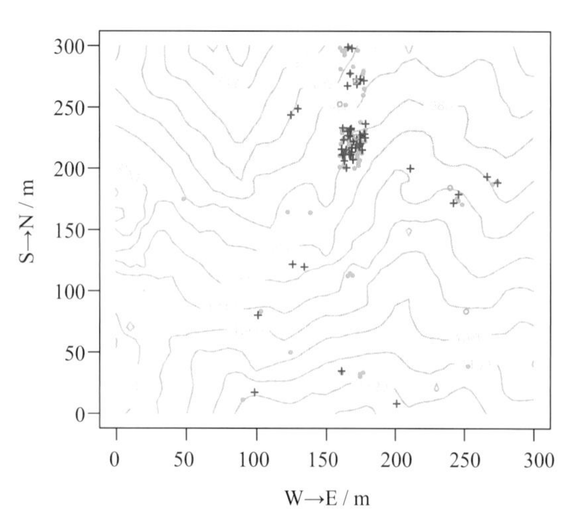

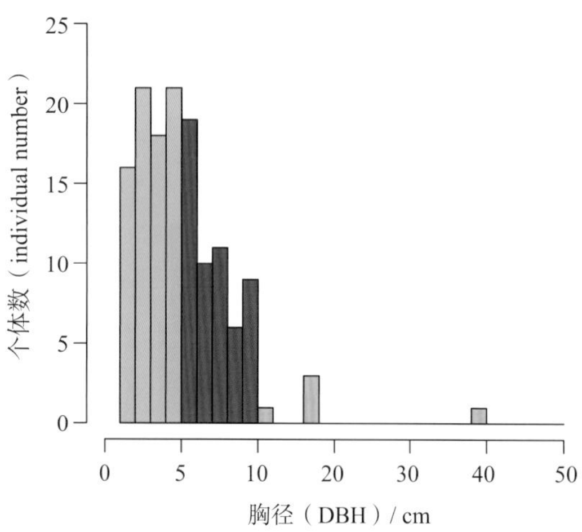

常绿乔木。幼枝与叶柄均无毛。叶片基部下延，边缘透明并具波状皱褶，下面初被红褐色丝状毛，后脱落变无毛，白粉明显。叶柄短于 1.5 cm。果呈椭球形或卵形，长约 8 mm，直径 5 ~ 6 mm，成熟时呈紫黑色。花期为 3—4 月，果期为 11—12 月。

28 红果钓樟（红果山胡椒）

Lindera erythrocarpa **Makino**

樟科 Lauraceae 山胡椒属 *Lindera*

个体数（individual number/9 hm^2）= 3 → 2 ↓

最大胸径（Max DBH）= 19.5 cm

重要值排序（importance value rank）= 156

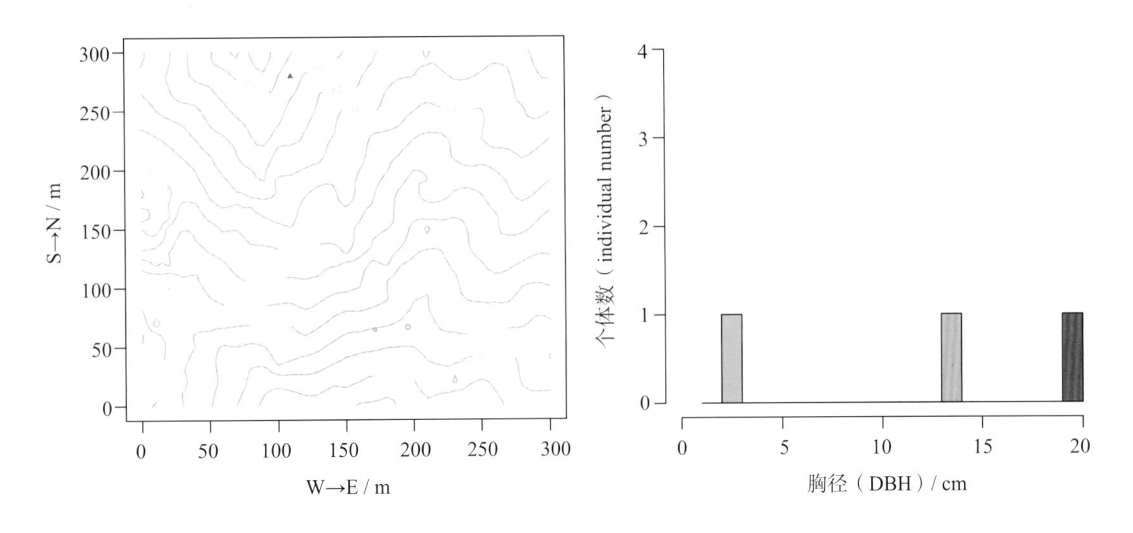

落叶灌木至小乔木，高可达 6.5 m。树皮呈灰褐色至黄白色；二年生、三年生小枝通常呈灰白色，皮孔密集，显著隆起。叶互生；叶片纸质，呈倒卵形至倒卵状披针形，长 7 ~ 14 cm，宽 2 ~ 5 cm，最宽处在中部以上，先端渐尖，基部呈狭楔形，显著下延，上面呈绿色，疏被伏贴短柔毛至几无毛，下面呈灰白色，被平伏柔毛，脉上较密，羽状脉，侧脉 4 或 5 对，网脉不明显；叶柄长 0.5 ~ 1 cm，常呈暗红色。伞形花序生于腋芽两侧；花序梗长约 5 mm；总苞片 4 层；每花序具 15 ~ 17 朵花，花梗长约 1.8 mm；花呈黄绿色，先于叶开放。果呈球形，直径 7 ~ 8 mm，成熟时呈鲜红色；果梗长 1.5 ~ 1.8 cm，顶端较粗，果托直径 3 ~ 4 mm。花期为 3—4 月，果期为 7—10 月。

29 乌药（天台乌药）

***Lindera aggregata* (Sims) Kosterm.**

樟科 Lauraceae 山胡椒属 *Lindera*

个体数（individual number/9 hm²）= 910 → 706 ↓

最大胸径（Max DBH）= 5.2 cm

重要值排序（importance value rank）= 34

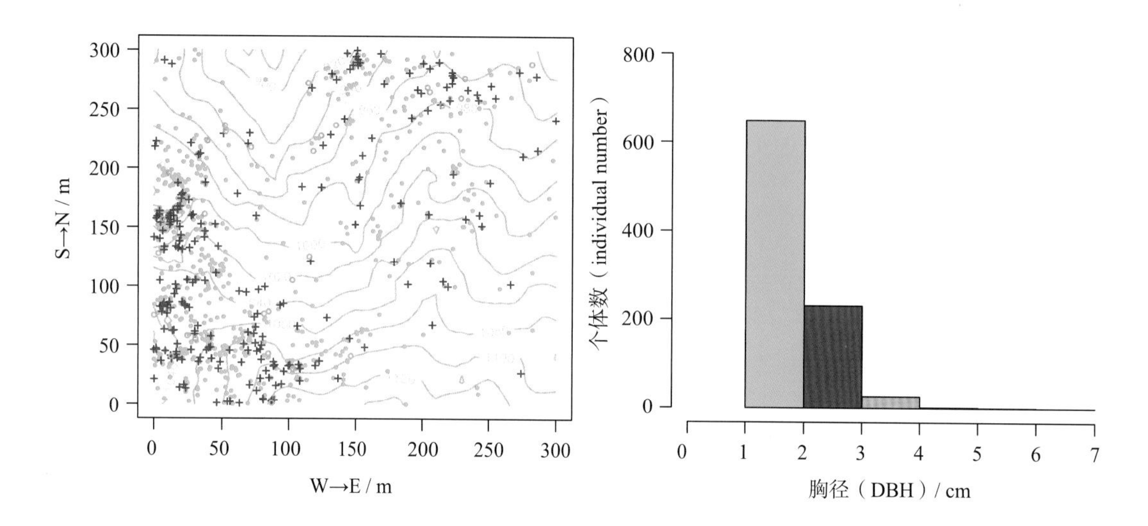

常绿灌木，高可达 4 m。根常膨大成纺锤状，外皮呈淡紫红色，内皮呈白色；小枝幼时密被金黄色绢毛，后渐变无毛。叶互生；叶片革质，呈卵形、卵圆形至近圆形，长 3 ~ 5（7）cm，宽 1.5 ~ 4 cm，先端尾尖，基部呈圆形至宽楔形，上面绿色有光泽，下面呈灰白色，幼时密被灰黄色伏柔毛，后渐脱落，基出三出脉，在上面凹下，在下面隆起；叶柄长 0.5 ~ 1 cm，幼时被毛，后渐脱落。伞形花序生于二年生枝叶腋；花序梗极短或无；花梗被柔毛；花呈黄绿色，雄花较雌花为大；花被裂片外被白色柔毛，里面无毛。果呈卵形至椭球形，长 0.6 ~ 1 cm，直径 0.4 ~ 0.7 cm，成熟时呈亮黑色。花期为 3—4 月，果期为 9—11 月。

30　披针叶茴香（红毒茴、莽草）

Illicium lanceolatum **A. C. Smith**

八角科　Illiciacea　八角属　*Illicium*

个体数（individual number/9 hm^2）= 5 → 5

最大胸径（Max DBH）= 11.7 cm

重要值排序（importance value rank）= 144

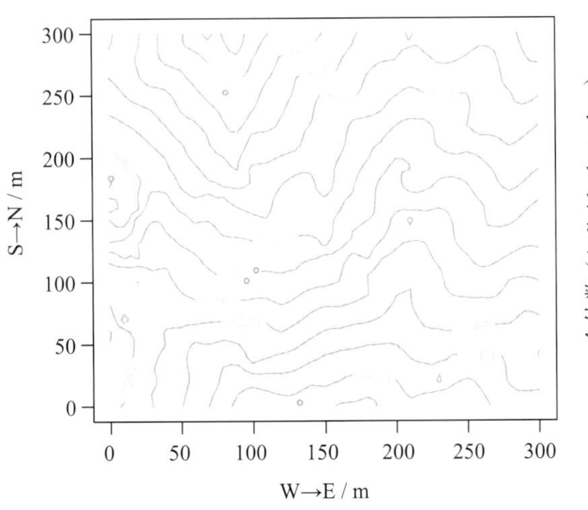

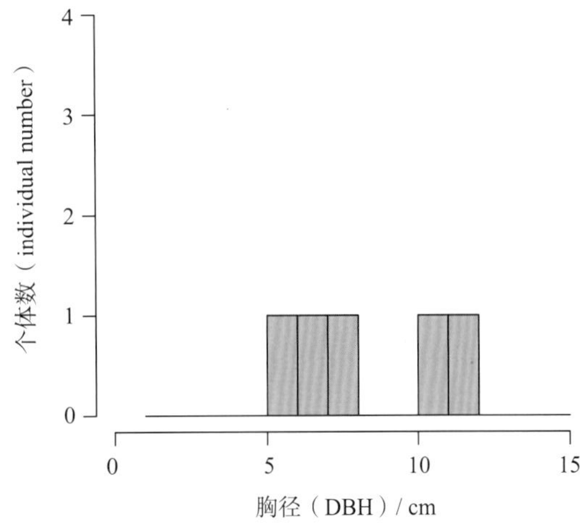

常绿小乔木或灌木，高 3 ~ 10 m。树皮呈灰褐色至灰白色。叶片呈披针形或倒披针形，长 5 ~ 15 cm，宽 1.5 ~ 4.5 cm，先端渐尖或尾尖，基部呈窄楔形，中脉在上面微凹，在下面稍隆起，侧脉、网脉不明显；叶柄纤细，长 5 ~ 20 mm。花腋生或近顶生，呈红色或深红色；花梗纤细，长 1.5 ~ 5 cm；花被片 10 ~ 15 片；雄蕊 6 ~ 11 枚；心皮 10 ~ 14 枚。聚合果直径 3.4 ~ 4 cm；蓇葖果 10 ~ 14 枚，先端具长 3 ~ 7 mm 的内弯尖头；果梗长可达 5.5 ~ 8 cm。花期为 5—6 月，果期为 8—10 月。

31 垂枝泡花树

***Meliosma flexuosa* Pamp.**

清风藤科 Sabiaceae 泡花树属 *Meliosma*

个体数（individual number/9 hm^2）= 71 → 51 ↓

最大胸径（Max DBH）= 16.6 cm

重要值排序（importance value rank）= 78

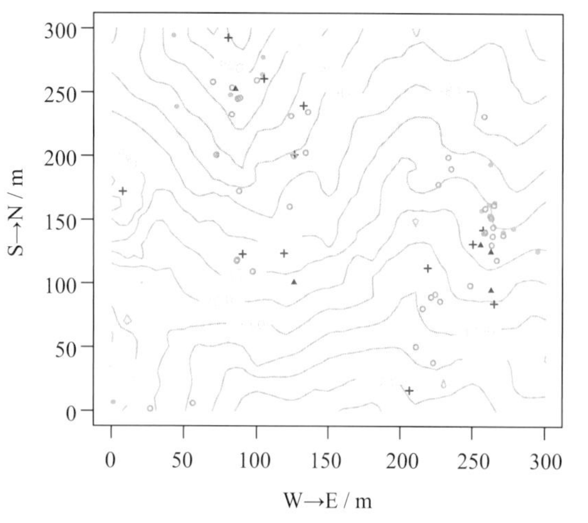

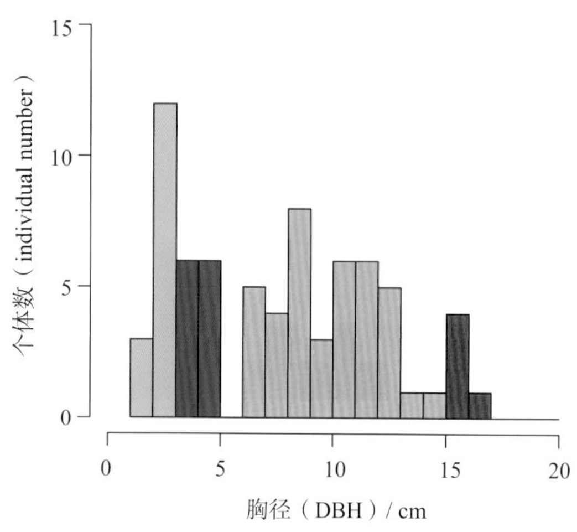

落叶小乔木，高可达 5 m。树皮呈灰褐色，初平滑，后呈不规则片状剥落；芽裸露；小枝被锈色短毛。单叶互生；叶片纸质，呈宽倒卵形，长 6 ~ 11 cm，宽 3 ~ 7 cm，先端近圆形，具短尖头，中部以下渐狭，基部明显下延，上部边缘有疏离的浅波状小齿，上面呈深绿色，有光泽，近无毛，下面被稀疏柔毛，脉腋具髯毛，侧脉 8 ~ 13 对，在上面明显下陷；叶柄长 5 ~ 15 mm。圆锥花序顶生或在近枝顶腋生，不下垂，主轴与侧枝不呈“之”字形曲折，长 20 ~ 35 cm，宽 10 ~ 20 cm；花小，呈白色，密集；萼片 5 片，近圆形，具缘毛；花瓣 5 枚，外面 3 枚近圆形，里面 2 枚微小，2 裂至中部，裂片有缘毛；雄蕊长约 1 mm；花盘呈杯状；子房有毛。核果呈球形，直径 5 ~ 6 mm，成熟时呈红色。花期为 6—7 月，果期为 9—11 月。

32 异色泡花树（多花泡花树）

***Meliosma myriantha* var. *discolor* Dunn**

清风藤科 Sabiaceae 泡花树属 *Meliosma*

个体数（individual number/9 hm^2）= 16 → 14 ↓

最大胸径（Max DBH）= 17.6 cm

重要值排序（importance value rank）= 129

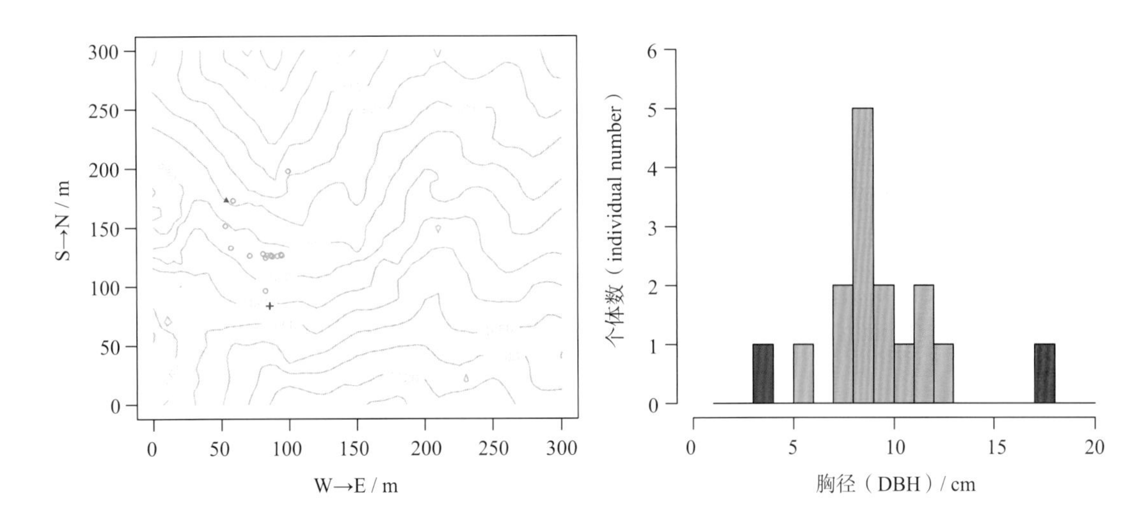

落叶乔木，高可达 20 m。树皮斑状剥落；芽裸露；幼枝及叶柄被褐色平伏柔毛。单叶互生；叶片薄纸质，呈倒卵状椭圆形、倒卵状长圆形或长圆形，长 8 ~ 30 cm，宽 3.5 ~ 12 cm，先端锐渐尖，基部呈圆钝或宽楔形，叶缘全部有刺状锯齿，嫩叶上被疏短毛，后脱落，下面被开展疏柔毛，侧脉 20 ~ 30 对，直达齿端，在上面稍下陷，下面脉腋有髯毛；叶柄长 1 ~ 2 cm。圆锥花序顶生，宽大，不下垂，被开展柔毛；花小，直径约 3 mm；萼片 4 ~ 5 片，呈卵形或宽卵形，先端圆，有缘毛；花瓣 5 枚，外面 3 枚花瓣接近圆形，宽约 1.5 mm，里面 2 枚呈披针形，与外花瓣近等长；发育雄蕊长 1 ~ 1.2 mm；子房无毛。核果近球形，直径 4 ~ 5 mm，成熟时呈红色。花期为 6 月，果期为 8—9 月。

与多花泡花树的区别在于叶片下面被稀疏毛或仅中脉与侧脉被柔毛，叶缘基部无锯齿。

33 红枝柴（南京珂楠树、羽叶泡花树）

Meliosma oldhamii **Miq. ex Maxim.**

清风藤科 Sabiaceae 泡花树属 *Meliosma*

个体数（individual number/9 hm^2）= 570 → 410 ↓

最大胸径（Max DBH）= 24.0 cm

重要值排序（importance value rank）= 36

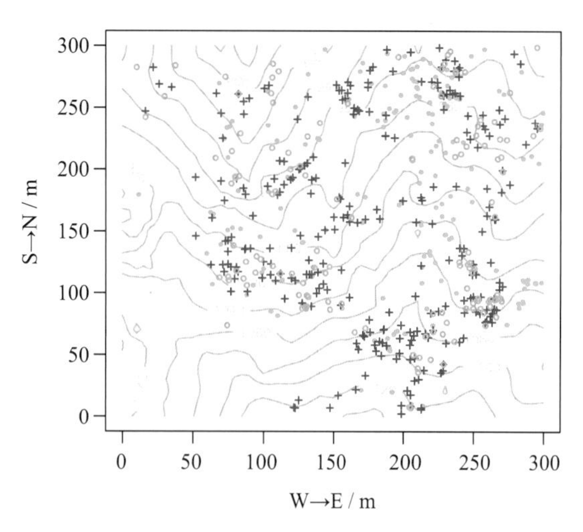

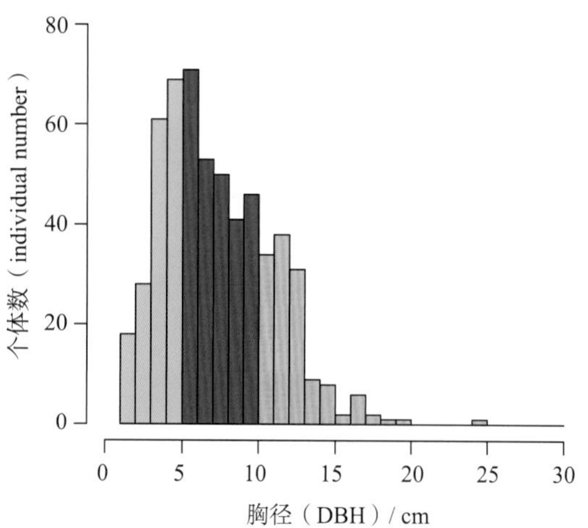

落叶小乔木，高 6 ~ 12 m。一回奇数羽状复叶连柄长 15 ~ 30 cm，具 7 ~ 17 片小叶，总叶柄、叶轴、小叶柄及小叶片两面均被褐色柔毛；小叶片纸质，对生或近对生，下部呈卵形，较小，其余呈狭卵形至椭圆状卵形，长 5 ~ 10 cm，宽 2 ~ 3.5 cm，先端急尖或锐渐尖，具小尖头，基部呈圆钝或阔楔形，边缘疏生锐尖小锯齿，上面呈绿色，散生细微短伏毛，下面呈淡绿色，被疏毛或近无毛，侧脉 7 或 8 对，脉腋有髯毛。圆锥花序顶生或生于近枝顶叶腋，直立，长与宽各为 15 ~ 30 cm，被褐色短柔毛；花小，白色；萼片 5 片，呈椭圆状卵形，具缘毛，外面 1 枚较狭小；花瓣 5 枚，外面 3 枚花瓣近圆形，里面 2 枚极小，2 中裂或有时 3 裂；发育雄蕊的药隔呈杯状；子房有毛。核果呈球形，直径 4 ~ 5 mm，成熟时呈红色。花期为 5—7 月，果期为 9—10 月。

34 缺萼枫香树

***Liquidambar acalycina* Hung T. Chang**

金缕梅科 Hamamelidaceae

枫香树属 *Liquidambar*

个体数（individual number/9 hm^2）= 173 → 162 ↓

最大胸径（Max DBH）= 62.5 cm

重要值排序（importance value rank）= 30

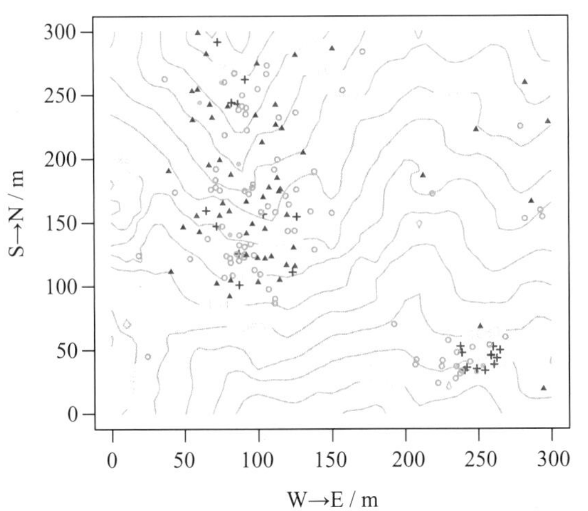

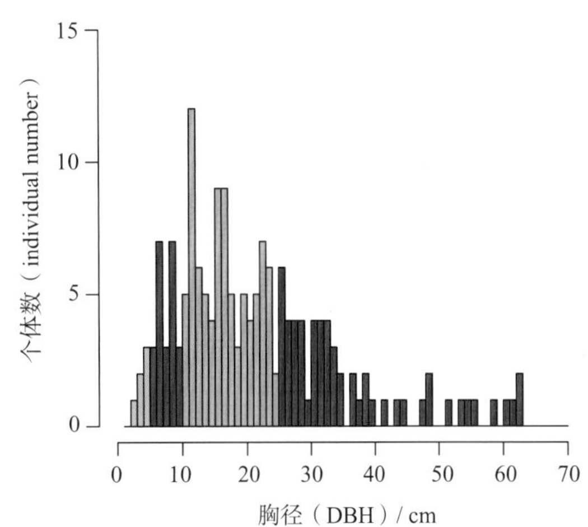

落叶乔木，高达 25 m。树皮呈灰白色，深纵裂；小枝无毛，大枝无木栓翅。叶片呈扁卵形，掌状 3 浅裂至中裂，长 8 ~ 13 cm，宽 8 ~ 15 cm，中裂片较长，先端尾状渐尖，基部呈微心形或平截，边缘有细锯齿，两面无毛，掌状脉 3 条，网脉在两面均明显；叶柄长 4 ~ 10 cm；托叶长 0.3 ~ 1 cm。短穗状雄花序多个排成总状；头状雌花序单生于短枝的叶腋内，具 15 ~ 26 朵花。果序呈球形，直径约 2.5 cm，无萼齿，宿存花柱较粗短。花期为 3—4 月，果期为 9—11 月。

35 长尾半枫荷（尖叶半枫荷）

***Semiliquidambar caudata* Hung T. Chang**

金缕梅科 Hamamelidaceae

半枫荷属 *Semiliquidambar*

个体数（individual number/9 hm^2）= 1 → 1

最大胸径（Max DBH）= 10.8 cm

重要值排序（importance value rank）= 184

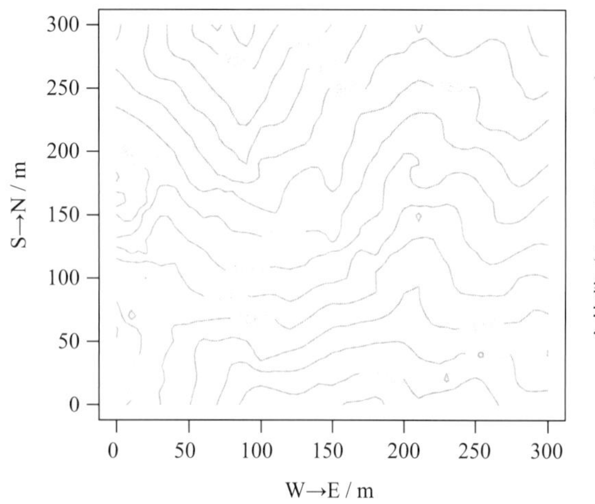

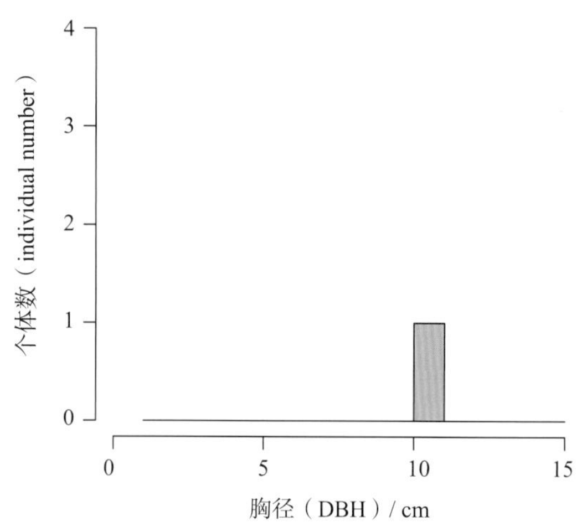

常绿或半常绿乔木，高达 20 m。叶集生于枝顶，同形，不分裂，呈卵形或卵状椭圆形，长 4 ~ 10 cm，宽 2 ~ 4.5 cm，先端尾状渐尖，尾长 1.5 ~ 2 cm，基部呈圆形或宽楔形，边缘有疏锯齿，离基三出脉，或不明显；叶柄长 1.5 ~ 4.5 cm，纤细，无毛，上部有沟，基部略膨大。雄花序未见，雌花序生于叶腋。头状果序呈扁半球形，直径 1.4 ~ 2.5 cm（不计花柱长），果序柄长 2.5 ~ 3.5 cm，被柔毛；蒴果稍突出，花柱长 3 ~ 5 mm。花期为 3—4 月，果期为 9—11 月。

36　檵木（坚漆）

***Loropetalum chinense* (R. Brown) Oliv.**

金缕梅科　Hamamelidaceae

檵木属　*Loropetalum*

个体数（individual number/9 hm^2）= 3 → 2 ↓

最大胸径（Max DBH）= 1.8 cm

重要值排序（importance value rank）= 182

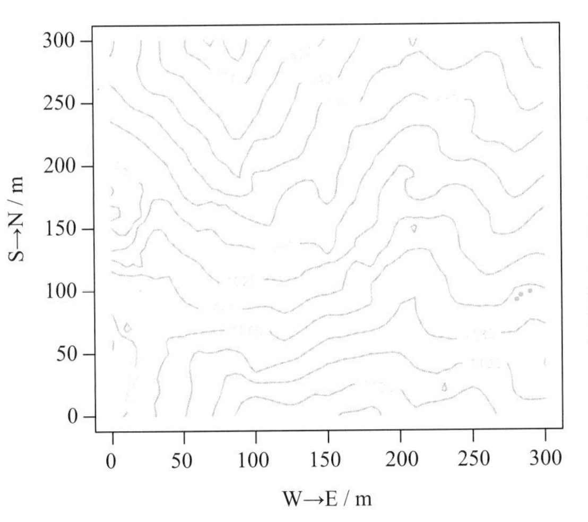

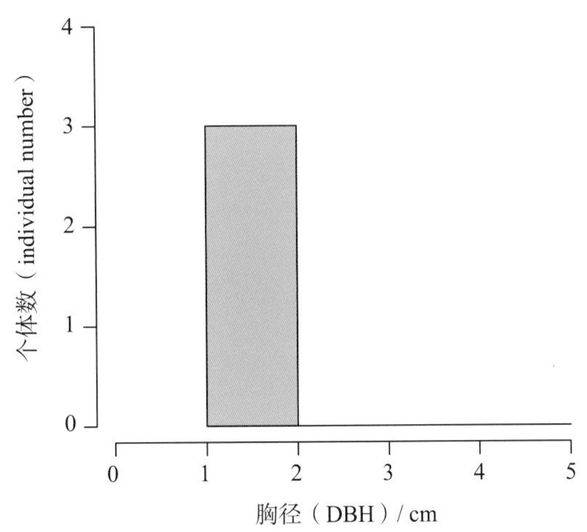

常绿灌木，稀为小乔木，高 1 ~ 8 m。多分枝，小枝有锈色星状毛。叶互生；叶片呈卵形，长 1.5 ~ 5 cm，宽 1 ~ 2.5 cm，先端急尖或钝，基部呈圆钝或微心形，偏斜，全缘，上面粗糙，略有粗毛或秃净，下面沿脉密生星状毛，稍带灰白色，细脉明显；叶柄被星状毛。花两性；花 3 ~ 8 朵簇生成头状花序；花序梗长约 1 cm，被毛；花瓣 4 枚，呈白色或淡黄色，条形，长 1 ~ 2 cm，宽 1 ~ 1.5 mm；雄蕊 4 枚，花丝极短，花药呈卵形。蒴果近卵球形，长约 1 cm，被黄褐色星状毛；萼筒包至蒴果的上部。花期为 3—4 月，果期为 8—10 月。

37 交让木

***Daphniphyllum macropodum* Miq.**

虎皮楠科 Daphniphyllaceae

虎皮楠属 *Daphniphyllum*

个体数（individual number/9 hm^2）= 44 → 41 ↓

最大胸径（Max DBH）= 20.8 cm

重要值排序（importance value rank）= 92

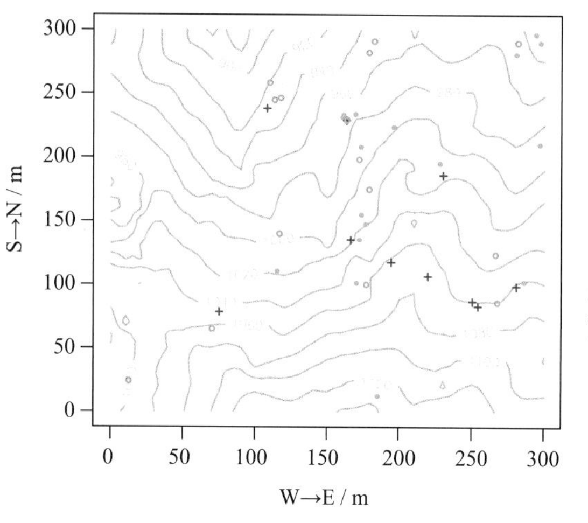

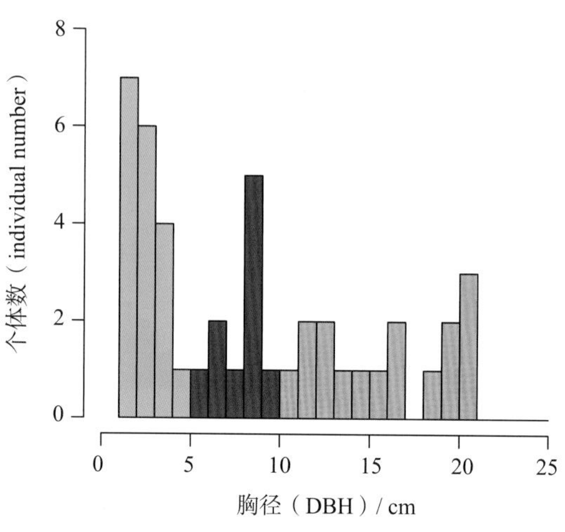

常绿小乔木，高 4 ~ 10 m。4 ~ 5 月新叶长出时，去年老叶凋落而更替，故有“交让”之称；叶片革质，呈椭圆形或长圆状椭圆形，长 9 ~ 20 cm，宽 3 ~ 6.5 cm，先端短渐尖，基部呈楔形，边缘不反卷或微反卷，上面呈绿色至深绿色，光滑，下面呈淡绿色，被白粉，具乳头状突起或无，侧脉 9 ~ 15 对，隐于叶肉中，网脉不清晰；叶柄常带红色。花序总状，生于枝顶叶腋，长 6 ~ 10 cm；雌雄异株；雄花无花被，或仅有 1 或 2 枚条形萼片，雄蕊 6 ~ 9 枚，花丝短，花药扁椭球形，略扁，药隔细尖或微凹，花药初为绿色，渐变为红色至暗红色；雌花无花萼，子房呈卵形，基部有 10 枚退化雄蕊，雌蕊顶端几无花柱，柱头 2 裂，显著外弯，子房 2 室，每室具 2 个胚珠。核果成熟时呈黑色，薄被白粉，椭球形，长约 1 cm，直径 5 ~ 6 mm。花期为 4—5 月，果期为 10—12 月。

38　虎皮楠

***Daphniphyllum oldhamii* (Hemsl.) Rosenth**

虎皮楠科　Daphniphyllaceae

虎皮楠属　*Daphniphyllum*

个体数（individual number/9 hm^2）= 173 → 151 ↓

最大胸径（Max DBH）= 28.1 cm

重要值排序（importance value rank）= 51

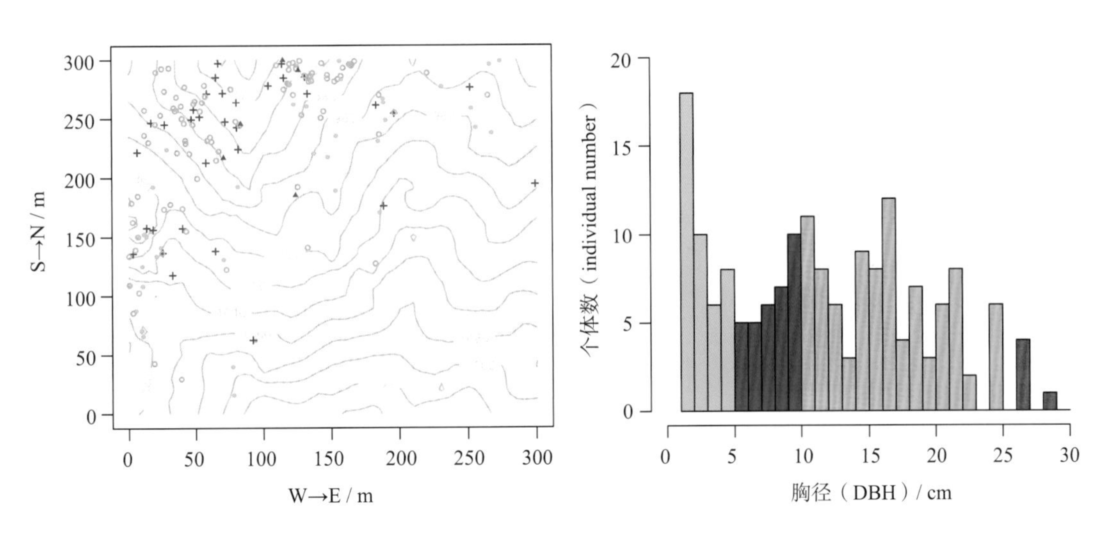

常绿小乔木或乔木，高 4 ~ 15 m。树皮呈灰色至灰褐色，平滑不裂；枝呈圆柱形，髓心片状。叶多集生于枝顶；叶片薄革质，呈长圆形、倒卵状椭圆形或椭圆状披针形，长 8 ~ 16 cm，宽 3 ~ 5 cm，先端渐尖或短尖，基部呈楔形，边缘不反卷或微反卷，上面呈深绿色，下面呈灰绿色，被白粉，并有细小乳头状突起，侧脉 7 ~ 12 对，稍隆起，网脉不清晰；叶柄长 1 ~ 4.5 cm。雄花序总状，长 3 ~ 6 cm，花序梗纤细，花药通常为扁椭球形，药隔处急尖；雌花序总状，长 4 ~ 5 cm，花梗长 6 ~ 10 mm，花萼早落，子房顶端具反卷或卷曲状柱头，柱头短于子房或近等长，基部无退化雄蕊。核果成熟时呈暗红色至黑色，椭球形，长 6 ~ 14 mm，直径 5 ~ 8 mm，基部圆钝不缢缩，稍具稀疏瘤状突起，几无花柱，不被白粉。花期为 3—4 月，果期为 10—12 月。

39 紫弹树（黄果朴）

***Celtis biondii* Pamp.**

榆科 Ulmaceae 朴属 *Celtis*

个体数（individual number/9 hm^2）= 9 → 5 ↓

最大胸径（Max DBH）= 12.0 cm

重要值排序（importance value rank）= 136

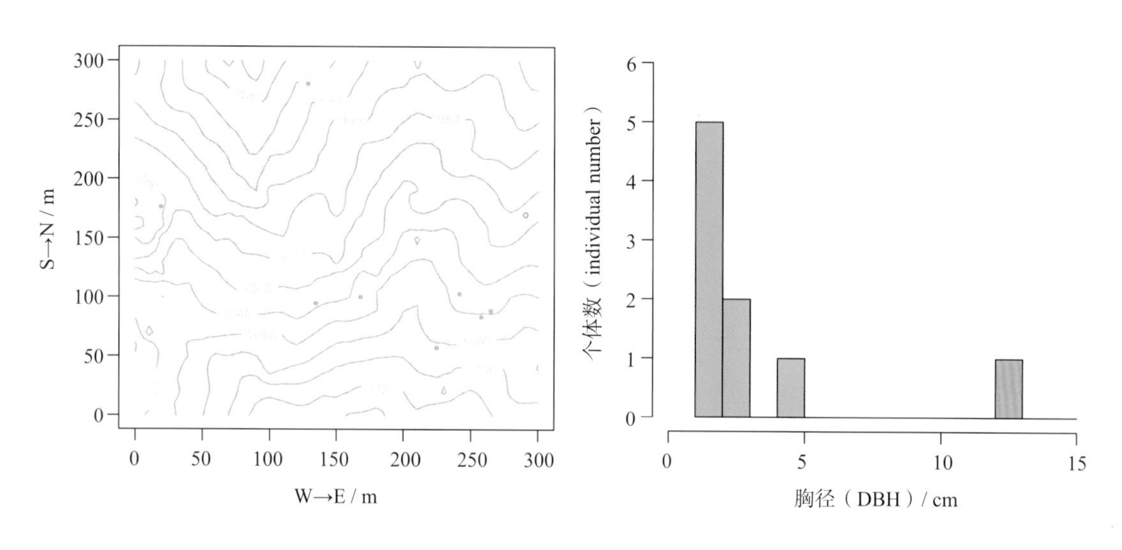

落叶乔木，高达 18 m。树皮呈灰白色，光滑；一年生枝黄褐色，密被短柔毛，后渐脱落，二年生枝无毛，散生圆形皮孔；冬芽黑褐色，被柔毛。叶片呈卵形至卵状椭圆形，长 2.5 ~ 8 cm，宽 2 ~ 3.5 cm，先端渐尖，基部钝至宽楔形，稍偏斜，中部以上具疏齿，下面网脉平，干时下陷；叶柄长 3 ~ 8 mm，幼时有毛，老则无毛。核果 1 ~ 3 个腋生，近球形，直径约 5 mm，成熟时呈橘红色；果核两侧稍压扁状，具 4 条纵肋及蜂窝状细网纹；果梗长为叶柄的 2 倍或以上，长 1 ~ 1.8 cm，被短柔毛，具总梗。花期为 4—5 月，果期为 9—11 月。

40　异叶榕

Ficus heteromorpha **Hemsl.**

桑科　Moraceae　榕属　*Ficus*

个体数（individual number/9 hm^2）= 3 → 1 ↓

最大胸径（Max DBH）= 2.4 cm

重要值排序（importance value rank）= 165

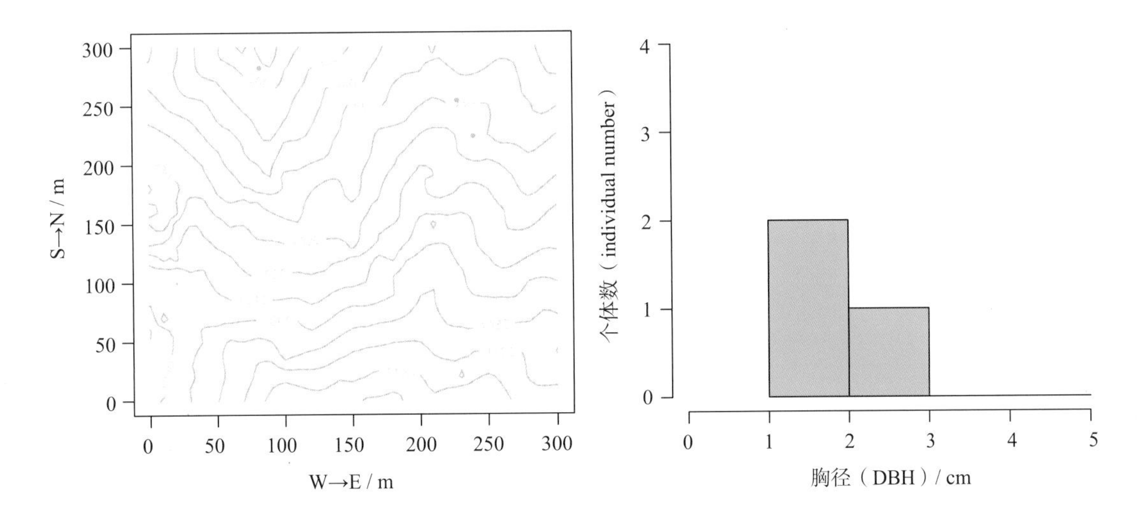

落叶灌木，高 2 ~ 3 m。小枝呈红褐色。叶互生；叶片纸质，叶形变异极大，呈提琴形、椭圆形、椭圆状披针形等，长 10 ~ 18 cm，宽 2 ~ 7 cm，先端渐尖、急尖或尾尖，基部呈圆形至心形，上面略粗糙，下面有细小钟乳体，全缘或微波状，有时具粗锯齿或缺裂，侧脉 6 ~ 15 对，与中脉常呈紫红色，基生 1 对较短；叶柄长 1.5 ~ 6 cm，呈紫红色；托叶呈披针形，长约 1 cm。隐花果成对腋生，稀单生，呈球形或圆锥状球形，光滑，直径 6 ~ 10 mm，成熟时呈紫黑色，有光泽，先端呈脐状突起，基部无梗；基生苞片 3 片，呈卵圆形。花期和果期为 3—8 月。

41 化香树（化香、化树蒲）

***Platycarya strobilacea* Sieb. et Zucc.**

胡桃科 Juglandaceae 化香属 *Platycarya*

个体数（individual number/9 hm^2）= 2 → 2

最大胸径（Max DBH）= 20.5 cm

重要值排序（importance value rank）= 166

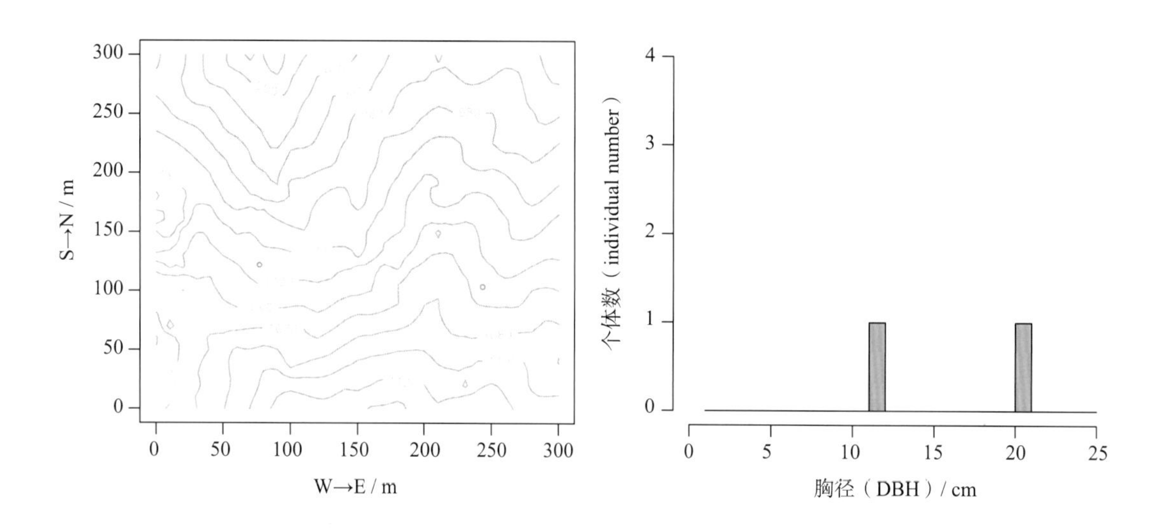

落叶乔木，常呈灌木状。树皮浅纵裂；小枝被脱落性柔毛。奇数羽状复叶；小叶（5）7 ~ 11（17）枚，对生或上部互生；小叶片呈卵状披针形至椭圆状披针形，长 3 ~ 14 cm，宽 1 ~ 5 cm，先端渐尖至长渐尖，基部近圆形，侧生小叶基部偏斜，边缘有细尖重锯齿，下面幼时具柔毛，后仅中脉或脉腋有毛，稀仅下面基部有毛；顶生小叶柄长 2 ~ 3 cm，侧生小叶无柄。两性花序通常 1 个，雄花序 3 ~ 8（10）个。果序呈球果状、卵状椭球形或长椭球状圆柱形，长 3 ~ 4.3 cm，直径 2 ~ 3 cm；宿存苞片呈披针形；果实呈小坚果状，扁平，两侧具狭翅。花期为 5—6 月，果期为 9—10 月。

42　少叶黄杞（黄榉、茶木）

Engelhardtia fenzlii Merr.

胡桃科　Juglandaceae　黄杞属　*Engelhardtia*

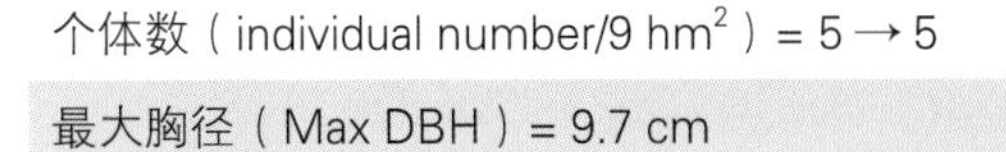

个体数（individual number/9 hm^2）= 5 → 5

最大胸径（Max DBH）= 9.7 cm

重要值排序（importance value rank）= 168

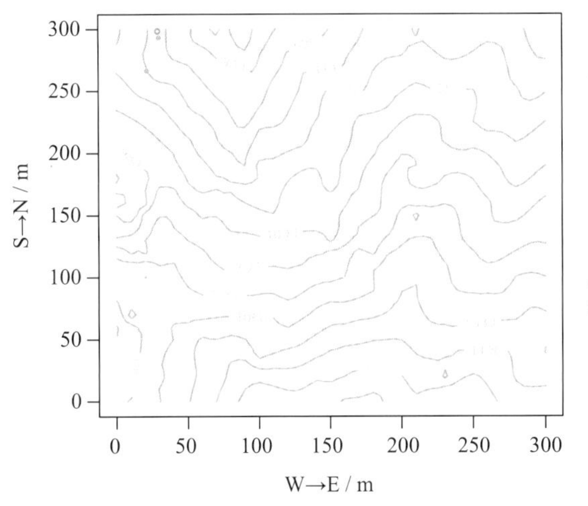

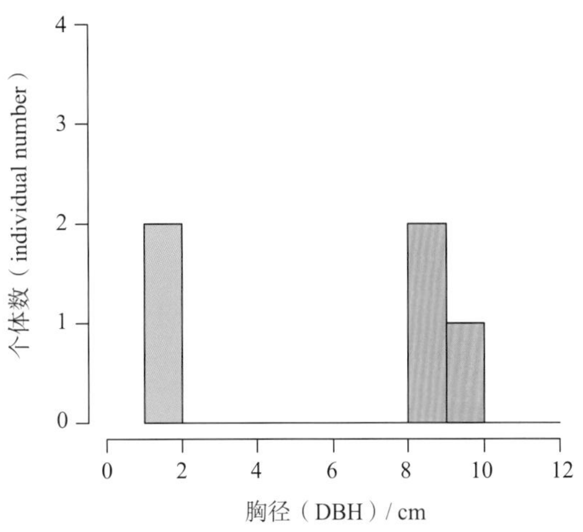

常绿乔木。全体无毛，芽、幼枝、花序及果实常被锈褐色或橙黄色圆形腺鳞。小枝呈灰白色。偶数羽状复叶；叶柄长 1.5 ~ 4 cm；小叶 1 或 2 对，对生或近对生，小叶柄长 0.5 ~ 1 cm；小叶片呈椭圆形至长椭圆形，长 5 ~ 15 cm，宽 2 ~ 6 cm，先端尖或短急尖，基部呈宽楔形，歪斜，全缘，两面有光泽，幼时疏被橙黄色腺鳞，侧脉 5 ~ 7 对。柔荑花序；花无柄或具极短柄。果序下垂，长 7 ~ 13 cm；果实呈坚果状，球形至扁球形，直径 3 ~ 4 mm；宿存苞片叶状 3 裂，中裂片呈长椭圆形，长 2 ~ 3.5 cm。花期为 6—7 月，果期为 7—10 月。

43 青钱柳（摇钱树）

Cyclocarya paliurus **(Batalin) Iljinsk.**

胡桃科 Juglandaceae 青钱柳属 *Cyclocarya*

个体数（individual number/9 hm²）= 21 → 19 ↓

最大胸径（Max DBH）= 41.2 cm

重要值排序（importance value rank）= 93

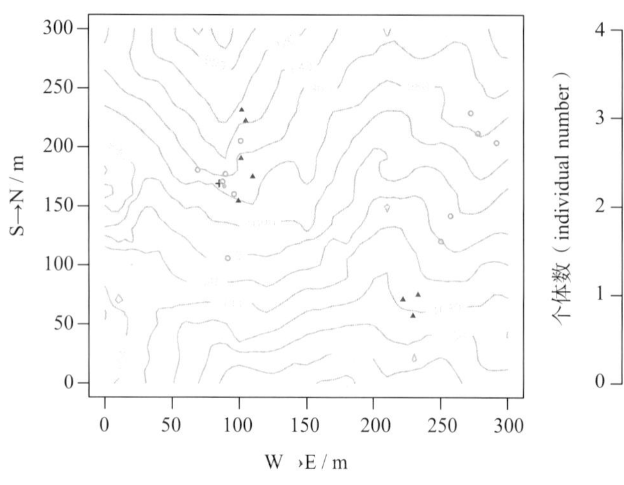

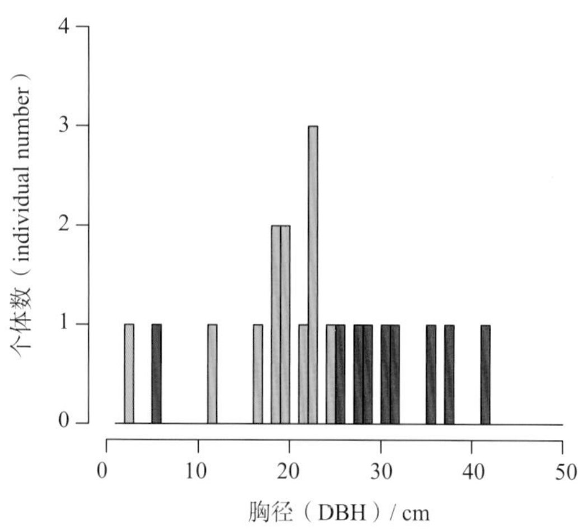

落叶乔木。老树皮纵裂；冬芽被褐色腺鳞；小枝密被脱落性褐色毛。奇数羽状复叶具（5）7 ~ 9（13）枚小叶；小叶片呈椭圆形或长椭圆状披针形，长 3 ~ 15 cm，宽 1.5 ~ 6 cm，先端渐尖，基部偏斜，边缘具细锯齿，两面被淡褐色、灰色至黄色腺鳞，叶脉被柔毛，下面脉腋具簇毛；叶轴被白色曲毛与褐色腺鳞，侧脉 10 ~ 16 对；叶柄长 3 ~ 5 cm，顶生小叶柄长约 1 cm，侧生小叶柄长 0.5 ~ 2 mm。雄花序轴被短柔毛及腺鳞；雌花序长 21 ~ 26 cm，具 7 ~ 10 朵花，花序轴密被脱落性短柔毛，其下端常具 1 个鳞片。果翅圆盘状，直径 2.5 ~ 6 cm，被腺鳞，柱头及花被片宿存。果实呈坚果状，扁球形，直径约 7 mm，被腺鳞。花期为 5—6 月，果期为 9 月。

44　杨梅（山杨梅）

***Myrica rubra* (Lour.) Siebold et Zucc.**

杨梅科　Myricaceae　杨梅属　*Myrica*

个体数（individual number/9 hm²）= 32 → 29 ↓

最大胸径（Max DBH）= 26.7 cm

重要值排序（importance value rank）= 95

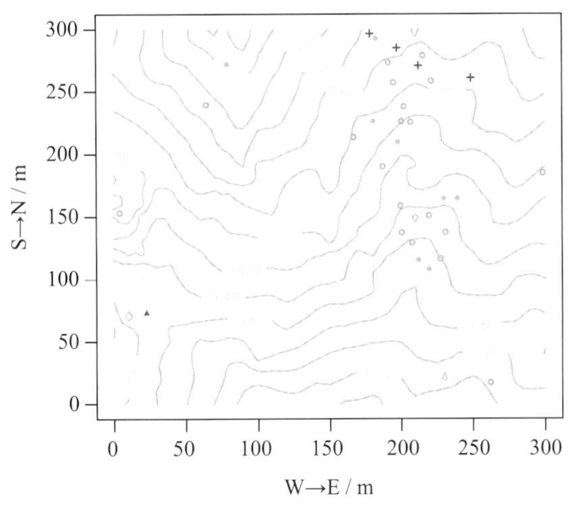

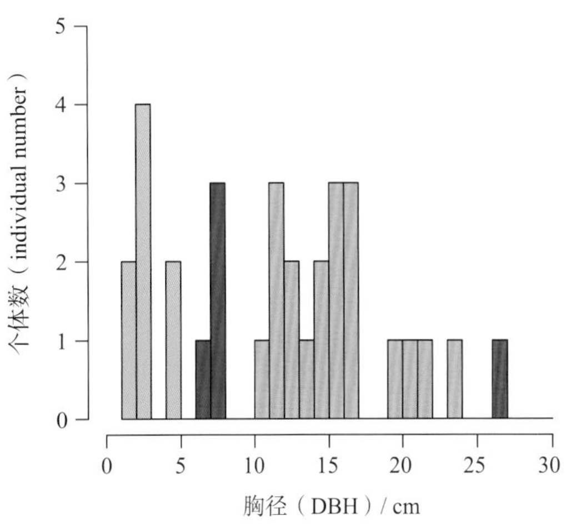

常绿乔木。树皮呈灰色，不裂。枝叶无毛；幼嫩枝被圆形盾状腺鳞。单叶，互生，革质，常密集于枝顶；叶片呈楔状倒卵形或长椭圆状倒卵形，长 5 ~ 14 cm，宽 1 ~ 4 cm，先端圆钝或短尖至急尖，基部呈楔形，全缘，幼树或萌枝中部以上或全部具疏齿，上面具光泽，下面稀被金黄色腺鳞；叶柄长 2 ~ 10 mm。花雌雄异株，稀同株；雄花序圆柱状，长 1 ~ 4 cm，雄蕊 2 ~ 5 枚，花药呈暗红色；雌花序常单生于叶腋，长 5 ~ 15 mm，无花瓣，柱头 2 个，细长，呈鲜红色。核果呈球状，具乳头状突起，直径 1 ~ 3.5 cm，成熟时呈深红色、紫红色、紫黑色、粉红色或乳白色；核坚硬，呈卵形，略扁。花期为 3—4 月，果期为 5（6）—7 月。

45 米心水青冈（米心树、恩氏山毛榉）

Fagus engleriana **Seemen ex Diels.**

壳斗科 Fagaceae 水青冈属 *Fagus*

个体数（individual number/9 hm²）= 165 → 147 ↓

最大胸径（Max DBH）= 67.5 cm

重要值排序（importance value rank）= 45

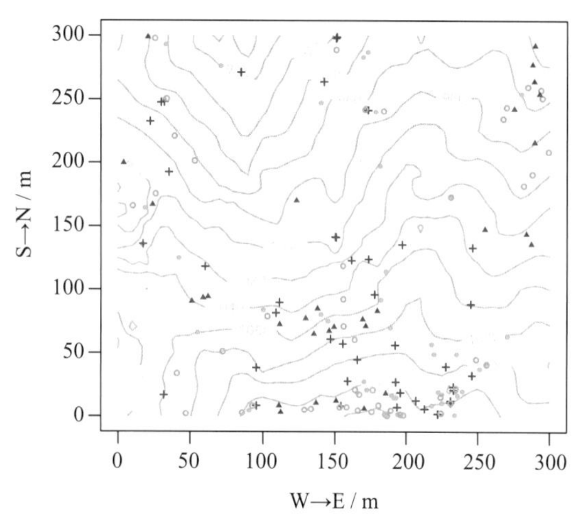

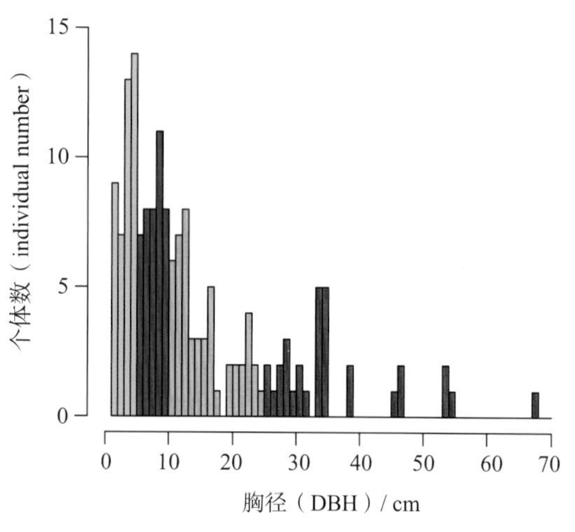

落叶乔木，高达25 m。树皮呈灰白色，不裂。冬芽长达 2.5 cm；小枝的皮孔近圆形。叶片呈卵状椭圆形，长 5 ~ 9 cm，宽 2.5 ~ 4.5 cm，先端短尖，基部呈宽楔形或近圆形，略偏斜，边缘波状、全缘或疏生小齿突，幼叶被绢状长伏毛，下面尤密，后渐脱净或仅于叶背沿中脉疏被长柔毛，侧脉 10 ~ 13 对，沿叶缘上弯网结；叶柄长约 5 mm，无毛。果梗纤细，长可达 7 cm，果成熟时下垂；壳斗长 1 ~ 1.5 cm，为 4 个裂瓣，密被细短绒毛；苞片上部者狭条形，先端弯钩，基部者呈狭匙形。每壳斗具 2 个坚果。花期为 4 月，果期为 8 月。

46　亮叶水青冈（光叶水青冈）

***Fagus lucida* Rehder et E.H. Wilson**

壳斗科　Fagaceae　水青冈属　*Fagus*

个体数（individual number/9 hm^2）= 28 → 25 ↓

最大胸径（Max DBH）= 37.8 cm

重要值排序（importance value rank）= 106

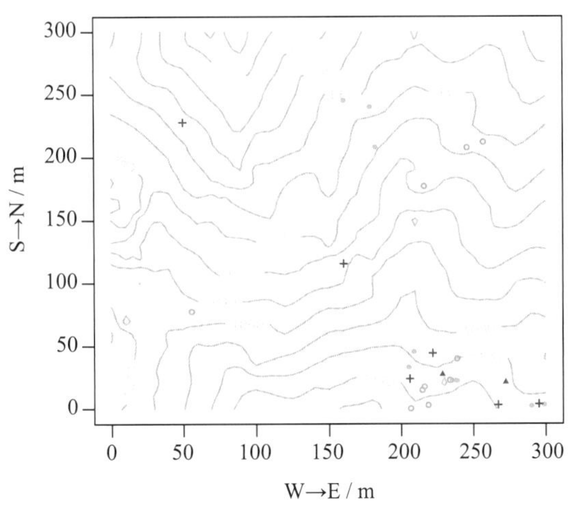

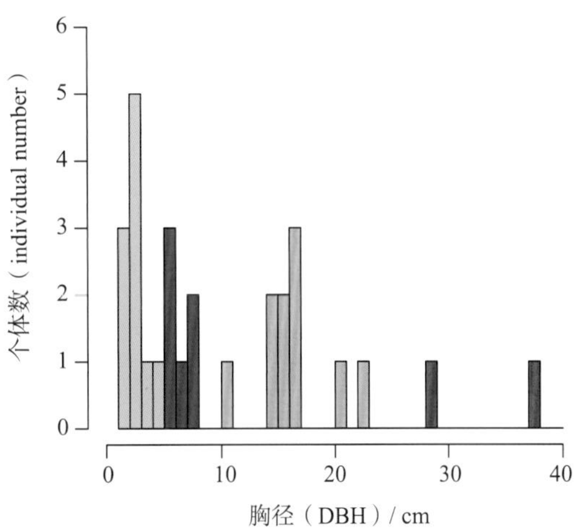

落叶乔木，高达 25 m。树皮呈灰白色，不裂；冬芽长达 1.5 cm；小枝的皮孔呈长圆形或兼有近圆形。叶片呈卵形或卵状椭圆形，长 6 ~ 11 cm，宽 3.5 ~ 6.5 cm，先端短尖或渐尖，基部呈宽楔形或近圆形，略偏斜，叶缘有短尖齿，上面无毛，下面沿中脉、侧脉贴生长柔毛，后渐脱净，侧脉 9 ~ 11 对，直达齿端；叶柄长 1 ~ 1.5 cm，上面疏被长柔毛。果梗长 0.5 ~ 1.5 cm，果成熟时直立；壳斗长 1 ~ 1.5 cm，为 3（4）个瓣裂，密被细短绒毛；苞片鳞片状，伏贴，长 1 ~ 2 mm，顶端骤窄成短尖头。每壳斗具 1（2）个坚果；坚果比裂瓣稍长。花期为 4—5 月，果期为 9—10 月。

47 锥栗

Castanea henryi **(Skan) Rehder et E.H. Wilson**

壳斗科 Fagaceae 栗属 *Castanea*

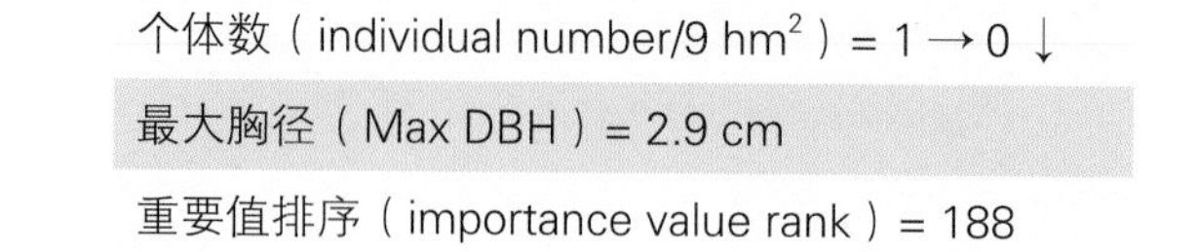
个体数（individual number/9 hm^2）= 1 → 0 ↓

最大胸径（Max DBH）= 2.9 cm

重要值排序（importance value rank）= 188

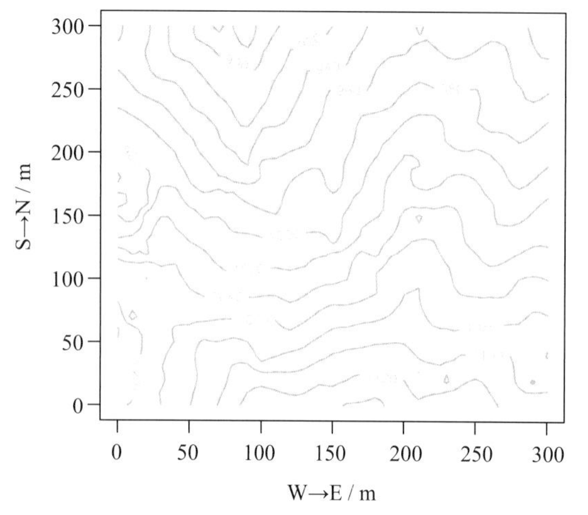

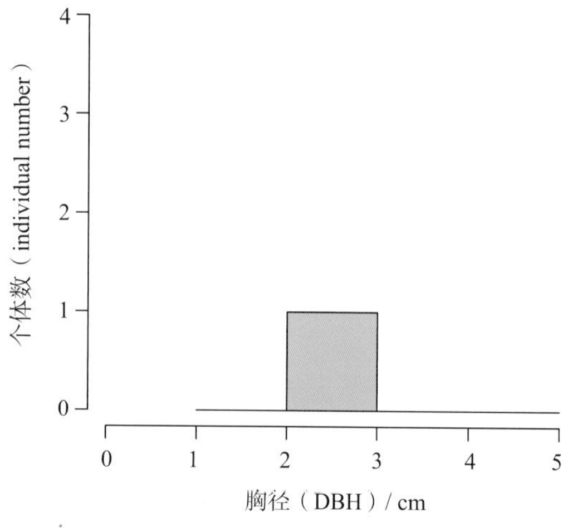

常绿乔木，高达 15 m。幼枝无毛；冬芽长约 5 mm。叶片呈披针形或长圆状披针形，长 8 ~ 17 cm，宽 2 ~ 5 cm，先端长渐尖，基部呈楔尖或圆形，两端有长 2 ~ 4 mm 的芒状尖头，通常两面无毛，侧脉 12 ~ 16 对；叶柄长 1 ~ 2 cm；托叶呈条形，长 8 ~ 14 mm。雄花序生于小枝下部叶腋，长 5 ~ 16 cm；雌花序生于小枝上部叶腋，每总苞具 1 朵雌花，稀 2 或 3 朵，通常仅 1 朵发育。壳斗近圆球形，连刺直径 2 ~ 3.5 cm，刺上具平伏毛。每壳斗具 1 个坚果；坚果呈卵球形，先端尖，直径 1.5 ~ 2 cm。花期为 5 月，果期为 9—10 月。

48　钩栗（钩锥、钩栲）

***Castanopsis tibetana* Hance**

壳斗科　Fagaceae　栲属　*Castanopsis*

个体数（individual number/9 hm²）= 21 → 17 ↓

最大胸径（Max DBH）= 30.0 cm

重要值排序（importance value rank）= 107

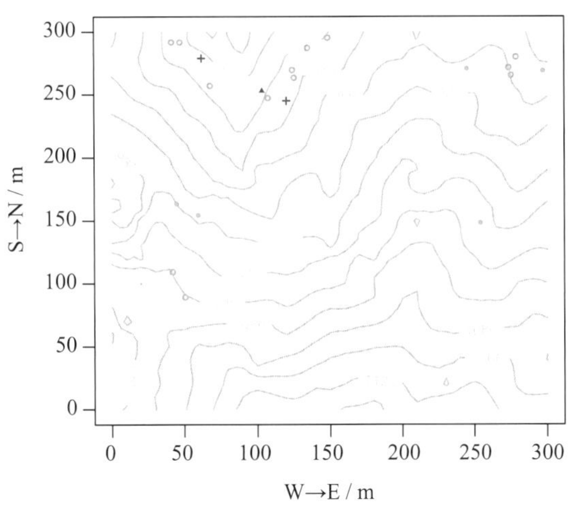

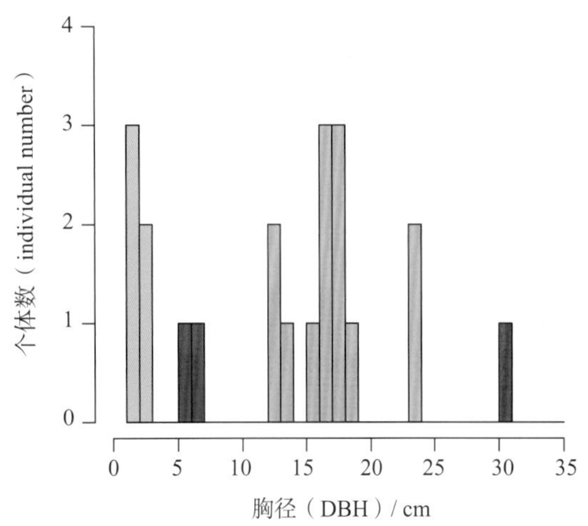

常绿乔木，高达 20 m。树皮呈灰褐色，条片状开裂。小枝粗壮，无毛。叶片厚革质，呈长椭圆形或长圆形，长 15 ~ 30 cm，宽 5 ~ 10 cm，先端渐尖或短突尖，基部呈圆形或宽楔形，叶缘中部以上有疏锯齿，上面呈深绿色，光亮，下面密被棕褐色鳞秕，渐变为银灰色，两面无毛，侧脉 14 ~ 18 对，直达齿端；叶柄粗壮，长 1.5 ~ 3 cm，无毛。雄花序单一或分枝，花序轴无毛；雌花序长 5 ~ 25 cm。果序轴粗壮；壳斗呈球形，连刺直径 6 ~ 8 cm，规则 4 瓣裂；苞片呈针刺形，粗壮，长 1 ~ 2.2 cm，2 或 3 次分叉，呈鹿角状，近基部合生成束。坚果单生，呈扁圆锥形，直径约 2 cm，被毛。花期为 4—5 月，果期为次年 8—10 月。

49 甜槠（茅丝栗）

Castanopsis eyrei **(Champ.ex Benth.) Tutch.**

壳斗科 Fagaceae 栲属 *Castanopsis*

个体数（individual number/9 hm^2）= 1 959 → 1 464 ↓

最大胸径（Max DBH）= 66.7 cm

重要值排序（importance value rank）= 1

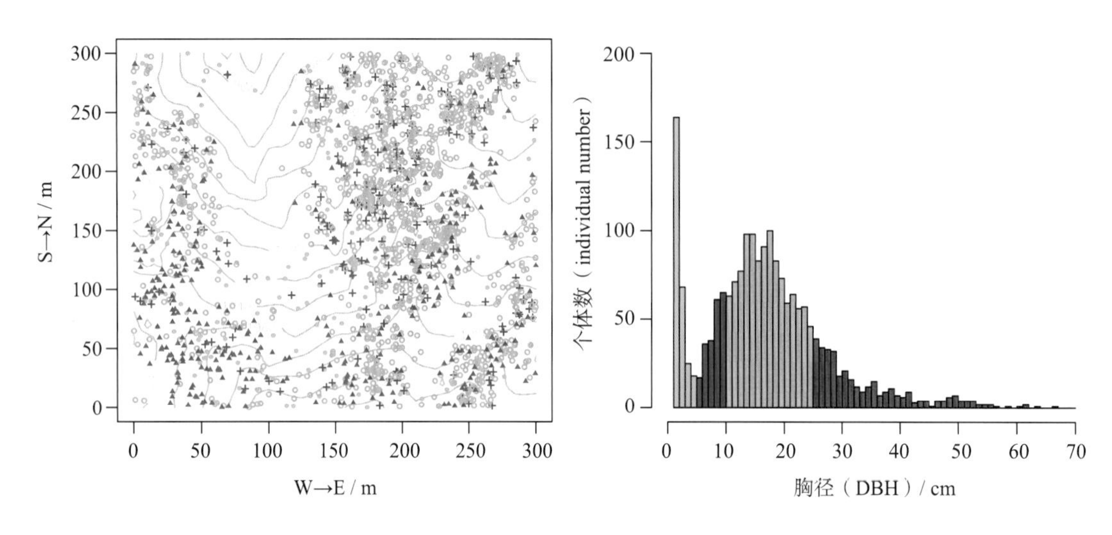

常绿乔木，高达 20 m。树皮呈灰褐色，深纵裂，条状剥落；小枝散生突起的皮孔，无毛。叶片革质，呈卵形至卵状披针形，长 5 ～ 7 cm，宽 2 ～ 4 cm，先端尾尖或渐尖，基部常偏斜，全缘或近先端有 1 ～ 3 对疏钝齿，下面呈淡绿色，无毛，无鳞秕，侧脉 8 ～ 10 对，甚纤细；叶柄长 0.7 ～ 1.5 cm。雄花序单一或分枝，花序轴无毛；雌花单生于总苞内。壳斗呈卵球形，顶端狭，连刺直径 1.5 ～ 2.5 cm，常 3 瓣裂；苞片呈刺形，分叉或否，长 4 ～ 8 mm，基部合生成束，顶部的刺密集而较细短。坚果单生，呈宽圆锥形，顶部锥尖，直径 1 ～ 1.4 cm，无毛；果脐位于坚果底部。花期为 5 月，果期为次年 10—11 月。

50　栲树（丝栗栲、栲）

Castanopsis fargesii **Franch.**

壳斗科　Fagaceae　栲属　*Castanopsis*

个体数（individual number/9 hm^2）= 1 → 1

最大胸径（Max DBH）= 34.1 cm

重要值排序（importance value rank）= 160

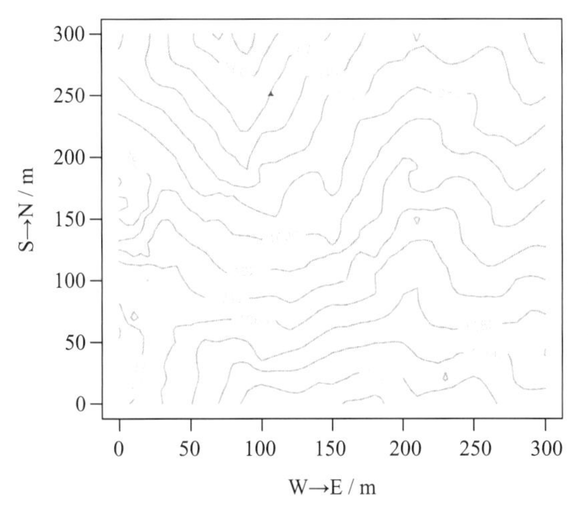

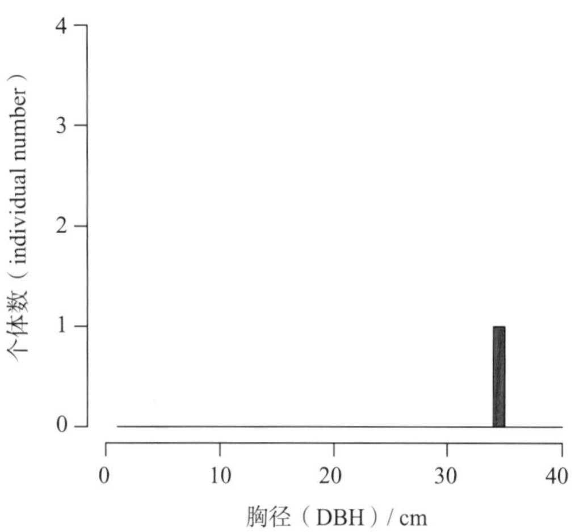

常绿乔木，高达 30 m。树皮浅纵裂。芽鳞、嫩枝顶部被早落的红棕色鳞秕，枝、叶均无毛。叶片革质，呈长椭圆形至椭圆状披针形，长 6.5 ~ 12 cm，宽 2 ~ 3.5 cm，先端渐尖或短尖，基部呈圆形或宽楔形，稍偏斜，全缘或先端具 1 ~ 3 对浅裂齿，无毛，上面呈深绿色，下面密被鳞秕，初时为红褐色，后变为黄棕色或淡黄棕色，稀因蜡鳞早落而呈淡黄绿色，侧脉 11 ~ 15 对；叶柄长 1 ~ 1.5 cm。雄花序单一或分枝；雌花序长达 30 cm，雌花单朵散生。壳斗近球形，连刺直径 1.5 ~ 2.5 cm，不规则瓣裂；苞片呈针刺状，长 6 ~ 10 mm，基部常合生成鹿角状，基部合生成束。坚果单生，呈球形，直径 0.8 ~ 1 cm；果脐与基部等大。花期为 4—5 月，果次年同期成熟。

51 罗浮栲（罗浮锥）

***Castanopsis fabri* Hance**

壳斗科 Fagaceae 栲属 *Castanopsis*

个体数（individual number/9 hm^2）= 94 → 71 ↓

最大胸径（Max DBH）= 42.3 cm

重要值排序（importance value rank）= 62

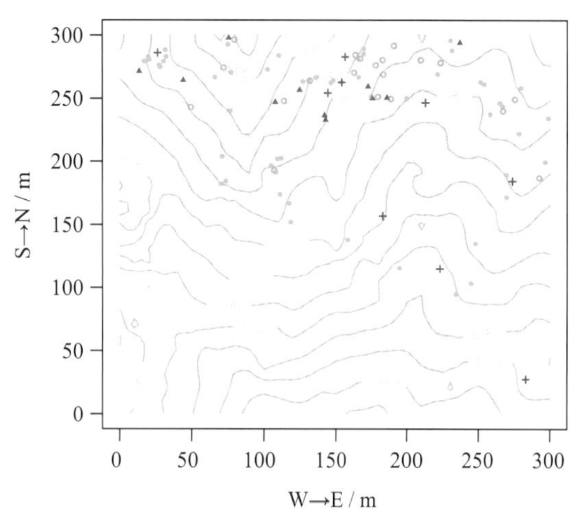

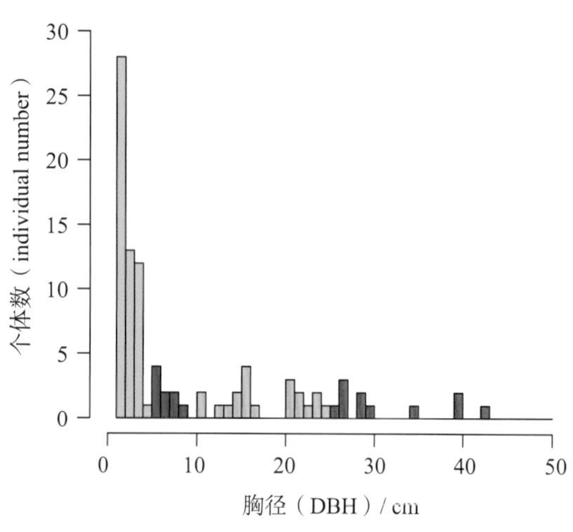

常绿乔木，高 15 m。树皮呈灰褐色，不裂，粗糙；幼枝疏生短柔毛，无鳞秕。叶片革质，呈卵状椭圆形至狭长椭圆形，长 6 ~ 10 cm，宽 3 ~ 4.5 cm，先端渐尖或尾尖，基部近圆形，常偏斜，全缘或近先端具 2 ~ 4 对浅裂齿，下面幼时被灰黄色鳞秕，老时变为银灰色，无毛或嫩叶下面中脉两侧被稀疏的长伏毛，侧脉 10 ~ 14 对；叶柄长约 1 cm。雄花序单一或分枝，花序轴疏生短毛；雌花 2 或 3 朵生于总苞内。果序长 8 ~ 17 cm；壳斗近球形，连刺直径 2 ~ 2.5 cm，不规则瓣裂；苞片呈粗刺状，长 4 ~ 8 mm，中下部合生成束，先端分叉，排成间断的 4 或 5 环。坚果 2 个，稀 1 或 3 个，呈卵球形，直径 1 ~ 1.2 cm，无毛；果脐呈三角形，大于基部。花期为 4—5 月，果期为次年 10—11 月。

52　硬斗石栎（硬壳柯）

***Lithocarpus hancei* (Benth.) Rehder**

壳斗科　Fagaceae　石栎属　*Lithocarpus*

个体数（individual number/9 hm^2）= 757 → 584 ↓

最大胸径（Max DBH）= 41.7 cm

重要值排序（importance value rank）= 14

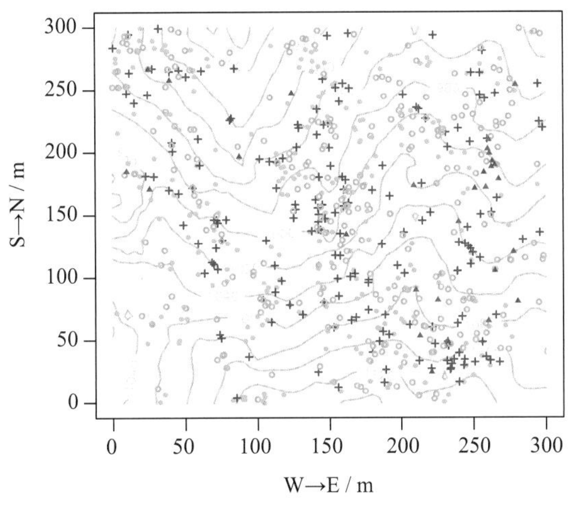

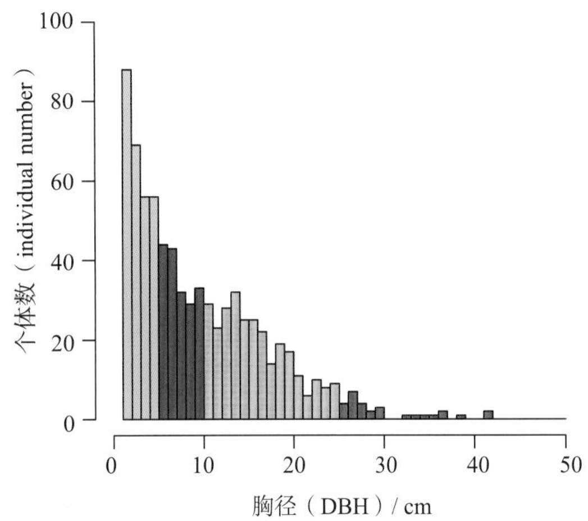

常绿乔木，高达 12 m。枝叶无毛；小枝圆柱形，无纵沟棱，无鳞秕。叶片革质，呈椭圆形、长椭圆形或倒卵状椭圆形、细条状披针形，长 6 ~ 14 cm，宽 3 ~ 5 cm，先端渐尖至短尾尖，基部呈楔形下延，全缘，下面呈淡绿色，无鳞秕，中脉在上面中下部明显突起，干后连同叶柄不呈红褐色，侧脉 11 ~ 14 对，纤细而密，叶下面网脉连成网格，干后明显突起，呈蜂窝状；叶柄长 1 ~ 3 cm。雄穗状花序单生于叶腋，或多个集生于枝顶呈圆锥状；雌花序 2 至多穗聚生于枝端，雌花 3 朵 1 簇，仅 1（2）朵发育。壳斗盘状，高 4 ~ 5 mm，直径 9 ~ 10 mm，包被坚果不到 1/3；苞片呈三角形。坚果呈卵球形至倒卵球形，高 1.2 ~ 1.5 cm；果脐内陷，口径为 6 mm。花期为 4—6 月，果期为次年 10—11 月。

53 木姜叶石栎（多穗石栎、多穗柯、甜茶）

***Lithocarpus Litseifolius* (Hance) Chun**

壳斗科 Fagaceae 石栎属 *Lithocarpus*

个体数（individual number/9 hm²）= 72 → 58 ↓

最大胸径（Max DBH）= 24.7 cm

重要值排序（importance value rank）= 81

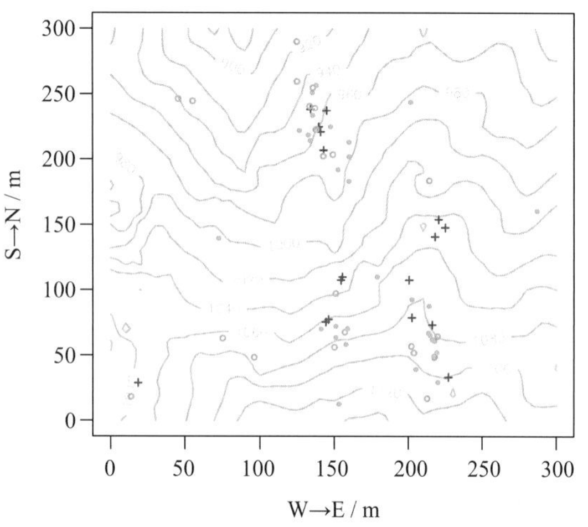

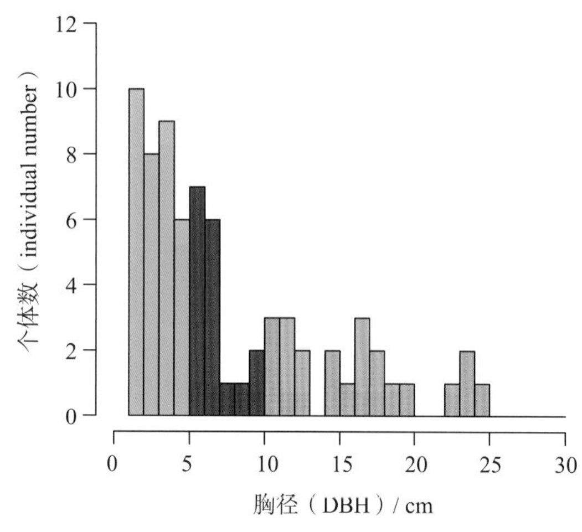

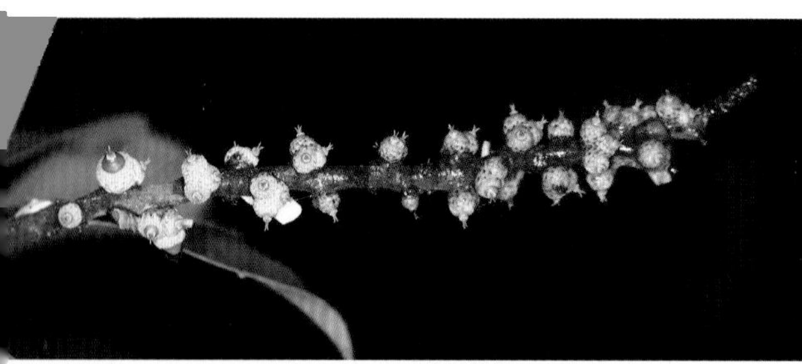

常绿乔木，高达 12 m。小枝无纵沟棱，无鳞秕；枝、叶无毛。叶片革质，呈倒卵状椭圆形或狭长椭圆形，长 8 ~ 11 cm，宽 3 ~ 4.5 cm，先端渐尖或尾尖，基部呈楔形，全缘，下面被灰白色鳞秕，压干后中脉基部、叶柄带红褐色，中脉在上面稍突起，侧脉不显，7 ~ 10 对，压干后于叶上面下陷，下面网脉不呈蜂窝状网络；叶柄长 1 ~ 1.5 cm。雄穗状花序单个腋生，或多个集生于枝顶而呈圆锥状，花序长达 25 cm；雌花序通常 2 ~ 6 穗聚生于枝端，雌花每 3 ~ 5 朵 1 簇。果序轴纤细，长达 30 cm，壳斗浅盘状，直径 8 ~ 14 mm，包被坚果基部；苞片呈三角形，紧贴，基部排成环状。坚果呈卵球形，顶端锥尖，高 8 ~ 15 mm，直径 1 ~ 1.5 cm；果脐深陷 2 ~ 3 mm，口径约 8 mm。花期为 4—9 月，果期为次年 9—10 月。

54　短尾石栎（短尾柯、岭南柯）

***Lithocarpus brevicaudatus* (Skan) Hayata**

壳斗科　Fagaceae　石栎属　*Lithocarpus*

个体数（individual number/9 hm²）= 773 → 682 ↓

最大胸径（Max DBH）= 46.8 cm

重要值排序（importance value rank）= 9

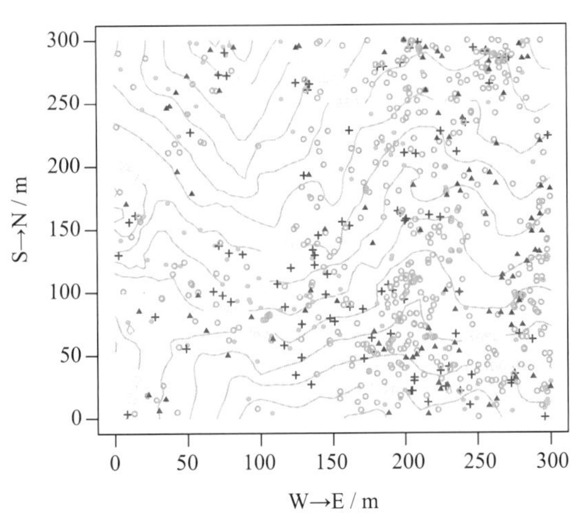

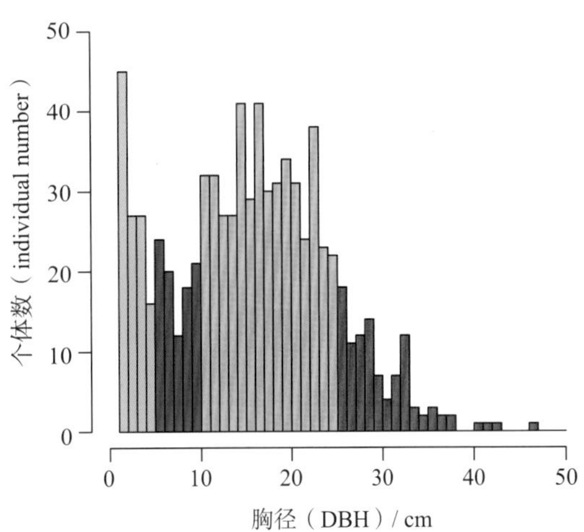

常绿乔木，高达 15 m。小枝具纵沟棱，无毛和鳞秕。叶片硬革质，呈长圆形或长圆状披针形，长 12 ~ 15 cm，宽 2.5 ~ 5 cm（萌发枝的叶呈长条状披针形，长达 20 cm，宽 2 ~ 3 cm），先端短突尖、渐尖或长尾状，基部呈宽楔形或近于圆，有时两侧不对称，全缘，叶背具蜡鳞层，中脉在叶面平坦下半段稍突起，侧脉 9 ~ 13 对，支脉纤细，网状；叶柄长 2 ~ 3 cm。花序轴及壳斗外壁均被棕色或灰黄色微柔毛；雄穗状花序数个组成圆锥状生于上部叶腋，或集生于枝端而呈复圆锥状；雌花序长 8 ~ 10 cm，雌花常 3 朵 1 簇。壳斗呈碟状或浅碗状，直径 1.4 ~ 2 cm，包被坚果基部；苞片呈鳞片状，三角形或近菱形，覆瓦状排列。坚果呈宽圆锥形，顶部短锥尖或平坦，直径 1.4 ~ 2.2 cm，常有较薄的灰白色粉霜；果脐内陷，口径 9 ~ 12 mm，花期为 7—11 月，果期为次年 9—11 月。

55 巴东栎

Quercus engleriana **Seemen**

壳斗科 Fagaceae 栎属 *Quercus*

个体数（individual number/9 hm^2）= 351 → 291 ↓

最大胸径（Max DBH）= 55.5 cm

重要值排序（importance value rank）= 35

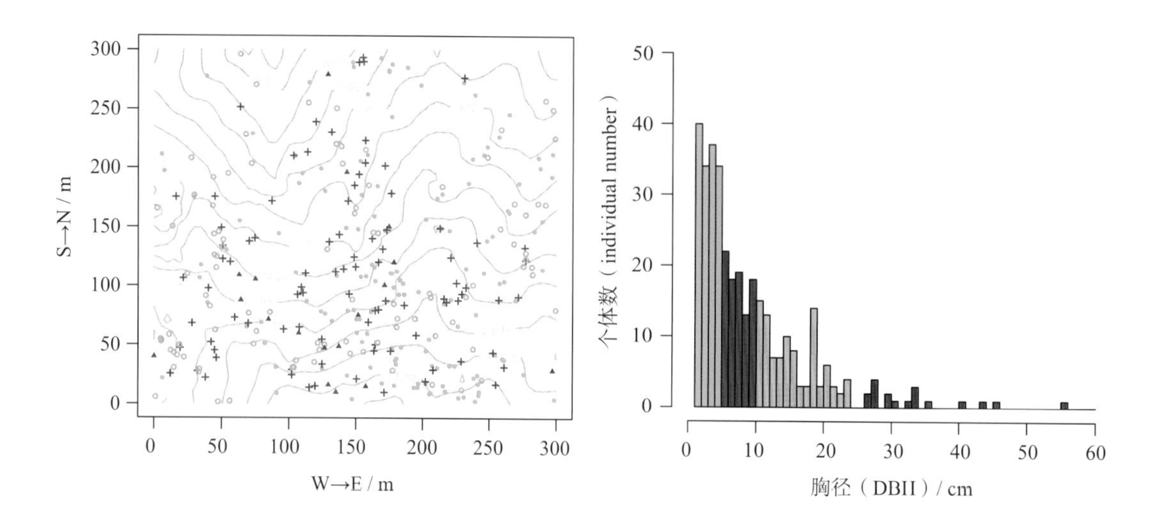

常绿乔木，高 5 ~ 15 m。树皮呈灰褐色，不规则片状开裂。小枝被脱落性灰黄色绒毛。叶片革质，呈卵状椭圆形、椭圆形或卵状披针形，长 6 ~ 16 cm，宽 3 ~ 5.5 cm，先端渐尖，基部呈宽楔形、近圆形或微心形，叶缘中部以上或先端有锯齿，两面密被脱落性短绒毛，叶上面有时因侧脉凹陷而呈皱褶状，中脉直伸，侧脉 10 ~ 13 对；叶柄长 1 ~ 2cm，被脱落性绒毛。壳斗呈碗状，包被坚果 1/3 ~ 1/2，直径 0.8 ~ 1.2 cm，高 4 ~ 7 mm；苞片呈卵状披针形，紧贴壳斗壁，长约 1 mm，中下部被灰褐色柔毛，顶端紫红色，无毛。坚果呈长卵球形，直径 0.6 ~ 1 cm，高 1 ~ 2 cm，无毛，柱座长 2 ~ 3 mm；果脐突起，直径 3 ~ 5 mm。花期为 4—5 月，果期为 10 月。

56　大叶青冈（大叶槲）

Cyclobalanopsis jenseniana **(Hand.-Mazz.) Cheng et T. Hong ex Q. F.Zheng**

壳斗科　Fagaceae　青冈属　*Cyclobalanopsis*

个体数（individual number/9 hm^2）= 27 → 20 ↓

最大胸径（Max DBH）= 24.5 cm

重要值排序（importance value rank）= 101

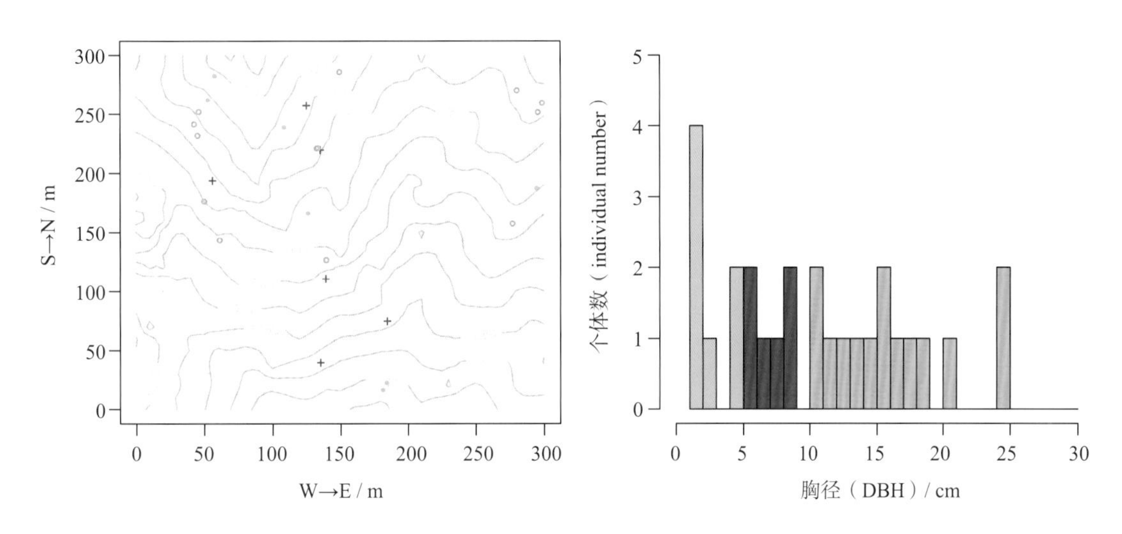

常绿乔木，高 5 ~ 15 m。树皮呈灰褐色，不规则浅纵裂，粗糙。小枝粗壮，具沟槽，无毛，密生淡褐色皮孔。叶片呈长椭圆形或倒卵状长椭圆形，长 12 ~ 30 cm，宽 6 ~ 12 cm，背面呈灰绿色，先端尾尖或渐尖，基部呈宽楔形或近圆形，全缘，无毛，叶上面因侧脉凹陷而稍呈皱褶状，侧脉 12 ~ 17 对，近叶缘处向上弯曲；叶柄长 2 ~ 4 cm，上面具沟槽，无毛。壳斗呈杯状，包被坚果 1/3 ~ 1/2，直径 1.3 ~ 1.5 cm，高 0.8 ~ 1 cm，无毛；苞片合生成 6 ~ 9 条同心环带，环带边缘有裂齿。坚果呈长卵球形或倒卵球形，直径 1.3 ~ 1.5 cm，高 1.7 ~ 2.2 cm，无毛。花期为 4—6 月，果期为次年 10—11 月。

57　云山青冈（短柄青冈、云山椆）

Cyclobalanopsis sessilifolia **(Blume) Schottky**

壳斗科　Fagaceae　青冈属　*Cyclobalanopsis*

个体数（individual number/9 hm^2）= 372 → 326 ↓

最大胸径（Max DBH）= 55.5 cm

重要值排序（importance value rank）= 33

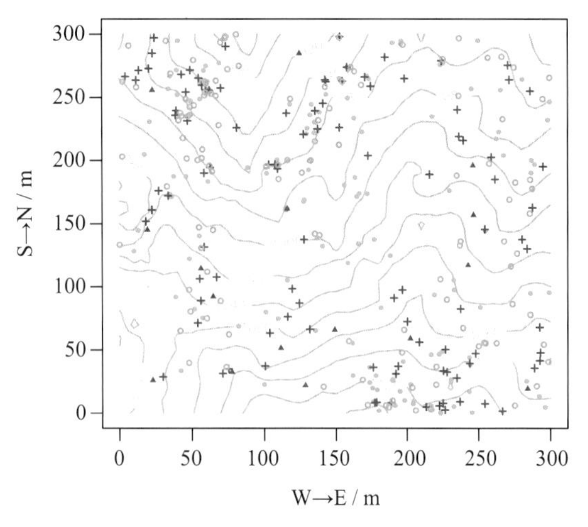

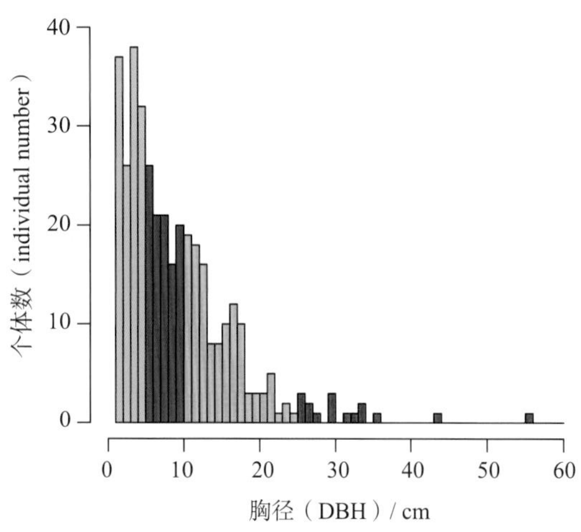

常绿乔木，高达 25 m。树皮呈黑褐色，粗糙，大树树皮不规则块状开裂；小枝初时被毛，后脱净或仅基部被毛。冬芽呈圆锥形，长 1 ~ 1.5 cm，芽鳞多数，脱落后留下密集的芽鳞痕。叶片呈长椭圆形至披针状长椭圆形，长 5 ~ 14 cm，宽 2 ~ 4 cm，先端急尖或短渐尖，稀突尖，基部呈楔形，全缘或顶端具 2 ~ 4（6）对波状锯齿，侧脉 10 ~ 14 对，不明显，下面呈浅绿色，嫩时连同叶柄被毛，后迅即脱净；叶柄长 0.5 ~ 1 cm 壳斗杯状，包被坚果约 1/3，直径 1 ~ 1.5 cm，高 0.5 ~ 1 cm，被灰褐色绒毛，具 5 ~ 7 条同心环带，除下面 2 或 3 环有裂齿外，其余近全缘。坚果呈倒卵球形至长椭圆状倒卵球形，直径 0.8 ~ 1.5 cm，高 1.7 ~ 2.4 cm，柱座突起，基部有几条环纹；果脐微突起，直径 5 ~ 7 mm。花期为 4—5 月，果期为 10—11 月。

58 多脉青冈（粉背青冈）

***Cyclobalanopsis multinervis* Cheng et T. Hong**

壳斗科 Fagaceae 青冈属 *Cyclobalanopsis*

个体数（individual number/9 hm^2）= 107 → 90 ↓

最大胸径（Max DBH）= 23.8 cm

重要值排序（importance value rank）= 71

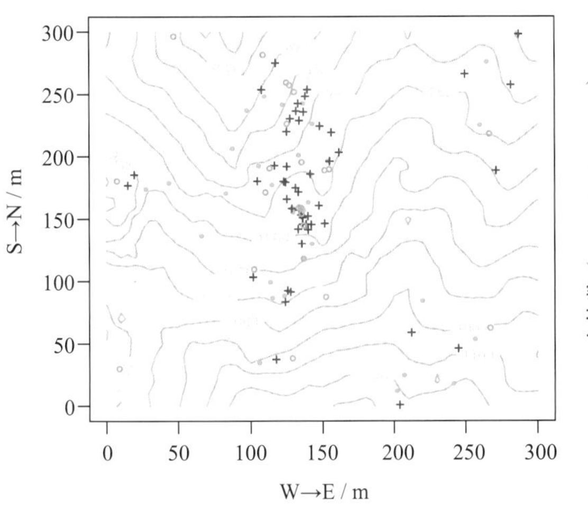

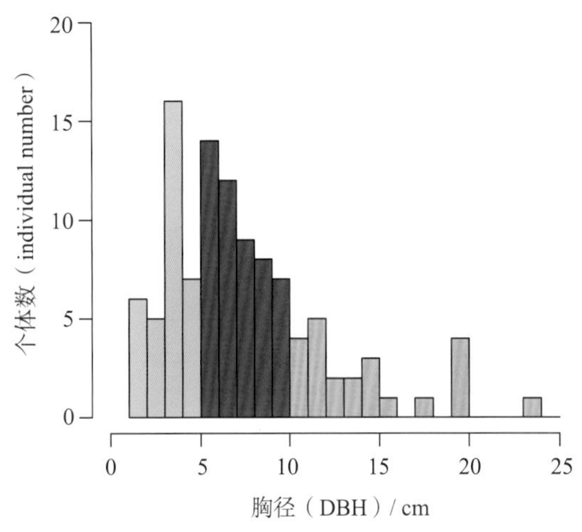

常绿乔木，高 5 ~ 12 m。树皮呈黑褐色，不开裂；嫩枝密被脱落性绒毛；芽有毛。叶片呈长椭圆形或椭圆状披针形，长 7.5 ~ 15.5 cm，宽 2.5 ~ 5.5 cm，先端突尖或渐尖，基部呈楔形或近圆形，叶缘 1/3 以上有尖锯齿，侧脉每边 11 ~ 16 条，粗壮而通直，叶背被较厚而均匀的灰白色蜡粉层和伏贴的“丁”字形毛；叶柄长 1 ~ 2.7 cm。果序长 1 ~ 2 cm，着生 2 ~ 6 个果。斗呈杯状，包被坚果 1/2 以下，直径 1 ~ 1.5 cm，高约 8 mm；苞片合生成 6 或 7 条同心环带，环带近全缘。坚果呈长卵球形，直径约 1 cm，高 1.8 cm，无毛；果脐平坦，直径 3 ~ 5 mm。花期为 4—5 月，果期为次年 10—11 月。

59 小叶青冈（岩青冈）

***Cyclobalanopsis gracilis* (Rehder. Et E.H. Wilson) Cheng et T. Hong**

壳斗科 Fagaceae 青冈属 *Cyclobalanopsis*

个体数（individual number/9 hm^2）= 377 → 298 ↓

最大胸径（Max DBH）= 38.0 cm

重要值排序（importance value rank）= 42

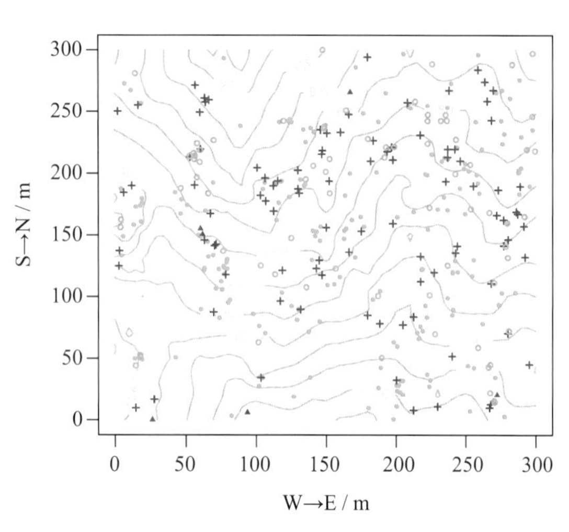

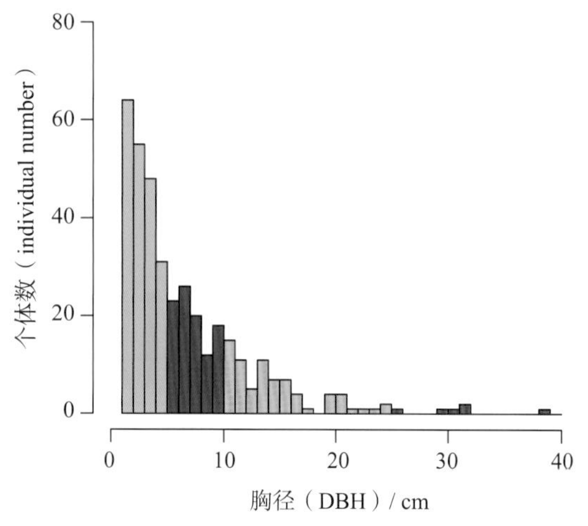

常绿乔木，高 5 ~ 15 m。树皮呈灰褐色，不开裂；嫩枝疏被脱落性绒毛。叶片呈长卵形至卵状披针形，长 4.5 ~ 9 cm，宽 1.5 ~ 3 cm，先端渐尖至尾尖，基部呈楔形或近圆形，叶缘 1/3 以上有细尖锯齿，侧脉 7 ~ 13 对，纤细而弧曲，不甚明显，叶背被均匀或斑驳的灰白色蜡粉层和伏贴的“丁”字形毛；叶柄长 1 ~ 1.5 cm。壳斗呈碗状，包被坚果 1/3 ~ 1/2，直径 1 ~ 1.3 cm，高 6 ~ 8 mm，外壁被伏贴灰黄色绒毛；苞片合生成 6 ~ 9 条同心环带，环带边缘通常有裂齿，尤以下部 2 环更明显。坚果呈椭球形，直径约 1 cm，高 1.5 ~ 2 cm，有短柱座，顶端被毛；果脐微突起。花期为 4—6 月，果期为 10—11 月。

60　青冈栎（青冈）

***Cyclobalanopsis glauca* (Thunb.) Oerst.**

壳斗科　Fagaceae　青冈属　*Cyclobalanopsis*

个体数（individual number/9 hm^2）= 76 → 67 ↓

最大胸径（Max DBH）= 30.7 cm

重要值排序（importance value rank）= 68

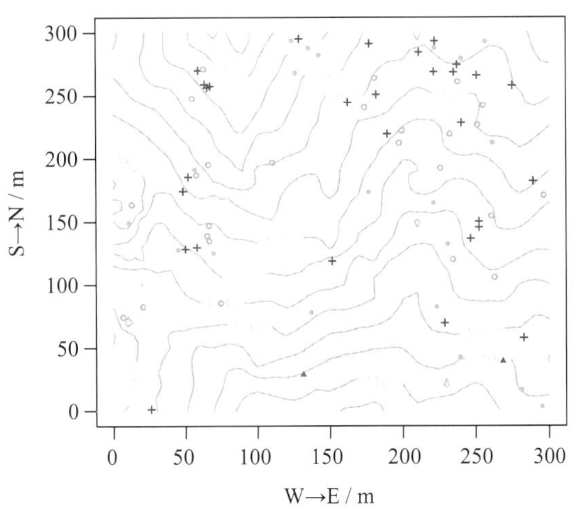

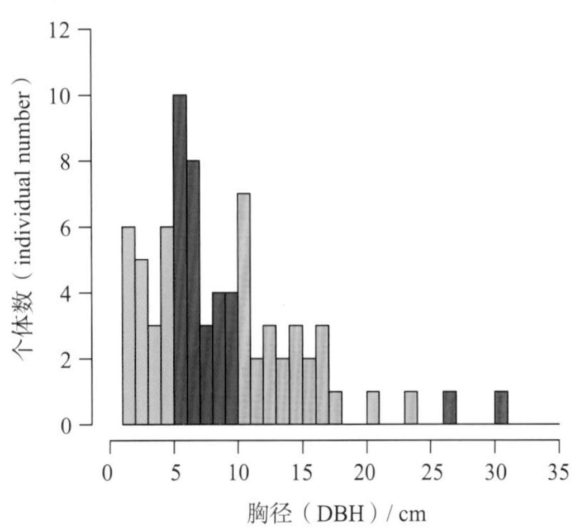

常绿乔木，高达 15 m。树皮呈灰褐色，不开裂；小枝无毛。叶片呈倒卵状椭圆形或长椭圆形，长 6 ~ 13 cm，宽 2 ~ 5.5 cm，先端渐尖或短尾尖，基部呈圆形或宽楔形，叶缘中部以上有疏锯齿，侧脉 9 ~ 13 对，叶背贴生整齐的白色柔毛，后渐脱落，无蜡粉层；叶柄长 1 ~ 3 cm。壳斗 1（2）或 3 个聚生，呈碗状，包被坚果 1/3 ~ 1/2，直径 0.9 ~ 1.4 cm，高 0.6 ~ 0.8 cm，被薄毛；苞片合生成 5 或 6 条同心环带，环带全缘或有细缺刻，排列紧密。坚果呈卵球形、长卵球形或椭球形，直径 0.9 ~ 1.4 cm，高 1 ~ 1.6 cm，无毛或被薄毛；果脐平坦或微突起。花期为 4—5 月，果期为 9—10 月。

61 褐叶青冈（黔椆）

Cyclobalanopsis stewardiana (A. Camus) Y. C. Hsu et H. W. Jen

壳斗科 Fagaceae 青冈属 *Cyclobalanopsis*

个体数(individual number/9 hm^2)= 2 552→2 258 ↓

最大胸径（Max DBH）= 78.8 cm

重要值排序（importance value rank）= 2

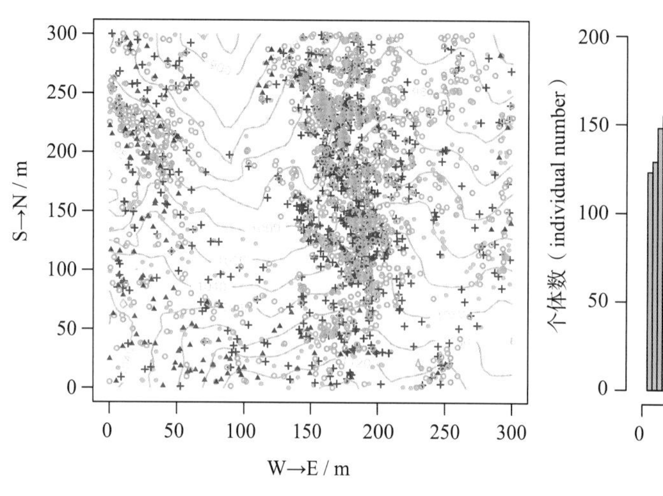

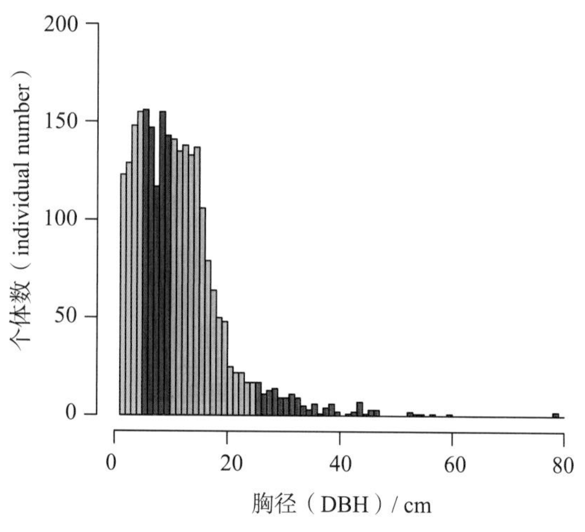

常绿乔木，高 6 ~ 15 m。小枝无毛。叶片呈椭圆状披针形或长椭圆形，长 6 ~ 12 cm，宽 2 ~ 4 cm，先端细长渐尖或尾尖，基部呈楔形，常不对称，叶缘中部以上有疏浅锯齿，侧脉 8 ~ 10 对，叶背被灰白色蜡粉层和伏贴的“丁”字形毛，干后变褐色；叶柄长 1.5 ~ 3 cm，老时无毛。壳斗 1（2）或 3 个聚生，杯状，包被坚果 1/2，直径 1.5 mm，高 6 ~ 8 mm，内壁被灰褐色绒毛，外壁被脱落性灰白色柔毛；苞片合生成 5 ~ 9 条同心环带，环带常排列松弛，边缘有粗齿。坚果呈宽卵球形，高与直径均为 0.8 ~ 1.5 cm，无毛，顶端有宿存短花柱；果脐突起。花期为 4—5 月，果期为次年 10—11 月。

62　细叶青冈（青栲）

***Cyclobalanopsis myrsinifolia* (Blume) Oerst.**

壳斗科　Fagaceae　青冈属　*Cyclobalanopsis*

个体数（individual number/9 hm^2）= 42 → 30 ↓

最大胸径（Max DBH）= 26.3 cm

重要值排序（importance value rank）= 91

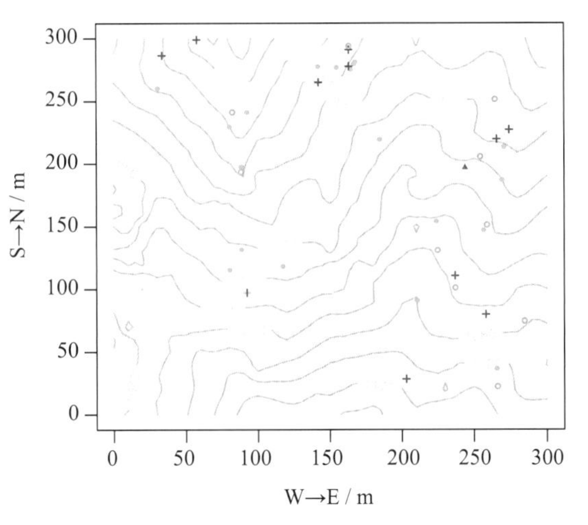

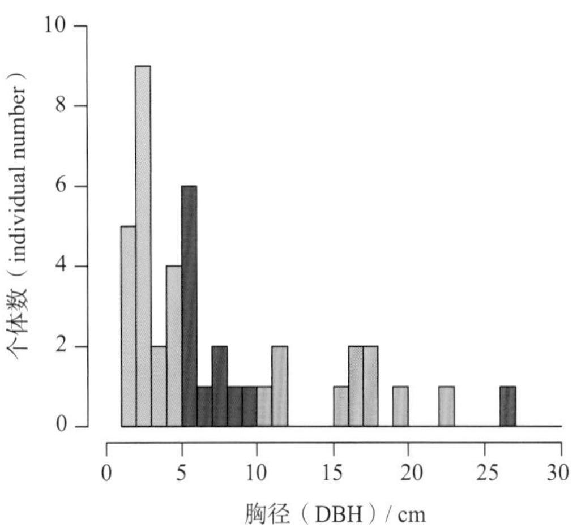

常绿乔木，高达 20 m。树皮呈褐色，不裂；小枝无毛，或仅嫩时连同幼叶、叶柄疏被迅即脱落的柔毛，具突起淡褐色长圆形皮孔。叶片呈卵状披针形或椭圆状披针形，长 6 ~ 11 cm，宽 1.8 ~ 4 cm，先端长渐尖或短尾状，基部呈楔形或近圆形，叶缘 1/3 以上有浅短细锯齿，侧脉 9 ~ 14 对，叶背微被白粉而呈淡灰绿色，无毛；叶柄长 1 ~ 2.5 cm，无毛。壳斗呈杯状，包被坚果 1/3 ~ 1/2，直径 1 ~ 1.8 cm，高 5 ~ 8 mm，壁薄而脆，内壁无毛，外壁被灰白色细柔毛；苞片合生成 6 ~ 9 条同心环带，环带全缘。坚果呈卵球形或椭球形，直径 1 ~ 1.5 cm，高 1.4 ~ 2.5 cm，无毛，顶端圆，柱座明显，具 5 或 6 条环纹；果脐平坦，直径约 6 mm。花期为 4 月，果期为 10 月。

63 雷公鹅耳枥

***Carpinus viminea* Wall. Ex Lindl.**

桦木科 Betulaceae 鹅耳枥属 *Carpinus*

个体数（individual number/9 hm^2）= 762 → 626 ↓

最大胸径（Max DBH）= 44.0 cm

重要值排序（importance value rank）= 16

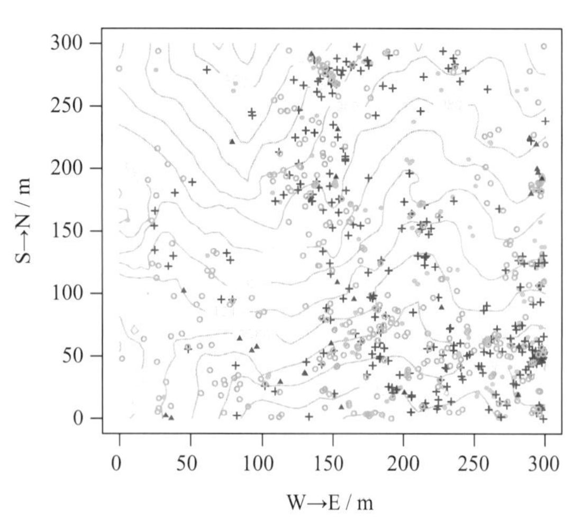

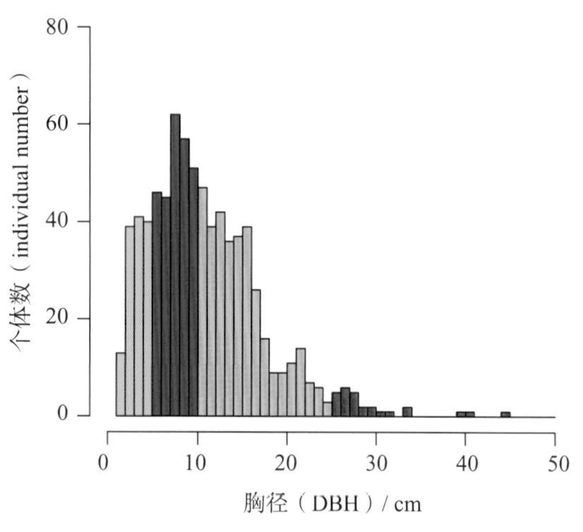

落叶乔木。树皮不裂；小枝呈棕褐色，无毛，密生白色细小皮孔。单叶，互生；叶片呈椭圆形、长圆形至卵状披针形，长 6 ~ 11 cm，宽 3 ~ 5 cm，先端细长渐尖或尾状渐尖，稀锐尖，基部呈微心形或圆形，边缘具较规则尖锐重锯齿，下面沿脉疏被长柔毛，脉腋具簇毛，侧脉 11 ~ 15 对；叶柄较细长，长 10（15）~ 30 mm，无毛。果序长 6 ~ 13 cm，被稀疏柔毛；果苞两侧不对称，长 1.5 ~ 2.2 cm，宽 5 ~ 7 mm，内、外两侧基部具裂片，外侧裂片稍小，稀外侧基部仅有齿裂以至无明显裂片，中裂片呈半卵状披针形至长圆形，长 1 ~ 2 cm，内缘全缘或具 1 或 2 齿，外侧具 2 ~ 5 齿。坚果呈卵球形，长 3 ~ 4 mm，无毛，顶端具少数树脂腺体。花期为 3—4 月，果期为 7—9 月。

64　多脉鹅耳枥

Carpinus polyneura **Franch.**

桦木科　Betulaceae　鹅耳枥属　*Carpinus*

个体数（individual number/9 hm^2）= 30 → 29 ↓

最大胸径（Max DBH）= 42.1 cm

重要值排序（importance value rank）= 99

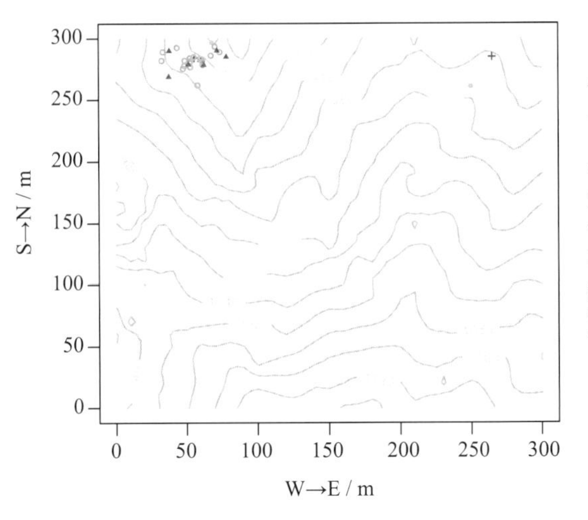

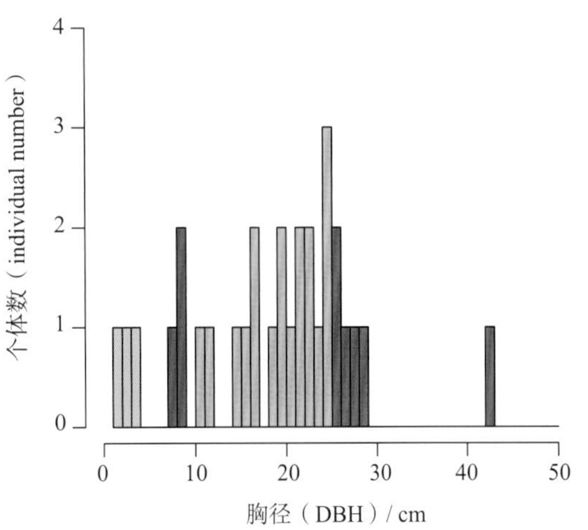

落叶乔木。树皮光滑；小枝细瘦，呈暗紫色，疏被柔毛。单叶，互生；叶片呈长卵状椭圆形、长卵形、长卵状披针形至披针形，长 3.5 ~ 6.6 cm，宽 1.6 ~ 2.6 cm，先端渐尖至长渐尖，基部呈圆形至宽楔形，边缘具单锯齿和不明显重锯齿，尖锐，上面侧脉间被长柔毛，常脱落，下面沿脉疏被柔毛，脉腋具明显簇毛，侧脉 16 ~ 20 对；叶柄长 3 ~ 7 mm，具毛。果序长 4 ~ 6 cm，密被褐色绒毛；果苞呈半卵形至半椭圆形，两侧不对称，长 6 ~ 15 mm，宽 4 ~ 6 mm，沿脉被柔毛，内外两侧基部无裂片，外缘具 4 ~ 6 个不整齐锯齿，内缘直，全缘。坚果呈扁卵球形，长 3 ~ 3.5 mm，被柔毛。花期为 4 月，果期为 7—9 月。

65 亮叶桦（光皮桦）

***Betula luminifera* H. J. P. Winkl.**

桦木科 Betulaceae 桦木属 *Betula*

个体数（individual number/9 hm^2）= 30 → 22 ↓

最大胸径（Max DBH）= 25.2 cm

重要值排序（importance value rank）= 104

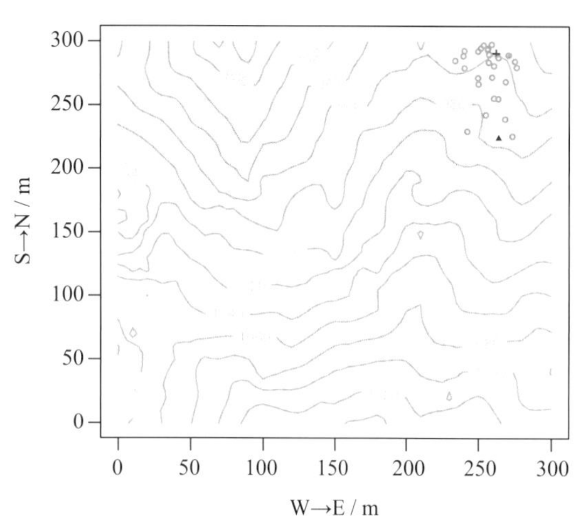

个体数（individual number）

胸径（DBH）/ cm

落叶乔木。树皮呈淡黄褐色，平滑，不裂，横向皮孔粗大；小枝密被淡黄色短柔毛，具类似伤膏药的清香味。单叶，互生；叶片呈宽三角状卵形、长卵形至长圆形，长 4 ～ 10 cm，宽 2.5 ～ 6 cm，先端长渐尖，基部呈圆形、近心形或略偏斜，边缘具不规则刺毛状重锯齿，下面具毛和腺点，沿脉疏生长柔毛，侧脉 10 ～ 14 对；叶柄长 1 ～ 2 cm，被短柔毛及腺点。雄花序 2 ～ 5 个顶生；雌花序单生，稀双生于叶腋。果序长圆柱形，长达 10 cm，直径 6 ～ 10 mm，下垂；果苞中裂片近披针形，侧裂片卵形而小，有时呈耳状。坚果呈倒卵状椭球形，长约 2 mm，翅宽为果的 2 ～ 3 倍。花期为 3—4 月，果期为 5 月。

66　闪光红山茶

***Camellia lucidissima* Hung T. Chang**

山茶科　Theaceae　山茶属　*Camellia*

个体数（individual number/9 hm^2）= 1 384 → 1 315 ↓

最大胸径（Max DBH）= 15.5 cm

重要值排序（importance value rank）= 21

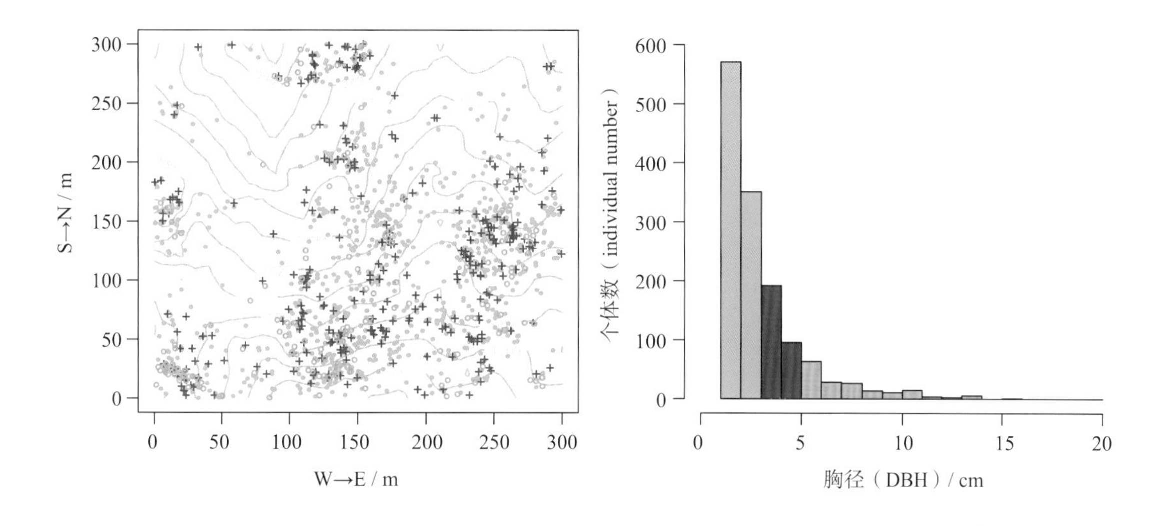

常绿灌木或小乔木。分枝斜上伸展；小枝无毛。叶片革质，呈椭圆形至椭圆状倒卵形，长 7 ~ 13 cm，宽 3 ~ 5 cm，先端急锐尖至渐尖，基部呈楔形至宽楔形，上面呈深绿色，光亮，两面无毛，侧脉 6 或 7 对，在叶背清晰可见，通常无木栓疣，边缘疏具细尖锯齿；叶柄长 1.2 ~ 1.5 cm，无毛。花单朵顶生，呈红色，直径 7 ~ 10 cm，无梗；苞片及萼片共 9 或 10 片，内侧 5 或 6 片，长 2 ~ 2.5 cm，近圆形，呈黑褐色，密被白色至土黄色绒状丝质毛，宿存；花瓣 6 或 7 枚，长 5 ~ 6.5 cm，先端凹缺，基部合生，雄蕊无毛，花丝呈黄色，外轮花丝基部除与花冠合生部分外，离生或几离生；子房及花柱无毛，花柱长 2 ~ 2.5 cm，顶端 3 浅裂。蒴果近球形或扁球形，直径 4 ~ 10 cm，表面光滑，果瓣厚，3 室，有中轴。花期为 11 月至次年 4 月，果期为次年 9 月。

67 尖连蕊茶（尖叶山茶、连蕊茶）

Camellia cuspidata **(Kochs) H. J. Veitch**

山茶科 Theaceae 山茶属 *Camellia*

个体数（individual number/9 hm^2）= 4 234→4 094 ↓

最大胸径（Max DBH）= 14.5 cm

重要值排序（importance value rank）= 8

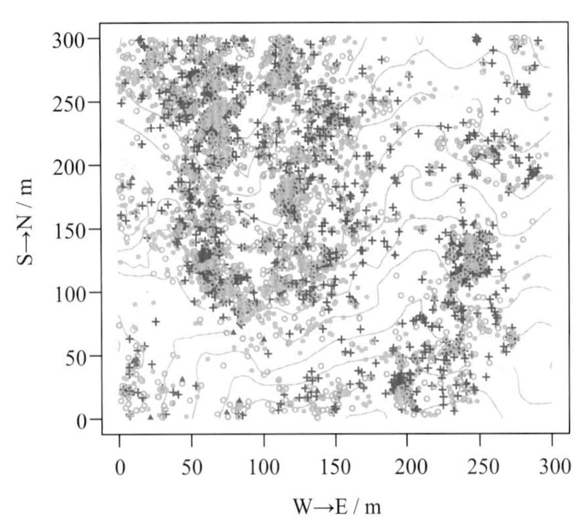

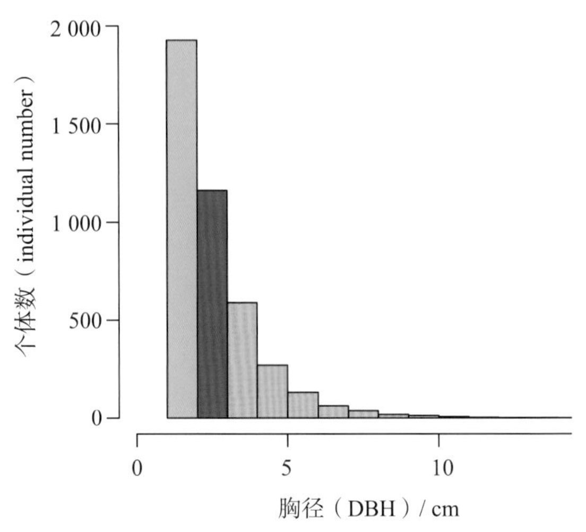

常绿灌木。小枝无毛，或嫩时被迅即脱落的微毛；顶芽几无毛。叶片呈窄椭圆形、椭圆状披针形或倒卵状椭圆形，长 3 ~ 9 cm，宽 1 ~ 3.5 cm，先端钝渐尖至尾状渐尖，基部呈楔形，侧脉 6 或 7 对，无毛或幼时上面沿中脉有微细毛，边缘有细锯齿；叶柄长 2 ~ 6 mm，略有残留短毛。花 1 或 2 朵顶生兼腋生，直径 3 ~ 4 cm，白色或花蕾时近顶部略带红晕，芳香；花梗长 3 ~ 4 mm；苞片 4 片，包被花梗；萼片 5 片，长 3 ~ 5 mm，与苞片均无毛而宿存；花瓣 5 ~ 7 枚，基部合生，里面 3 枚花瓣比外层花瓣大。雄蕊无毛，外轮花丝下部与花冠基部合生，与花冠离生部分向上合生成长 1 ~ 2 mm 的短筒；子房及花柱无毛，花柱顶端 3 裂。蒴果球形，直径 1 ~ 1.2（1.5）cm，仅 1 室发育，无中轴，内含种子 1 粒。花期为 3—5 月，果期为 9—10 月。

68　木荷（回树横柴）

Schima superba **Gardner. et Champ**

山茶科　Theaceae　木荷属　*Schima*

个体数（individual number/9 hm^2）= 1 788 → 1 556 ↓

最大胸径（Max DBH）= 68.5 cm

重要值排序（importance value rank）= 4

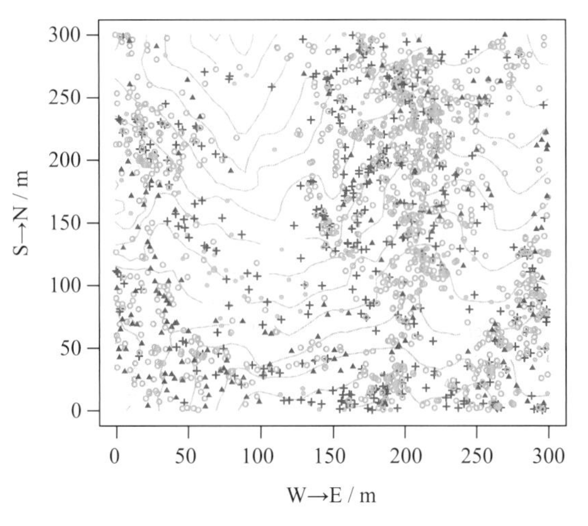

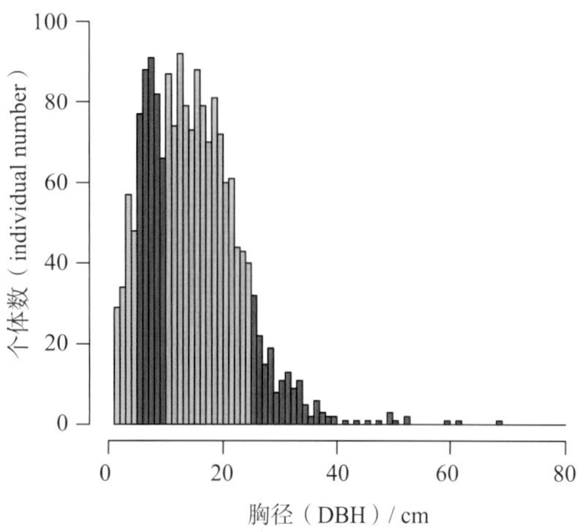

常绿乔木，高达 25 m。树皮纵裂成不规则的长块；小枝呈暗褐色，具显著皮孔，无毛。叶片革质，呈卵状椭圆形至长椭圆形，长 8 ~ 14 cm，宽 3 ~ 5 cm，先端急尖至渐尖，基部呈楔形或宽楔形，无毛，侧脉 7 ~ 9 对，边缘有浅钝锯齿；叶柄长 1 ~ 2 cm。花数朵集生于枝顶或单朵腋生，呈白色，直径约 3 cm，芳香；花梗长 1 ~ 2 cm，粗壮；苞片长 5 ~ 8 mm；萼片呈半圆形，长 3 ~ 4 mm，内面边缘有毛；花瓣呈倒卵状圆形，外面基部有毛；子房密生丝状绒毛。蒴果近扁球形，呈褐色，直径 1.5 ~ 2 cm。花期为 6—8 月，果期为次年 10—11 月。

69 厚皮香（猪血柴）

***Ternstroemia gymnanthera* (Wight et Arn.) Bedd.**

山茶科 Theaceae 厚皮香属 *Ternstroemia*

个体数（individual number/9 hm^2）= 1 110 → 1 004 ↓

最大胸径（Max DBH）= 38.6 cm

重要值排序（importance value rank）= 22

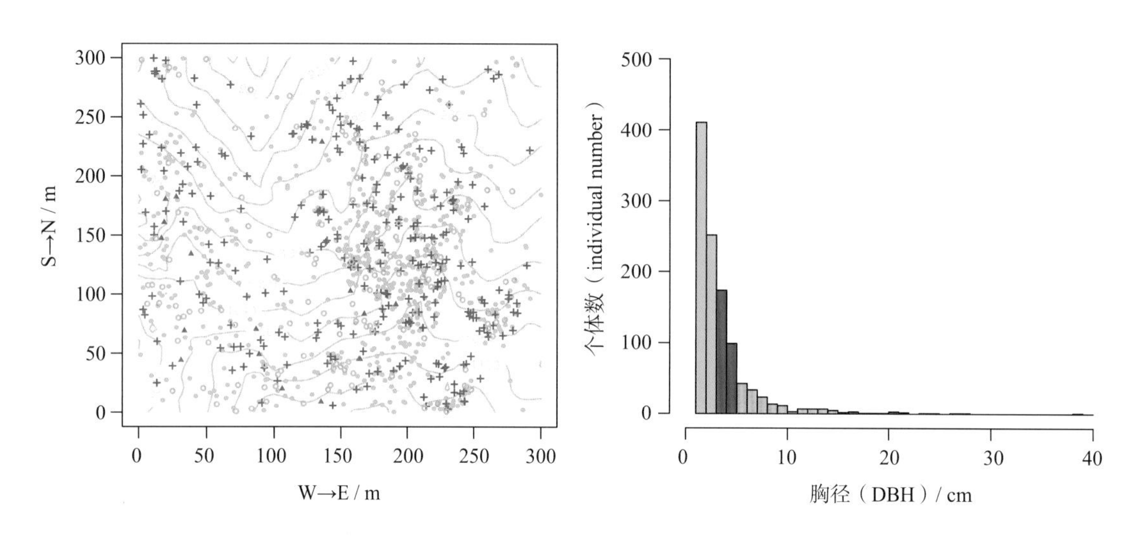

常绿小乔木或灌木。全株无毛。嫩枝呈绿色或淡红褐色，二年生枝呈灰褐色。叶片革质，干后变红褐色，呈椭圆形至椭圆状倒卵形，稀倒卵圆形，长 4.5 ~ 10 cm，宽 2 ~ 4 cm，先端急短钝尖或钝渐尖，基部呈楔形而下延，全缘或在上半部疏生浅钝齿，齿尖具黑色小点，上面呈深绿色，光亮，中脉略凹陷，侧脉 5 或 6 对，两面均不明显；叶柄长 0.7 ~ 1.5 cm。花单独腋生或侧生，呈淡黄白色；花梗长约 1 cm，稍粗壮，顶端下弯；小苞片三角形，先端尖；萼片 5 片，花瓣 5 枚，基部合生；雄蕊多数；子房 2 或 3 室，柱头 3 浅裂。果实呈圆球形，顶端具宿存花柱，成熟时呈红色，直径 1.2 ~ 1.5 cm；果梗长 1 ~ 1.4 cm，粗壮。花期为 6—7 月，果为期 9—10 月。

70　大萼黄瑞木（大萼杨桐）

Adinandra glischroloma **Hand.-Mazz. var. *macrosepala*** **(F.P. Metcalf) Kobuski**

山茶科　Theaceae　黄瑞木属　*Adinandra*

个体数（individual number/9 hm^2）= 313 → 201 ↓

最大胸径（Max DBH）= 11.7 cm

重要值排序（importance value rank）= 48

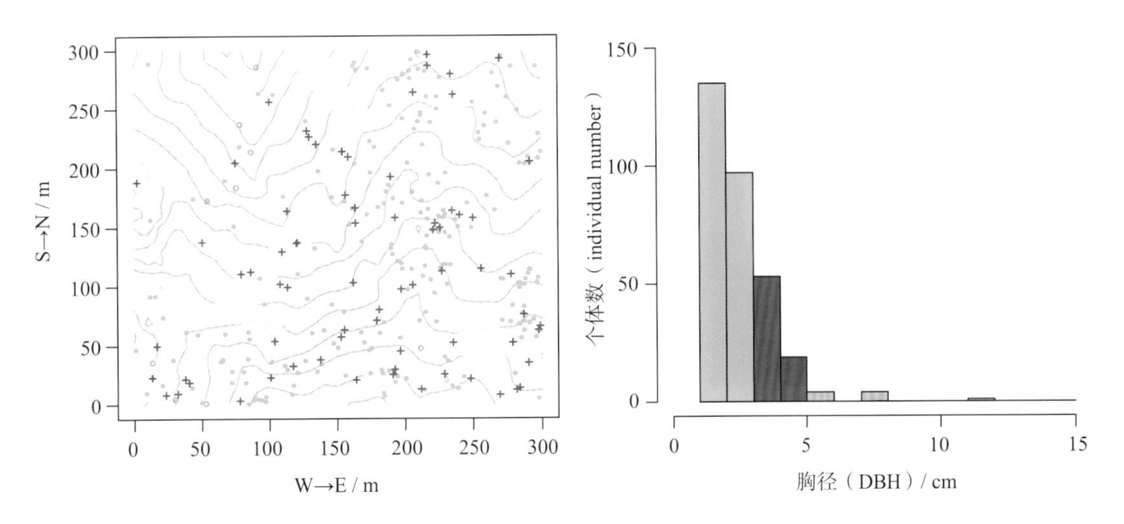

常绿灌木或小乔木，高 3 ~ 6 m。小枝粗壮，幼时连同顶芽、叶柄、叶片背面、叶缘、花梗、萼片外面、花瓣外面中间均密生披散的黄褐色长柔毛。叶片革质，呈长圆状椭圆形，长 6 ~ 13 cm，宽 2.5 ~ 5 cm，先端急短尖或短渐尖，基部呈楔形，侧脉 10 ~ 14 对，两面不明显，全缘，上面呈深绿色，无毛；叶柄长 0.8 ~ 1 cm，花呈淡黄白色，1 ~ 3 朵腋生，下垂；花梗长 0.6 ~ 1.5 cm；小苞片早落；萼片呈卵形至宽卵形，长 1.1 ~ 1.5 cm，宽 6 ~ 9 mm，内面 2 片连同花瓣基部常稍带淡紫晕，宿存；花瓣长 1.1 ~ 1.4 cm，宽 5 ~ 6 mm；雄蕊约 30 枚，花丝无毛；子房与花柱均密被黄白色长柔毛。浆果呈球形，黑紫色，直径约 1.5 cm，疏被长柔毛。花期为 6 月，果期为 8—9 月。

71　黄瑞木（老鸦茹、山落苏）

Adinandra millettii (Hook. et Arn.) Benth. et Hook. f. ex Hance

山茶科　Theaceae　黄瑞木属　*Adinandra*

个体数（individual number/9 hm²）= 3 → 4 ↑

最大胸径（Max DBH）= 2.5 cm

重要值排序（importance value rank）= 164

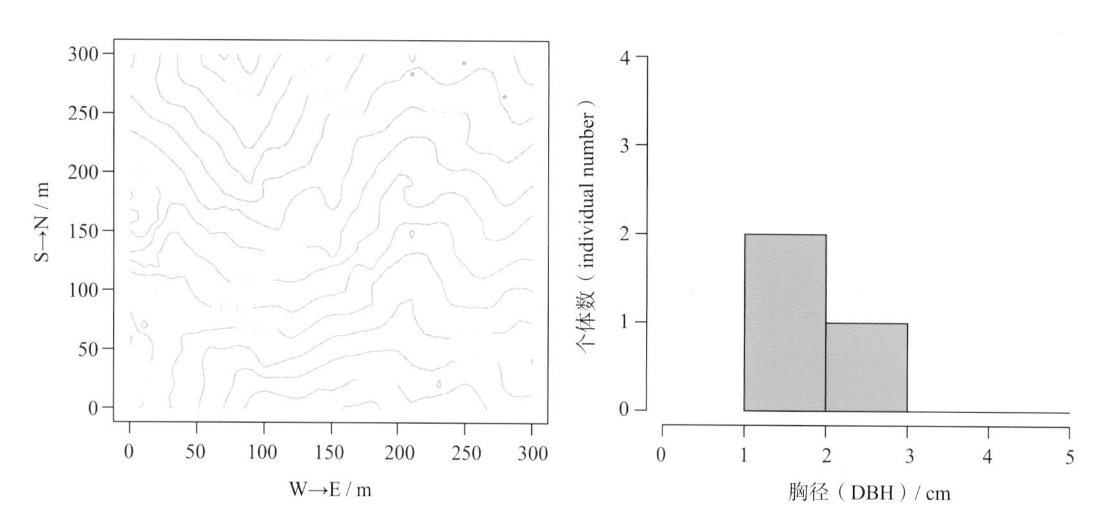

常绿灌木或小乔木，高 2 ~ 5 m。幼枝贴生脱落性伏毛，顶芽被伏毛。叶片革质，呈长圆状椭圆形或倒卵状长椭圆形，长 4.5 ~ 9 cm，宽 2 ~ 2.5 cm，先端短渐尖，基部呈楔形，全缘，或上半部略有细锯齿，下面仅嫩时被柔毛；叶柄长 3 ~ 5 mm，疏被短柔毛或几无毛。花单朵腋生，呈白色，花蕾时常略带淡红色；花梗纤细，下垂，长约 2 cm，疏被短柔毛或几无毛；小苞片早落；萼片呈卵状披针形或卵状三角形，长 7 ~ 8 mm，宽 4 ~ 5 mm，顶端尖，边缘具纤毛和腺点，外面疏被平伏短柔毛或几无毛，宿存；花瓣呈卵状长圆形至长圆形，长约 9 mm，宽 4 ~ 5 mm，顶端尖，无毛；雄蕊约 25 枚，花丝无毛或上半部被毛；子房被短柔毛，花柱长 7 ~ 8 mm，无毛。浆果呈圆球形，黑紫色，直径约 1 cm，疏被短柔毛。花期为 5—7 月，果期为 8—10 月。

72　厚叶杨桐（厚叶红淡比）

***Cleyera pachyphylla* Chun ex Hung. T. Chang**

山茶科　Theaceae　杨桐属　*Cleyera*

个体数（individual number/9 hm^2）= 3 → 3

最大胸径（Max DBH）= 11.5 cm

重要值排序（importance value rank）= 159

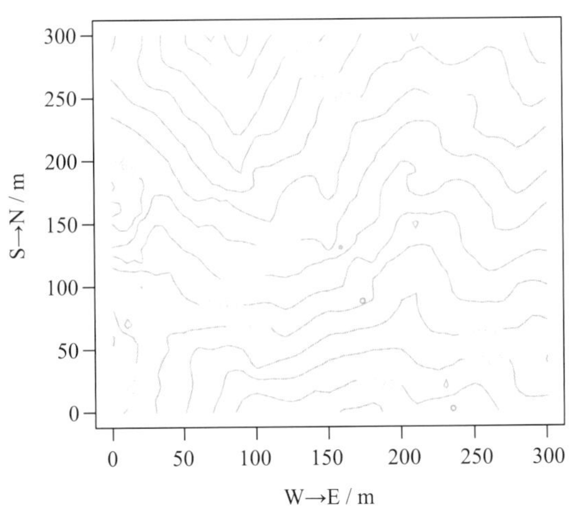

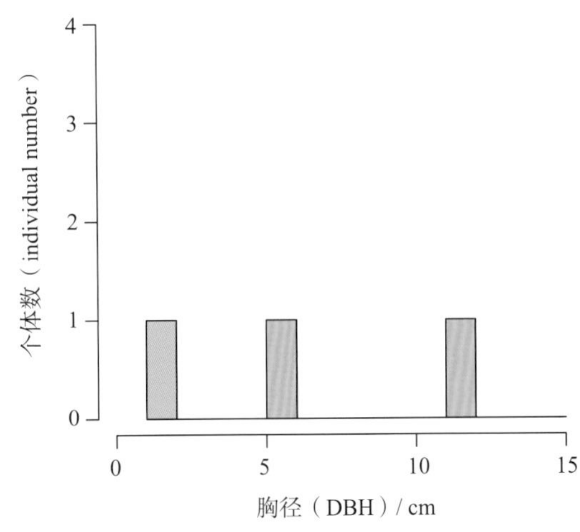

常绿灌木或小乔木，高 2 ~ 6 m。全株除花外，其余无毛。小枝具 2 棱或萌芽枝无棱，顶芽显著。叶片厚革质，形态变异较大，通常为长椭圆形、卵状长圆形或倒卵状长椭圆形，长 6 ~ 14 cm，宽 3 ~ 5 cm，先端钝尖至急短钝尖，基部呈楔形至宽楔形，上面光亮，中脉显著隆起，下面常疏生红色腺点，侧脉 16 ~ 20 对或更多，边缘具低钝锯齿；叶柄长 1 ~ 1.5 cm，粗壮。花单生或 2 朵生于叶腋，有香气；萼片 5 片，质厚，呈长椭圆形或卵状长椭圆形，长 4 ~ 5 mm，有缘毛；花瓣 5 枚，呈白色；花药呈卵形或长卵形，有丝毛；子房无毛，花柱长约 9 mm。浆果呈球形，黑色，直径 1 ~ 1.2 cm，果梗粗壮，长 2.5 ~ 2.8 cm，向上逐渐增粗。花期为 6—7 月，果期为 9—10 月。

73 杨桐（红淡比）

***Cleyera japonica* Thunb.**

山茶科 Theaceae 杨桐属 *Cleyera*

个体数（individual number/9 hm^2）= 796 → 774 ↓

最大胸径（Max DBH）= 21.6 cm

重要值排序（importance value rank）= 28

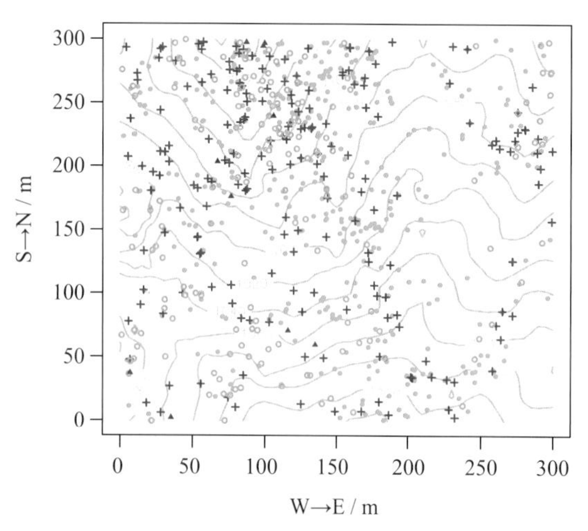

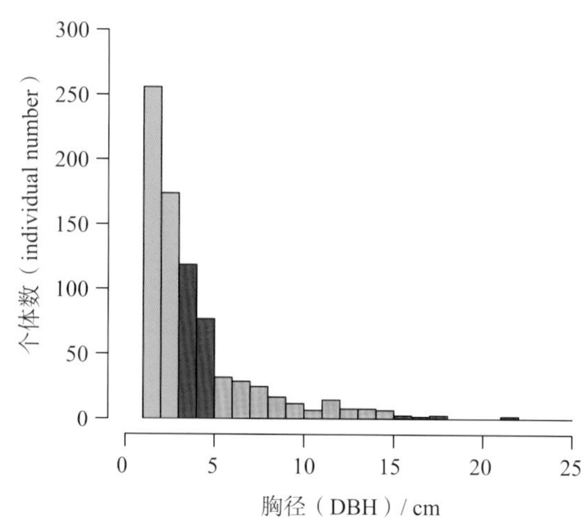

常绿乔木或灌木，高达 12 m。全株除花外，其余无毛。小枝具 2 棱或萌芽枝无棱，顶芽显著。叶片革质，形态变异较大，通常为椭圆形或倒卵形，长 5 ~ 11 cm，宽 2 ~ 5 cm，先端急短钝尖至钝渐尖，基部呈楔形，上面光亮，中脉隆起，下面无腺点，侧脉 6 ~ 8（10）对，全缘；叶柄长 0.5 ~ 1 cm，粗壮。花单生或 2、3 朵生于叶腋，直径 6 mm；萼片圆形，长 3 mm，有缘毛；花瓣 5 枚，呈白色；花药呈卵状椭圆形，有透明刺毛；子房无毛，花柱长约 8 mm，超过雄蕊而与花瓣近等长。浆果呈球形，黑色，直径 7 ~ 9 mm，果梗长 1 ~ 2 cm。种子多数。花期为 6—7 月，果期为 9—10 月。

74　隔药柃（格药柃、光枝胡氏柃）

***Eurya muricata* Dunn**

山茶科　Theaceae　柃属　*Eurya*

个体数（individual number/ 9 hm^2）= 2 401 → 1 904 ↓

最大胸径（Max DBH）= 10.7 cm

重要值排序（importance value rank）= 13

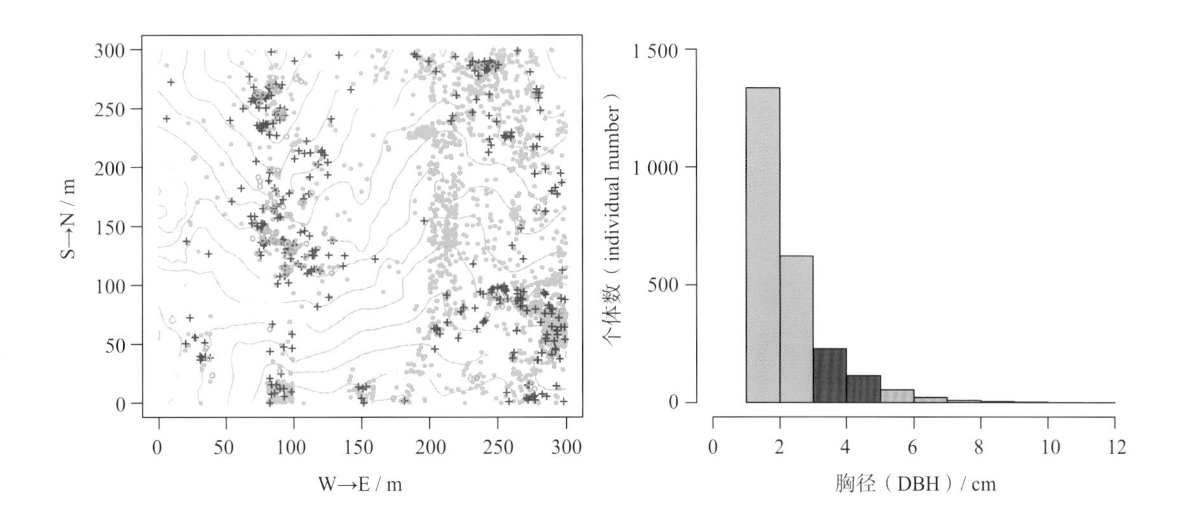

常绿灌木或小乔木，高 2 ~ 6 m。嫩枝呈圆柱形，稀具 2 微棱，连同长 0.5 ~ 1 cm 或更短的顶生冬芽均无毛。叶片革质，呈椭圆形或长圆状椭圆形，长 5.5 ~ 10 cm，宽 2 ~ 4 cm，先端渐尖而钝头，基部呈楔形，边缘有浅细锯齿，上面呈亮绿色，下面呈黄绿色；叶柄长 4 ~ 5 mm，无毛。花 1 ~ 5 朵簇生于叶腋，花呈白色；花梗长 1 ~ 1.5 mm，无毛。雄花：苞片、萼片近圆形，无毛；花瓣呈倒卵形，长 4 ~ 5 mm；雄蕊 15 ~ 22 枚，花药有分隔。雌花：苞片和萼片同雄花；花瓣呈卵状披针形，长 2.5 ~ 3 mm；子房无毛，花柱长约 5 mm，顶端 3 裂。浆果呈圆球形，紫黑色，直径 4 ~ 5 mm。花期为 10—11 月，果期为次年 5—7 月。

75 细枝柃

***Eurya loquaiana* Dunn**

山茶科 Theaceae 柃属 *Eurya*

个体数（individual number/9 hm^2）= 499 → 484 ↓

最大胸径（Max DBH）= 8.1 cm

重要值排序（importance value rank）= 46

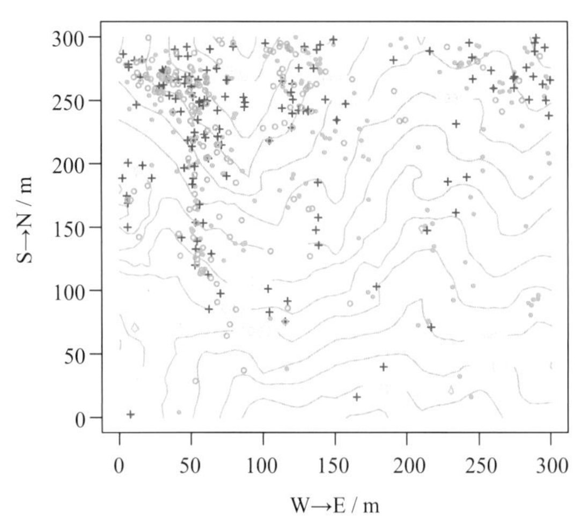

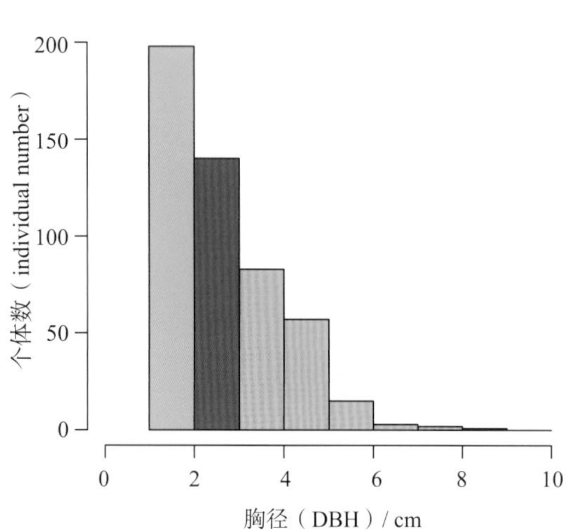

常绿灌木或小乔木，高 2 ~ 6 m。嫩枝纤细，呈圆柱形，稀具微棱，连同顶芽密被开展的极短微柔毛，二年生至三年生枝不具皮孔或皮孔不明显。叶片薄革质，呈椭圆形或窄椭圆形，有时呈倒披针形，长 4 ~ 9 cm，宽 1.2 ~ 2.5 cm，先端渐尖至尾状渐尖，常具钝头，基部呈楔形，边缘有钝锯齿，干后不反卷或微反卷，上面呈亮绿色，下面干后常呈红褐色，沿中脉被微毛或无毛，侧脉约 10 对，纤细；叶柄长 3 ~ 4 mm。花 1 ~ 4 朵簇生于叶腋；花梗长 2 ~ 3 mm，被微毛。雄花：苞片呈萼片状；萼片呈卵圆形，先端钝圆或具小突尖，无毛或略有微毛；花瓣呈倒卵形，长 3.5 mm；雄蕊 10 ~ 15 枚。雌花：苞片和萼片同雄花；花瓣呈椭圆形，长约 3 mm；子房无毛，花柱长 2 ~ 3 mm，顶端 3 浅裂。浆果呈圆球形，黑色，直径 3 ~ 4 mm，无毛。花期为 1 月，果期为次年 4—6 月。

76　黄腺柃（金叶微毛柃）

Eurya aureopunctata **(Hung T. Chang) Z. H. Chen & P. L. Chiu**

山茶科　Theaceae　柃属　*Eurya*

个体数（individual number/9 hm^2）= 74 → 61 ↓

最大胸径（Max DBH）= 3.1 cm

重要值排序（importance value rank）= 88

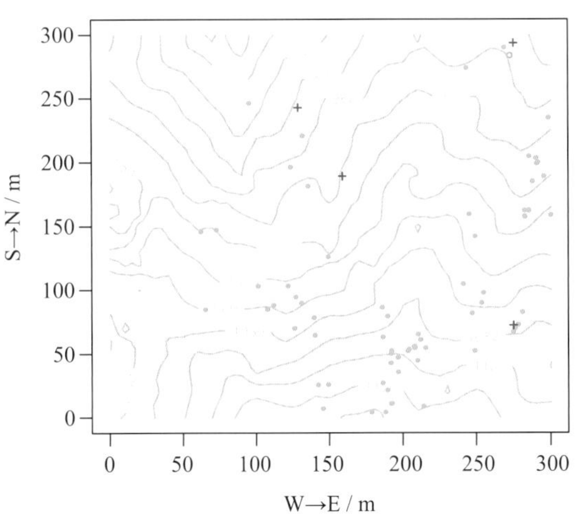

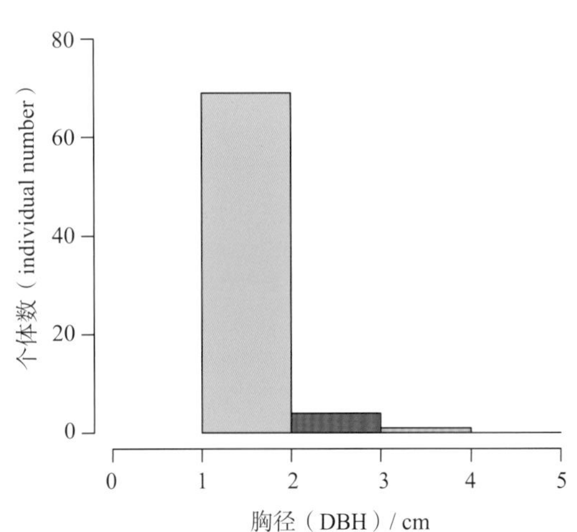

常绿灌木。嫩枝稍纤细，呈圆柱形，连同顶芽被开展的极短微柔毛，二年生至三年生枝不具皮孔或皮孔不明显；芽连同叶柄有时呈暗紫色。叶片革质，呈椭圆形或倒卵状椭圆形，稀卵形或卵状椭圆形，长 2 ~ 4 cm，宽 1 ~ 2 cm，先端钝尖至渐尖，基部近圆形或楔形，边缘有细齿，干后不反卷或微反卷，上面呈深绿色，略暗，干后具金色微小腺点，下面呈浅绿色，干后呈黄绿色至多少金黄色，沿中脉被微毛或无毛，侧脉 8 ~ 10 对，纤细；叶柄长 3 ~ 4 mm，被微柔毛。花 1 ~ 4 朵簇生于叶腋，呈白色，略带红晕；花梗长 1 ~ 3 mm，被微毛。雄花：苞片呈萼片状；萼片呈卵圆形，先端钝圆或具小突尖，略有微毛；花瓣呈倒卵形，长 3.5 mm；雄蕊 10 枚。雌花：苞片和萼片同雄花；花瓣呈狭卵形，长约 3 mm，先端常反曲；子房无毛，花柱长 1.5 mm，顶端 3 浅裂。浆果呈圆球形，黑色，直径 3 ~ 4 mm，无毛。花期为 11—12 月，果期为次年 10—11 月。

77 细齿柃（细齿叶柃）

***Eurya nitida* Korth.**

山茶科 Theaceae 柃属 *Eurya*

个体数（individual number/9 hm^2）= 7 → 2 ↓

最大胸径（Max DBH）= 3.2 cm

重要值排序（importance value rank）= 146

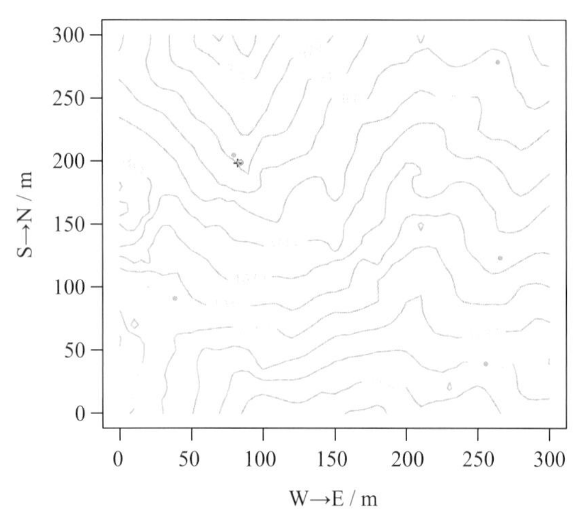

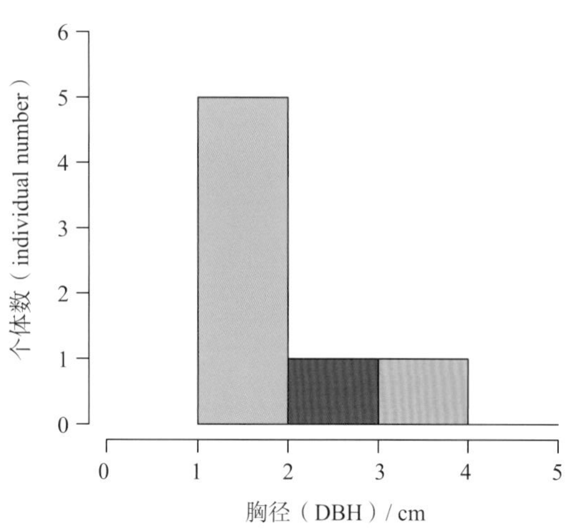

常绿小乔木或灌木。全株无毛。嫩枝稍纤细，具 2 棱而不呈翅状；顶芽长不及 1 cm。叶片薄革质，呈椭圆形或长圆状椭圆形，长 4 ~ 8 cm，宽 1.5 ~ 3 cm，先端渐尖而钝头，基部呈楔形，边缘有细钝锯齿，上面呈深绿色，有光泽，下面呈浅绿色，侧脉 9 ~ 12 对；叶柄长 3 ~ 5 mm。花 1 ~ 4 朵簇生于叶腋，花梗较纤细，长约 3 mm。雄花：苞片近圆形；萼片近圆形；花瓣呈倒卵形，长 3.5 ~ 4 mm；雄蕊 14 ~ 17 枚。雌花：苞片和萼片同雄花；花瓣呈长圆形，长 2 ~ 2.5 mm；子房无毛，花柱长 2.5 ~ 3 mm，顶端 3 裂。浆果呈圆球形，蓝黑色，直径 3 ~ 4 mm。花期为 11—12 月，果期为次年 6—7 月。

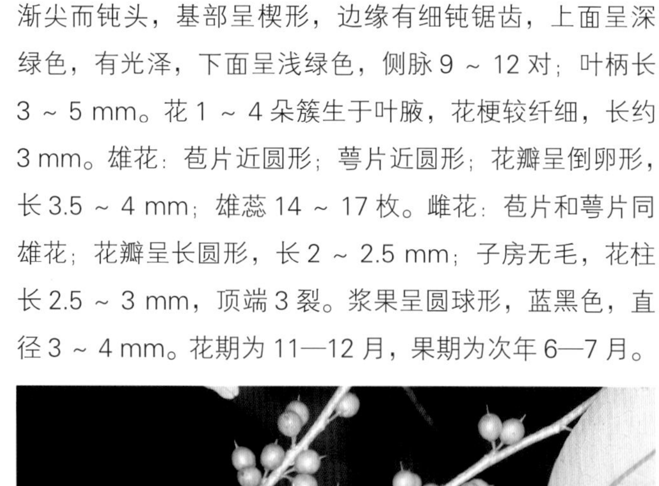

78 窄基红褐柃（硬叶柃）

***Eurya rubiginosa* Hung. T. Chang var. *attenuata* Hung. T. Chang**

山茶科 Theaceae 柃属 *Eurya*

个体数（individual number/9 hm^2）= 6 711 → 6 007 ↓

最大胸径（Max DBH）= 10.1 cm

重要值排序（importance value rank）= 5

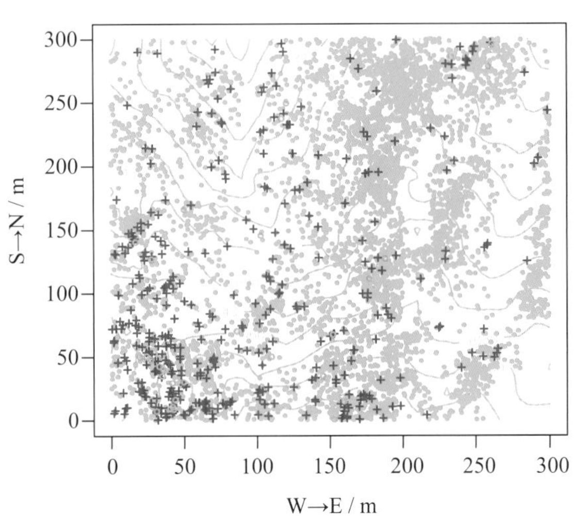

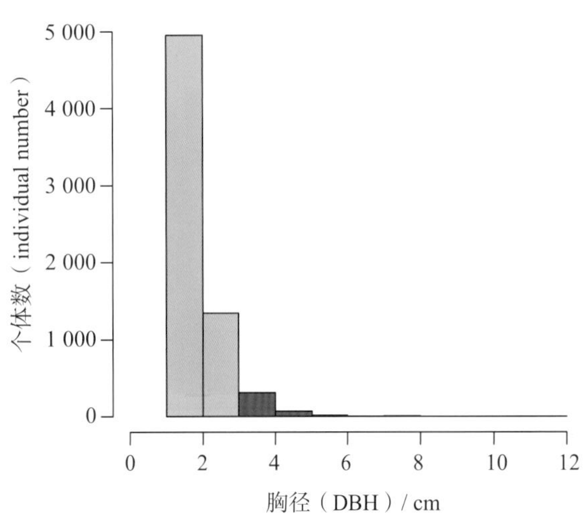

常绿灌木或小乔木，高 1 ~ 6 m。枝叶无毛；嫩枝粗壮，具显著 2 棱而不呈翅状；顶芽发达，长 1 ~ 1.8 cm，稀较短。叶片厚革质或坚革质，呈卵状长圆形或长椭圆状披针形，长 4 ~ 8.5 cm，宽 1.5 ~ 3 cm，先端急尖或渐尖，基部呈宽楔形至楔圆形，边缘具细锐锯齿，上面呈亮绿色，下面干后常呈红褐色；叶柄长 2 ~ 4 mm。花 1 ~ 3 朵簇生于叶腋，呈白色，稀淡红色或带淡蓝紫色；花梗长 1 ~ 1.5 mm，无毛。雄花：苞片卵形或卵圆形，细小；萼片近圆形，外面无毛；花瓣呈倒卵形，长约 3.5 mm；雄蕊 15 枚，花药不具分隔。雌花：苞片和萼片同雄花，但稍小；花瓣呈窄卵形，长 2.5 mm；子房无毛，花柱长 1 mm，顶端 3 裂。浆果呈圆球形，紫黑色，直径 4 ~ 5 mm。花期为 2—4 月，果期为 7—8 月。

79 微毛柃

***Eurya hebeclados* Ling**

山茶科 Theaceae 柃属 *Eurya*

个体数（individual number/9 hm^2）= 8 → 10 ↑

最大胸径（Max DBH）= 4.6 cm

重要值排序（importance value rank）= 150

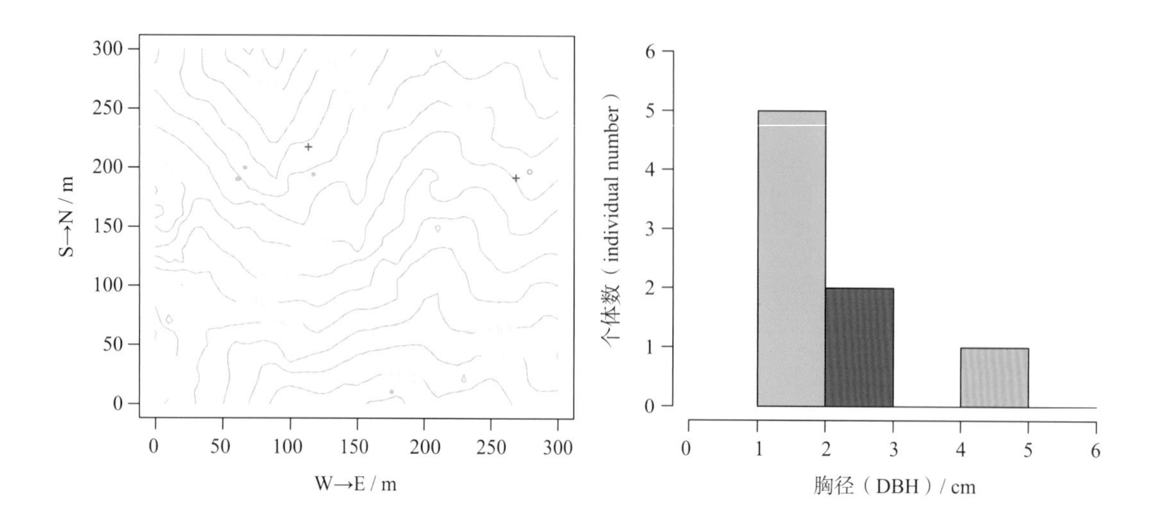

常绿灌木或小乔木，高 1.5 ~ 6 m。嫩枝呈圆柱形，极稀具微棱，连同顶芽、叶柄、花梗均密被开展的极短微柔毛，二年生至三年生枝不具皮孔或皮孔不明显；嫩枝、叶柄、芽常带暗紫色。叶片革质，呈卵状长椭圆形至长圆状披针形或倒卵状长椭圆形，长 4 ~ 9 cm，宽 1.5 ~ 3.5 cm，先端急尖至渐尖而钝头，基部呈楔形，边缘有细齿，干后不反卷或微反卷，上面呈深绿色，较暗，下面干后呈黄绿色至多少金黄色，侧脉 8 ~ 10 对；叶柄长 2 ~ 4 mm。花 2 ~ 5 朵腋生。雄花：苞片极小，呈圆形；萼片近圆形，背面被微柔毛，边缘有纤毛；花瓣呈倒卵形，白色，稀粉红色或淡紫色，长约 3.5 mm；雄蕊 15 枚。雌花：苞片和萼片同雄花，但较小；花瓣呈倒卵形，长约 2.5 mm；子房无毛，花柱长约 1 mm，顶端 3 深裂。浆果呈圆球形，蓝黑色，直径 4 ~ 5 mm，无毛。花期为 2—3 月，果期为 8—9 月。

80　翅柃

***Eurya alata* Kobuski**

山茶科　Theaceae　柃属　*Eurya*

个体数（individual number/9 hm^2）= 25 → 16 ↓

最大胸径（Max DBH）= 2.9 cm

重要值排序（importance value rank）= 119

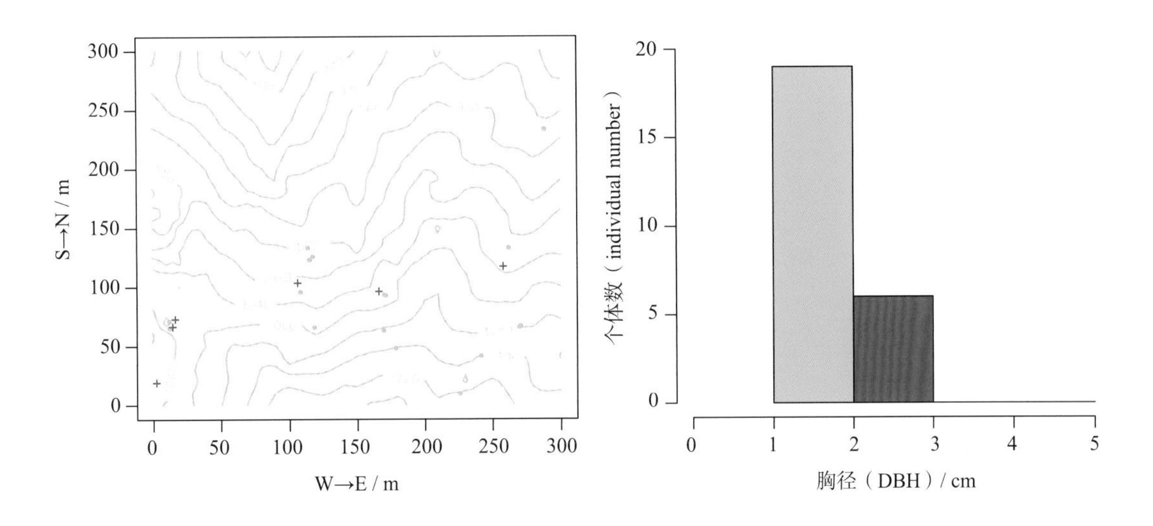

常绿灌木，高 1 ~ 3 m。全株无毛。嫩枝具显著 4 棱，棱尖锐而明显，发达成翅状；二年生枝节间呈错旋状方柱形。叶片革质，呈椭圆形、卵状椭圆形或长圆形，长 3.5 ~ 9 cm，宽 1.5 ~ 2.8 cm，先端短渐尖至渐尖而钝头，基部呈楔形，边缘有细锯齿，侧脉 6 ~ 8 对；叶柄长 2 ~ 3 mm。花 1 ~ 3 朵腋生，呈白色；花梗长 2 ~ 3 mm。雄花：苞片细小；萼片呈卵形；花瓣呈倒卵形，长 3 ~ 3.5 mm；雄蕊约 15 枚。雌花：苞片和萼片同雄花；花瓣呈长圆形，长约 2.5 mm；子房无毛，花柱长约 1.5 mm，顶端 3 浅裂。浆果呈圆球形，蓝黑色，直径约 4 mm。花期为 10—12 月，果期为次年 8—9 月。

81 薯豆（日本杜英）

Elaeocarpus japonicus **Siebold et Zucc.**

杜英科 Elaeocarpaceae 杜英属 *Elaeocarpus*

个体数（individual number/9 hm²）= 201 → 181 ↓

最大胸径（Max DBH）= 31.2 cm

重要值排序（importance value rank）= 47

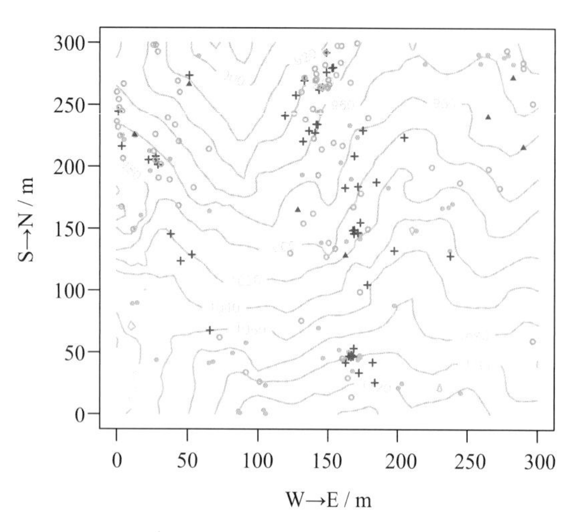

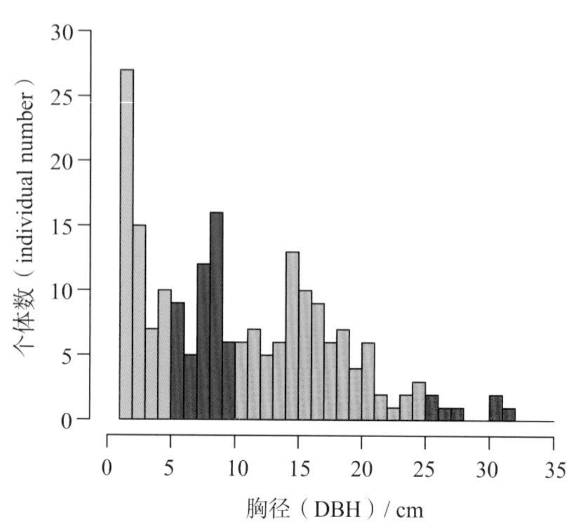

常绿乔木。树皮不开裂；小枝疏被短柔毛或几无毛；冬芽有绢毛。单叶，互生；叶片革质，呈椭圆形至卵状椭圆形，长 7 ~ 14 cm，宽 3 ~ 5.5 cm，先端渐尖，基部呈圆形或近圆形，边缘有浅疏锯齿，两面密被脱落性银灰色绢毛，下面有黑腺点，侧脉 6 或 7 对，叶柄长 2.7 ~ 7 cm，顶端稍膨大。总状花序；花萼两面、花瓣两面、子房、花柱均被柔毛；萼片 5 片；花瓣呈绿白色，长圆形，先端有数个浅齿刻，而非流苏状；雄蕊通常 10 ~ 15 枚，花药纵裂。核果呈椭球形，蓝黑色，长 1 ~ 1.5 cm，直径 1 cm。花期为 5—6 月，果期为 9—10 月。

82 杜英

***Elaeocarpus decipiens* Hemsl**

杜英科 Elaeocarpaceae 杜英属 *Elaeocarpus*

个体数（individual number/9 hm^2）= 10 → 12 ↑

最大胸径（Max DBH）= 26.8 cm

重要值排序（importance value rank）= 123

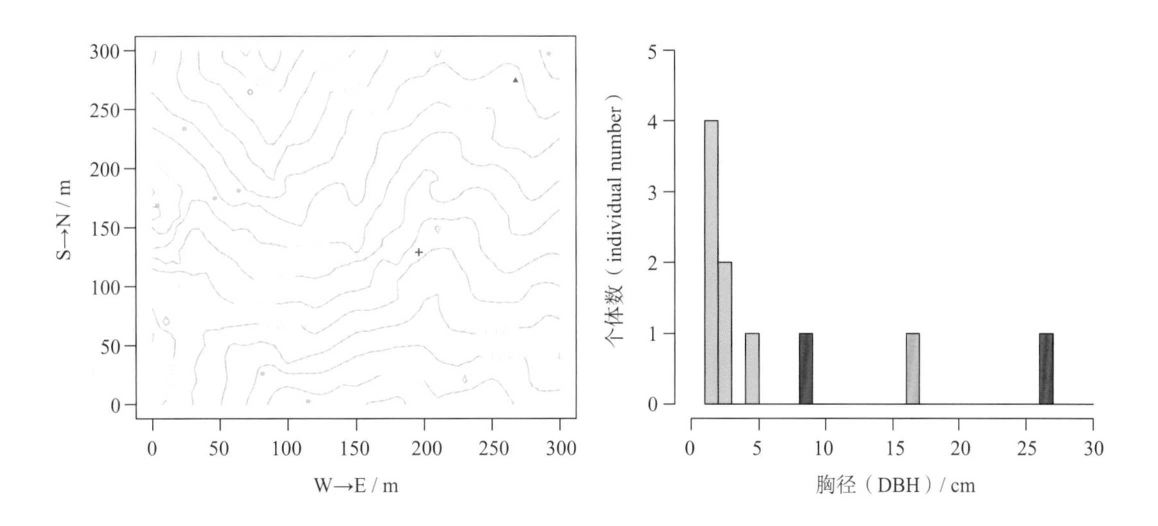

常绿乔木。树皮不开裂；小枝被脱落性微柔毛。单叶，互生；叶片纸质，呈长椭圆状披针形、披针形至倒披针形，长 7 ~ 12 cm，宽 2 ~ 3.5 cm，先端渐尖，基部呈楔形，边缘有锯齿，两面无毛，侧脉 7 ~ 9 对；叶柄长 0.5 ~ 1.5 cm，顶端不膨大。总状花序；萼片 5 片，披针形；花瓣 5 枚，呈白色，倒卵形，先端撕裂至中部，流苏状，裂片 14 ~ 16 条；萼片与花瓣外侧均无毛；雄蕊 25 ~ 30 枚，花药顶端无毛丛；子房有绒毛。核果呈椭球形，长 2 ~ 3 cm，直径 1.5 ~ 1.8 cm。花期为 3 月，果期为 9—10 月。

83 山桐子（椅）

***Idesia polycarpa* Maxim**

大风子科 Flacourtiaceae 山桐子属 *Idesia*

个体数（individual number/9 hm^2）= 8 → 8

最大胸径（Max DBH）= 32.5 cm

重要值排序（importance value rank）= 120

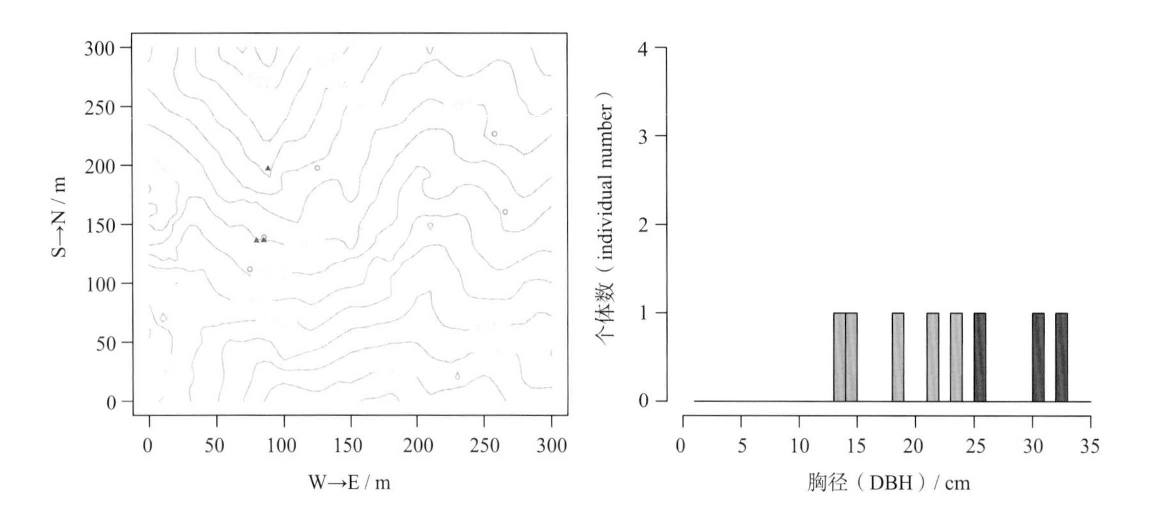

落叶乔木。树皮平滑；小枝呈紫绿色，被淡黄色长毛。单叶，互生；叶片呈宽卵形至卵状心形，长 6 ~ 15 cm，宽 5 ~ 12 cm，先端锐尖至短渐尖，基部通常呈心形，边缘具圆锯齿，齿尖有腺体，下面被白粉，基出脉 5 ~ 7 条，脉腋密生柔毛；叶柄长 2.5 ~ 12 cm 或更长，中部及顶部具 2 至数枚无柄盘状或圆筒状腺体。圆锥花序大型，下垂；萼片 3 ~ 6 片，通常 5 片，呈黄绿色；花瓣缺如；雄花有多数雄蕊，有退化子房；雌花有多数退化雄蕊，子房呈球形，1 室，胚珠多数，花柱 5 或 6 根。果序下垂；浆果呈球形，成熟时呈红色，直径 7 ~ 10 mm。种子呈红棕色。花期为 5 月，果期为 9—10 月。

84　江南山柳（云南桤叶树）

***Clethra delavayi* Franch.**

山柳科　Clethraceae　山柳属　*Clethra*

个体数（individual number/9 hm^2）= 22 → 21 ↓

最大胸径（Max DBH）= 8.4 cm

重要值排序（importance value rank）= 139

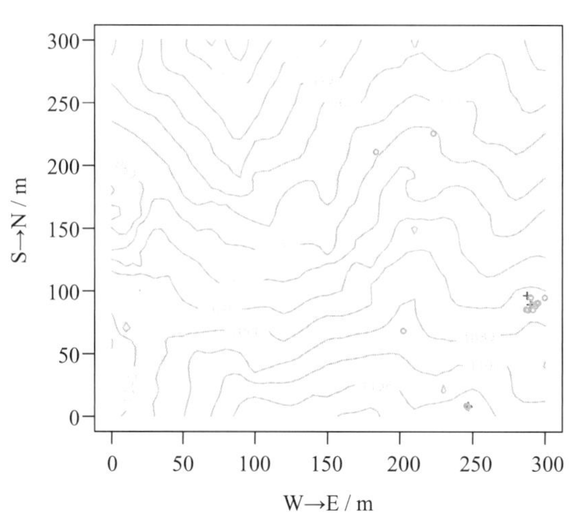

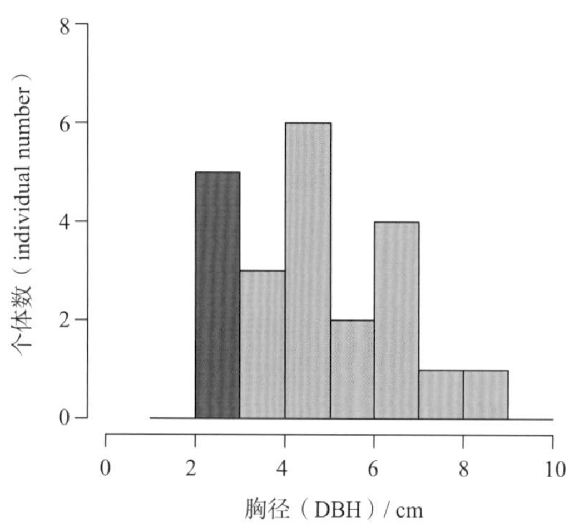

落叶灌木或小乔木，高 1 ~ 4 m。幼枝密生星状短毛。叶片呈卵状椭圆形或长圆状椭圆形，长 3 ~ 11 cm，宽 1 ~ 4.5 cm，先端急尖或渐尖，基部呈楔形或宽楔形，稀圆形，幼时两面密被星状毛，老时上面近无毛，下面沿叶脉突起，具星状疏柔毛或伏贴长毛，边缘具细锯齿，齿端有硬尖头；叶柄长 0.5 ~ 1.5 cm，具伏贴毛。总状花序单一；花序梗、花序轴及花梗密被星状毛，花梗长 3 ~ 10 mm；苞片呈线形或披针形；花萼呈披针形或长圆状披针形，长 3.5 ~ 6 mm；花瓣呈白色或粉红色，稀淡黄色，先端微凹或缺；花丝无毛，与花冠近等长，花药呈线形，孔裂，花柱长于花冠。蒴果呈球形。花期为 7—8 月，果期为 9—10 月。

85 华东山柳（髭脉桤叶树）

Clethra barbinervis Siebold. et Zucc.

山柳科 Clethraceae 山柳属 *Clethra*

个体数（individual number/9 hm^2）= 12 → 10 ↓

最大胸径（Max DBH）= 6.2 cm

重要值排序（importance value rank）= 169

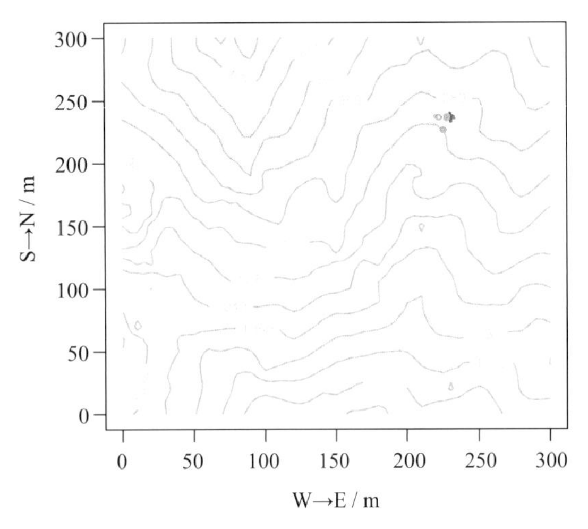

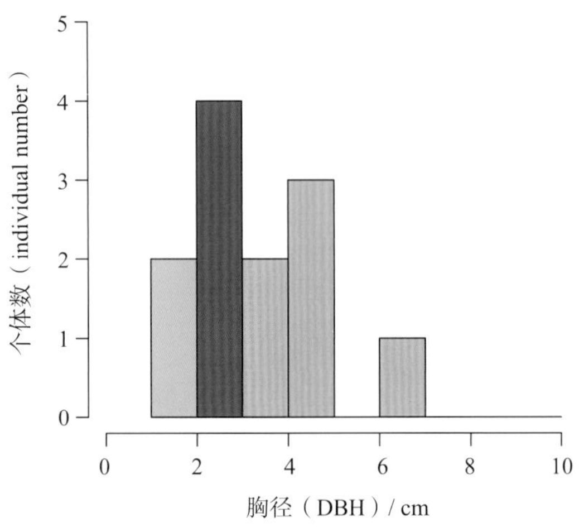

落叶灌木或小乔木，高 1 ~ 6 m。幼枝无毛或有锈色星状毛。叶片呈倒卵状椭圆形或倒卵形，有时呈椭圆形，长 3 ~ 13 cm，宽 1.2 ~ 5.5 cm，先端渐尖或尾状渐尖，基部呈楔形，上面无毛，下面脉上具伏贴长硬毛，脉腋具髯毛，边缘具尖锐锯齿，齿端具硬尖头，中脉在上面平坦，下面突起；叶柄长 1 ~ 2.5 cm，具伏贴毛。总状花序 3 ~ 6 分枝集成圆锥花序；花序梗与花梗密被锈色糙硬毛或星状毛，花梗长 4 ~ 6 mm；苞片呈线形，早落；花萼裂片呈卵形，长 2 ~ 3 mm；花瓣呈白色，先端微凹或缺；花丝无毛，花药呈倒箭头形；花柱略超出花冠外。蒴果近球形。花期为 6—8 月，果期为 9—10 月。

86 猴头杜鹃

Rhododendron simiarum **Hance**

杜鹃花科 Ericaceae 杜鹃属 *Rhododendron*

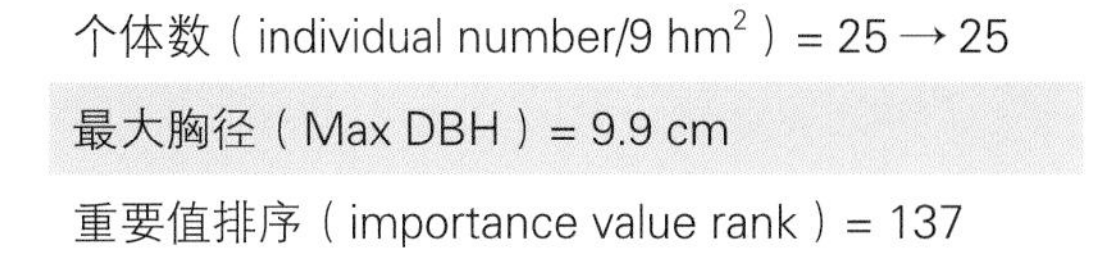

个体数（individual number/9 hm^2）= 25 → 25

最大胸径（Max DBH）= 9.9 cm

重要值排序（importance value rank）= 137

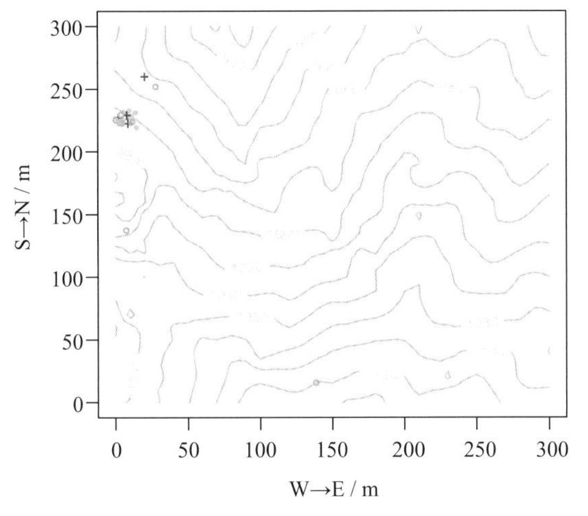

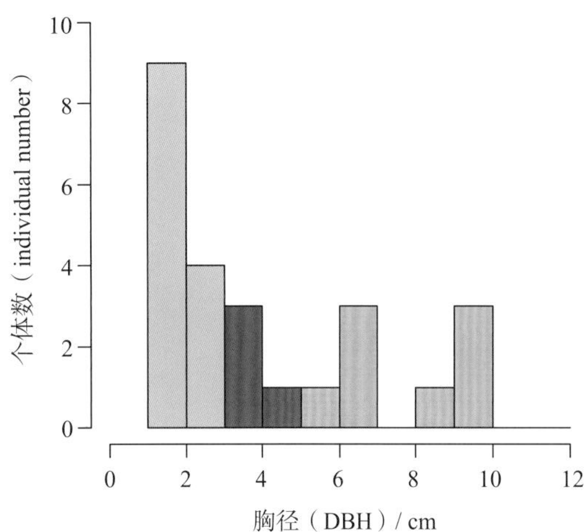

常绿灌木或小乔木，高可达 7 m。幼枝有红棕色曲柔毛和腺体；老枝无毛，具明显叶痕。叶密生于枝顶；叶片厚革质，呈倒披针形至长圆状披针形，长 5 cm，宽 1.5 ~ 4.5 cm，先端急尖或钝圆，基部呈楔形，全缘，上面无毛，下面被薄毡状毛，初时呈红棕色，后变黄褐色，中脉在上面凹陷，下面突起；叶柄长 1 ~ 2 cm，被棕红色曲柔毛或腺体。伞形状总状花序顶生，具 5 ~ 10 朵花；总轴长 1 ~ 2cm，被浅棕色柔毛；花梗长 2 ~ 3 cm，疏被曲柔毛和腺体；花萼 5 裂，外面和边缘有腺毛；花冠呈粉红色，漏斗状钟形，长 3.5 ~ 4 cm，裂片 5 片，内面上方有紫红色斑点；雄蕊 10 ~ 12 枚，花丝下部有柔毛；子房密生红棕色绢状柔毛，疏生腺毛，花柱无毛或近基部略有腺毛。蒴果呈圆柱形，常有红棕色毛。花期为 5—6 月，果期为 8—9 月。

87 马银花

Rhododendron ovatum **(Lindl.) Planch. ex Maxim.**

杜鹃花科 Ericaceae 杜鹃属 *Rhododendron*

个体数（individual number/9 hm^2）= 4 007 → 3 772 ↓

最大胸径（Max DBH）= 19.4 cm

重要值排序（importance value rank）= 7

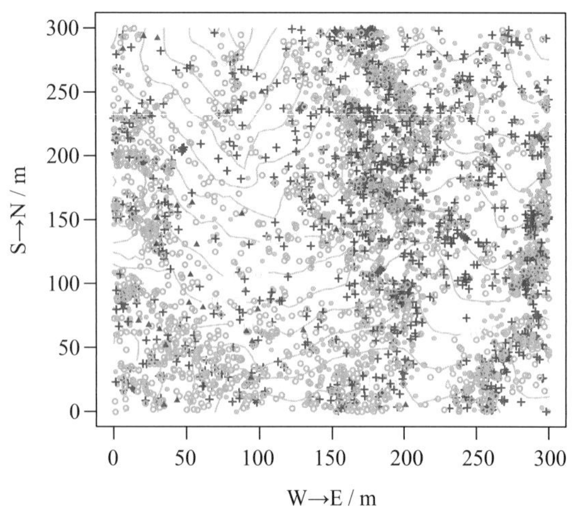

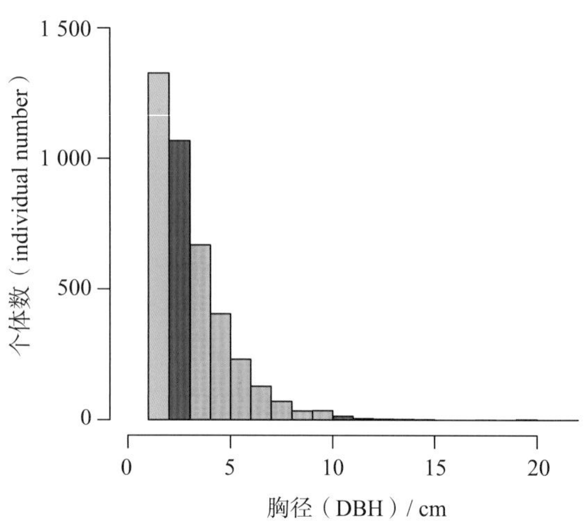

常绿灌木，高 1 ~ 4 m。幼枝与叶柄、叶片上面中脉均被短柔毛，有时疏生腺毛。叶常集生于枝顶端；叶片革质，呈卵形或椭圆形，长 3 ~ 6 cm，宽 1.2 ~ 2.5 cm，先端急尖或钝，通常凹缺，具短尖头，基部呈圆形，全缘，除上、下中脉外，两面无毛；叶柄长 5 ~ 15 mm。花单生于枝顶叶腋；花梗长 0.8 ~ 2 cm，密被短柔毛，常有腺毛；花萼 5 深裂，裂片呈卵形至倒卵形，全缘或啮齿状，无毛或具疏密不等的腺毛；花冠呈淡紫色至粉白色，宽漏斗状，长 2 ~ 7 cm，裂片 5 片，上方裂片内面有紫色斑点；雄蕊 5 枚，花丝下半部有柔毛；子房密生腺头刚毛，花柱基部有毛或无毛。蒴果呈卵球形，长约 7 mm。花期为 4—5 月，果期为 8—9 月。

88　鹿角杜鹃

***Rhododendron latoucheae* Franch**

杜鹃花科　Ericaceae　杜鹃属　*Rhododendron*

个体数（individual number/9 hm^2）= 7 075 → 6 451 ↓

最大胸径（Max DBH）= 22.0 cm

重要值排序（importance value rank）= 3

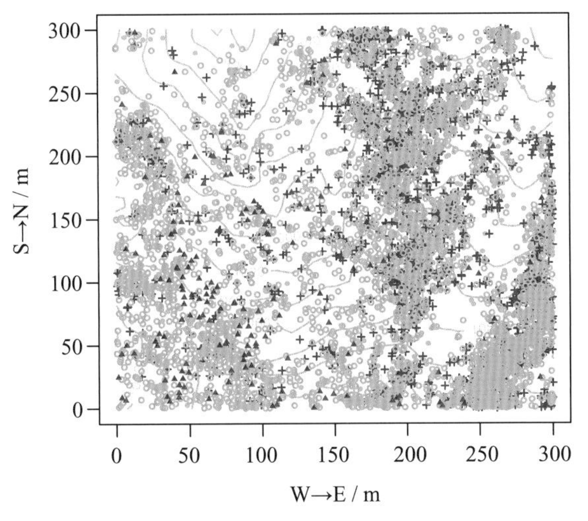

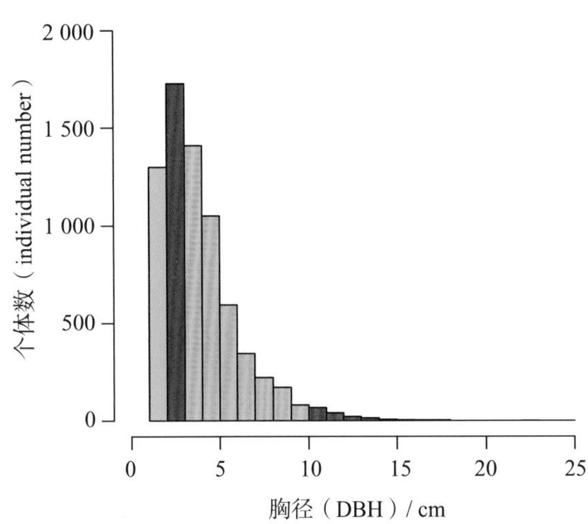

常绿灌木，高 2 ~ 3 m。幼枝粗壮，无毛。叶常集生于枝顶；叶片革质，呈狭椭圆状披针形或倒披针形，长 7 ~ 11.2 cm，宽 1.4 ~ 3 cm，先端短渐尖，基部呈狭楔形，边缘微反卷，上面呈绿色有光泽，下面呈苍白色，两面无毛，中脉在上面凹陷，下面突起；叶柄长 1 ~ 1.5 cm，无毛。花芽仅边缘和顶端被柔毛；花序生于枝顶叶腋，具 1 或 2 朵花；花梗粗壮，基部关节明显，长约 3.5 cm，无毛；花萼裂片不明显，常呈三角状小齿，稀发育为线状，长达 1 cm，边缘及先端具细睫毛；花冠呈漏斗形，粉红色至白色，长 4 ~ 8 cm，裂片 5 片，呈长卵形，无毛；雄蕊 10 枚，不伸出花冠外，花丝扁平，中部以下被短柔毛；子房无毛，花柱无毛。蒴果呈圆柱形，无毛。花期为 4—5 月，果期为 7—10 月。

89 刺毛杜鹃

***Rhododendron championiae* Hook.**

杜鹃花科 Ericaceae 杜鹃属 *Rhododendron*

个体数（individual number/9 hm^2）= 131 → 113 ↓

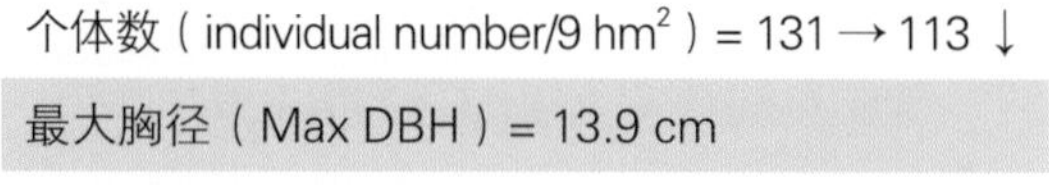

最大胸径（Max DBH）= 13.9 cm

重要值排序（importance value rank）= 65

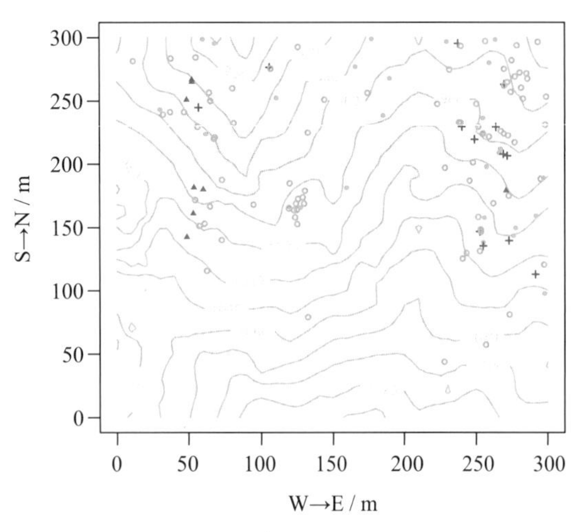

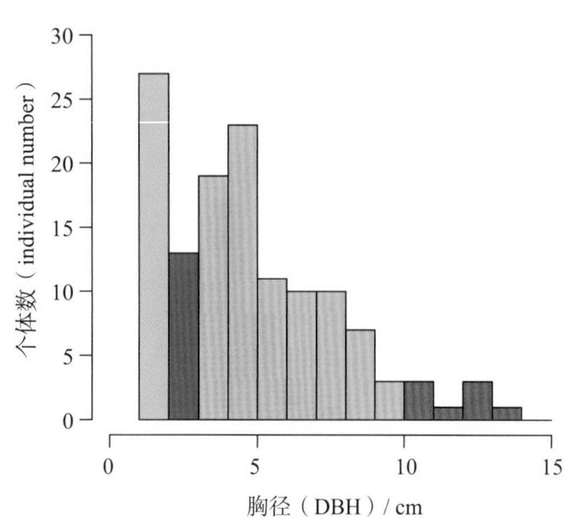

常绿灌木或小乔木，高达 5 m。幼枝密生刺毛和腺头刚毛。叶集生于枝顶；叶片厚纸质，呈长圆状披针形，长 8 ~ 16 cm，宽 2 ~ 4.5 cm，先端短渐尖或渐尖，基部呈楔形至圆钝，全缘，具刺缘毛，上面呈暗绿色，疏生短刚毛，下面呈苍绿色，疏生短刚毛和柔毛，脉上较密，中脉在上面凹陷，下面突起；叶柄长 10 ~ 15 mm，具毛。伞形花序生于枝顶叶腋，具 3 ~ 5 朵花；花芽具黏质；花梗长约 1.8 cm，密被腺头刚毛；花萼 5 深裂，长 1 ~ 1.5 cm，边缘被腺毛；花冠呈淡红色至近白色，狭漏斗状，长 5 ~ 6 cm，裂片 5 片，上方裂片内具黄色斑点；雄蕊 10 枚，花丝基部具柔毛；子房密被柔毛和腺头刚毛。蒴果呈圆柱形，两端钝尖，被腺头刚毛。花期为 4—5 月，果期为 7—9 月。

90　丁香杜鹃（满山红）

***Rhododendron farrerae* Tate ex Sweet**

杜鹃花科　Ericaceae　杜鹃属　*Rhododendron*

个体数（individual number/9 hm^2）= 2 643 → 2 426 ↓

最大胸径（Max DBH）= 18.7 cm

重要值排序（importance value rank）= 11

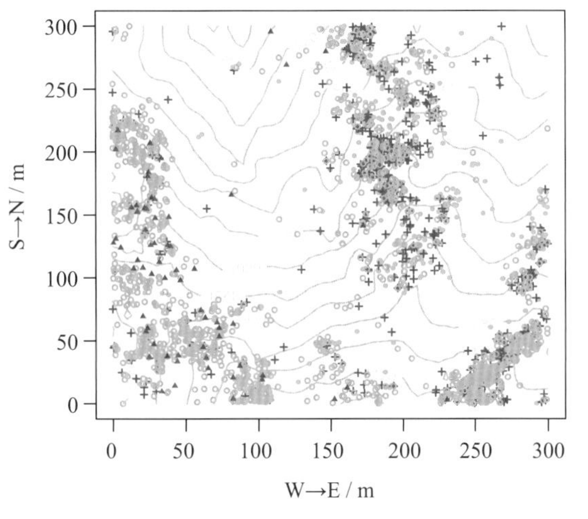

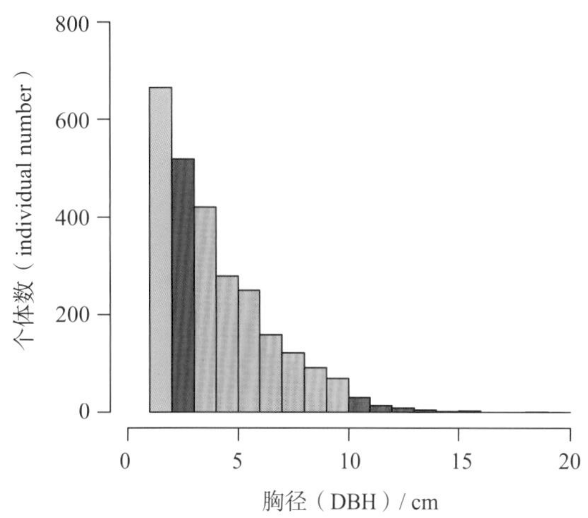

落叶灌木，高达 3 m，多分枝，树皮呈灰褐色。幼枝伏生长绒毛，后变无毛，叶 3 枚集生于枝顶；叶片纸质，呈卵形、卵状菱形或宽卵形，长 2 ~ 8 cm，宽 1 ~ 5 cm，先端圆钝或急尖，具小尖头，基部呈楔形或圆形，全缘，上面呈绿色，初被棕色伏贴长柔毛；叶柄长 2 ~ 10 mm，密被柔毛。花 1 或 2 朵，稀 3 朵簇生于枝顶；花梗长 5 ~ 10 mm，与芽鳞均密被柔毛；花萼小，密被毛；花冠呈丁香紫色、淡紫色，辐射漏斗状，长 2.2 ~ 3 cm，裂片 5 片，深裂，上方裂片具紫红色斑点或无斑点；雄蕊 8 ~ 10 枚，花丝无毛；子房密被伏生的红棕色长柔毛，花柱无毛。蒴果呈卵球形，长 12 ~ 18 mm，直径 5 ~ 7 mm，密被毛。花期为 3—4 月，果期为 8—10 月。

91 映山红（杜鹃）

***Rhododendron simsii* Planch.**

杜鹃花科 Ericaceae 杜鹃属 *Rhododendron*

个体数（individual number/9 hm^2）= 212 → 162 ↓

最大胸径（Max DBH）= 9.5 cm

重要值排序（importance value rank）= 61

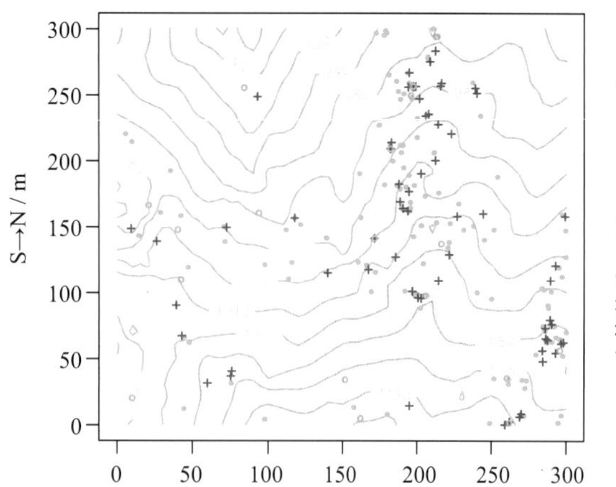

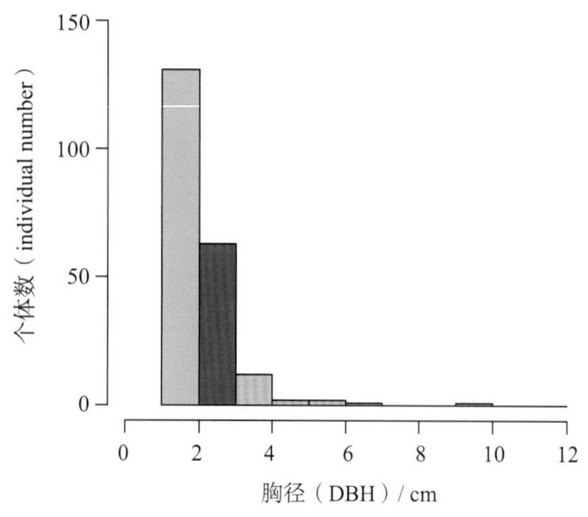

落叶或半常绿灌木，高达 3 m。小枝密被棕褐色扁平糙伏毛。叶二型，春叶纸质或薄纸质，呈卵状椭圆形至卵状狭椭圆形，长 2.5 ~ 6 cm，宽 1 ~ 3 cm，先端急尖或短渐尖，基部呈楔形，全缘，两面均被扁平糙伏毛，下面脉上较密，侧脉下面突起；夏叶较小，宿存；叶柄长 3 ~ 5 mm，密被与枝同类的毛。花 2 ~ 6 朵簇生于枝顶；花梗长 6 mm，密被糙伏毛；花萼 5 深裂，裂片呈椭圆状卵形；花冠呈玫瑰紫色，宽漏斗形，长 3.5 ~ 4 cm，裂片 5 片，上部裂片具紫红色斑点；雄蕊 10 枚，等长或短于花冠，花丝中部以下被柔毛；子房密被扁平糙伏毛，花柱无毛或基部疏被毛。蒴果呈卵球形，被糙伏毛。花期为 4—5 月，山区可延至 6 月初，果期为 9—10 月。

92　马醉木

***Pieris japonica* (Thunb.) D. Don ex G. Don**

杜鹃花科　Ericaceae　马醉木属　*Pieris*

个体数（individual number/9 hm^2）= 156 → 143 ↓

最大胸径（Max DBH）= 13.5 cm

重要值排序（importance value rank）= 77

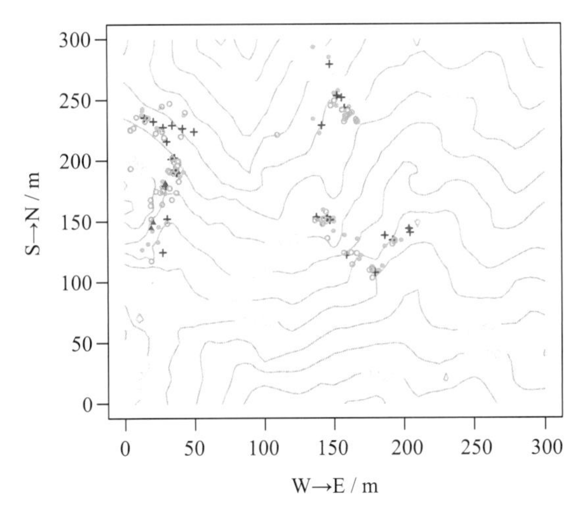

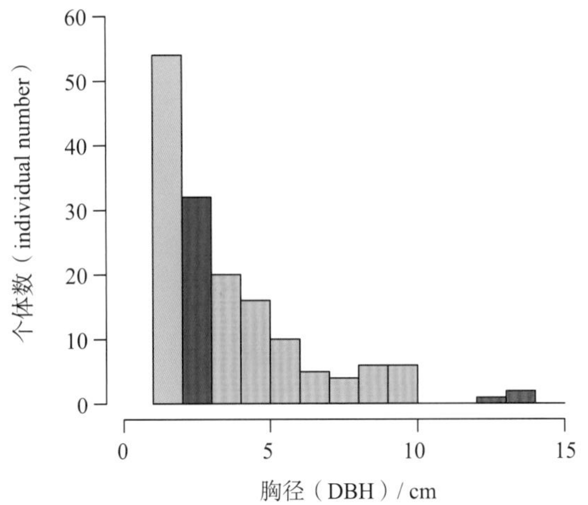

常绿灌木或小乔木，高可达 4 m。树皮呈棕褐色。小枝呈绿色或带淡紫红色，稍具棱，初时有微毛，后脱落至近无毛。叶片革质，呈披针形至倒披针形，长 3 ~ 10 cm，宽 1 ~ 3 cm，先端渐尖至长渐尖，基部呈狭楔形，边缘上半部具钝齿，稀近全缘，无毛，主脉两面突起；叶柄长 3 ~ 8 mm，腹面具沟，微被柔毛或近无毛。总状或圆锥花序，顶生或腋生，长 6 ~ 15 cm；花序轴有柔毛；苞片呈钻形；萼片呈三角状卵形，长约 3.5 mm；花冠呈白色，坛状，长约 8 mm，无毛，顶端 5 浅裂；雄蕊 10 枚，花丝纤细，有柔毛；子房近球形，无毛，花柱细长。蒴果近球形，无毛。花期为 3—4 月，果期为 8—9 月。

93 毛果珍珠花（毛果南烛）

Lyonia ovalifolia var. _hebecarpa_ (Franch. ex F.B. Forbes et Hemsl.) Chun

杜鹃花科 Ericaceae 珍珠花属 *Lyonia*

个体数（individual number/9 hm^2）= 11 → 10 ↓

最大胸径（Max DBH）= 12.1 cm

重要值排序（importance value rank）= 143

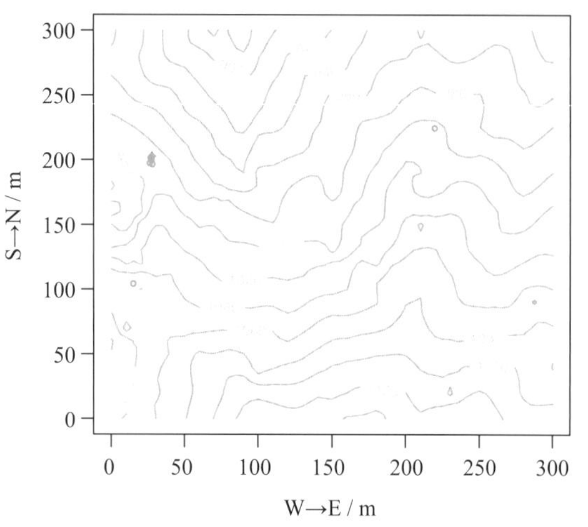

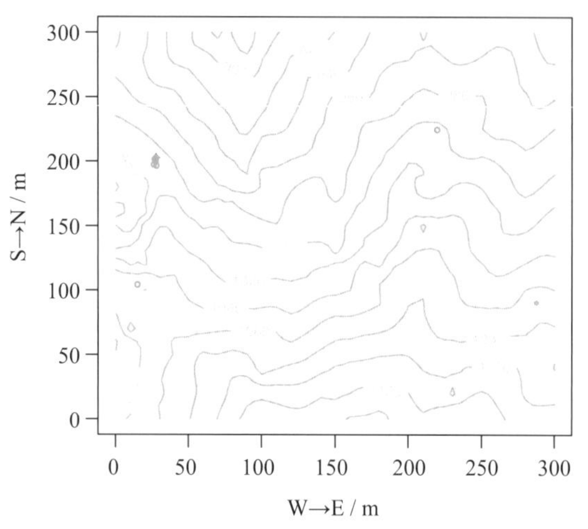

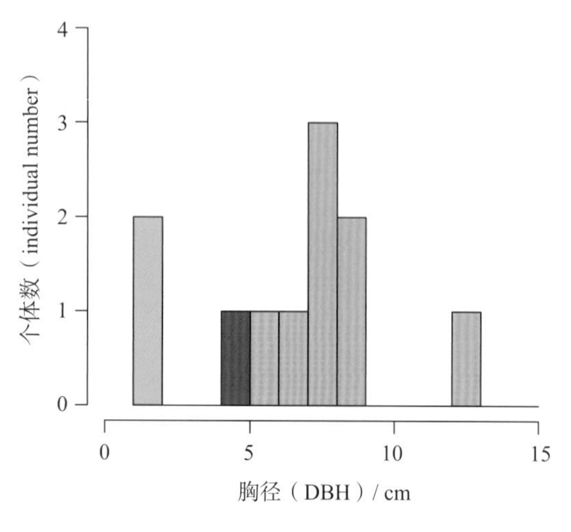

落叶灌木或小乔木。枝呈淡灰褐色，无毛。冬芽呈长卵圆形，淡红色，无毛。叶片革质，呈卵形或椭圆形，长 8 ~ 10 cm，宽 4 ~ 6 cm，先端渐尖，基部呈钝圆或浅心形，上面呈深绿色，无毛，下面呈淡绿色，近于无毛，中脉上面下陷，下面隆起，侧脉羽状，脉上多少被毛；叶柄长 4 ~ 9 mm，无毛。总状花序长 5 ~ 10 cm，着生于叶腋，近基部有 2 ~ 3 枚叶状苞片，小苞片早落；花序轴上微被柔毛；花梗长约 6 mm，近无毛；花萼 5 深裂，裂片呈长椭圆形，长约 2.5 mm，宽约 1 mm，外面近无毛；花冠呈圆筒状，长约 8 mm，直径约 4.5 mm，外面疏被柔毛，上部 5 浅裂，裂片向外反折，先端钝圆；雄蕊 10 枚，花丝顶端有 2 枚芒状附属物，中下部疏被白色长柔毛；子房近球形，无毛，花柱长约 6 mm，柱头头状，略伸出花冠外。蒴果呈球形，直径 4 ~ 5 mm，缝线增厚。种子呈短线形，无翅。花期为 5—6 月，果期为 7—9 月。毛果珍珠花与珍珠花的区别在于蒴果近球形，密被柔毛。

94　乌饭树

***Vaccinium bracteatum* Thunb.**

杜鹃花科　Ericaceae　越橘属　*Vaccinium*

个体数（individual number/9 hm^2）= 89 → 73 ↓

最大胸径（Max DBH）= 9.5 cm

重要值排序（importance value rank）= 86

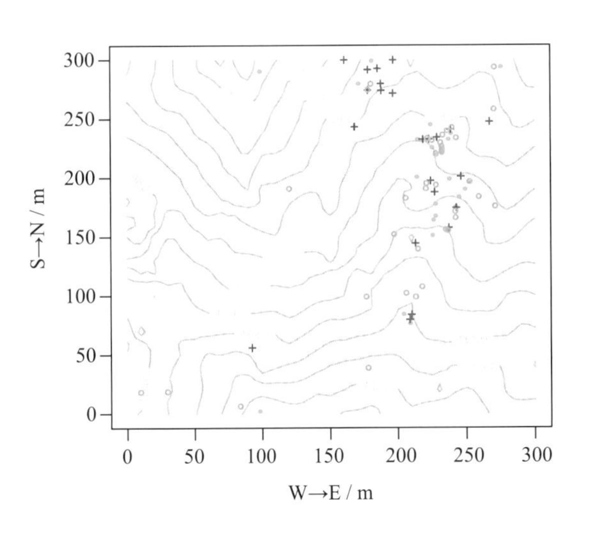

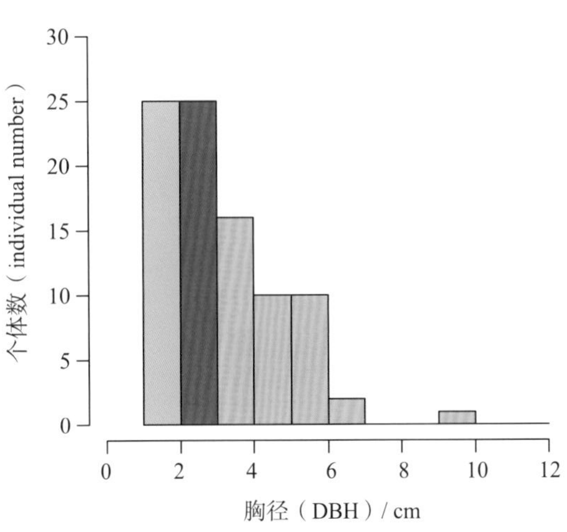

常绿灌木，高 1 ~ 4 m。幼枝略被细柔毛，后变无毛。叶片革质，呈椭圆形、长椭圆形或卵状椭圆形，长 3 ~ 5 cm，宽 1 ~ 2 cm，小枝基部几枚叶常略小，先端急尖，基部呈宽楔形，边缘具细锯齿，中脉偶有微毛，其余无毛，下面脉上有刺突，网脉明显；叶柄长 2 ~ 4 mm 总状花序腋生柔毛；苞片呈披针形，长 4 ~ 10 mm，常宿存，边缘具刺状齿；花梗下垂，被短柔毛；花萼呈钟状，5 浅裂，裂片呈三角形，被黄色柔毛；花冠呈白色，卵状圆筒形，长 6 ~ 7 mm，5 浅裂，被细柔毛；雄蕊 10 枚，花丝被灰黄色柔毛，花药无芒状附属物，顶端伸长成 2 条长管；子房密被柔毛。浆果呈球形，被细柔毛或白粉。花期为 6—7 月，果期为 8—11 月。

95 短尾越橘（小叶乌饭树）

***Vaccinium carlesii* Dunn**

杜鹃花科 Ericaceae 越橘属 *Vaccinium*

个体数（individual number/9 hm^2）= 1 → 0 ↓

最大胸径（Max DBH）= 4.4 cm

重要值排序（importance value rank）= 187

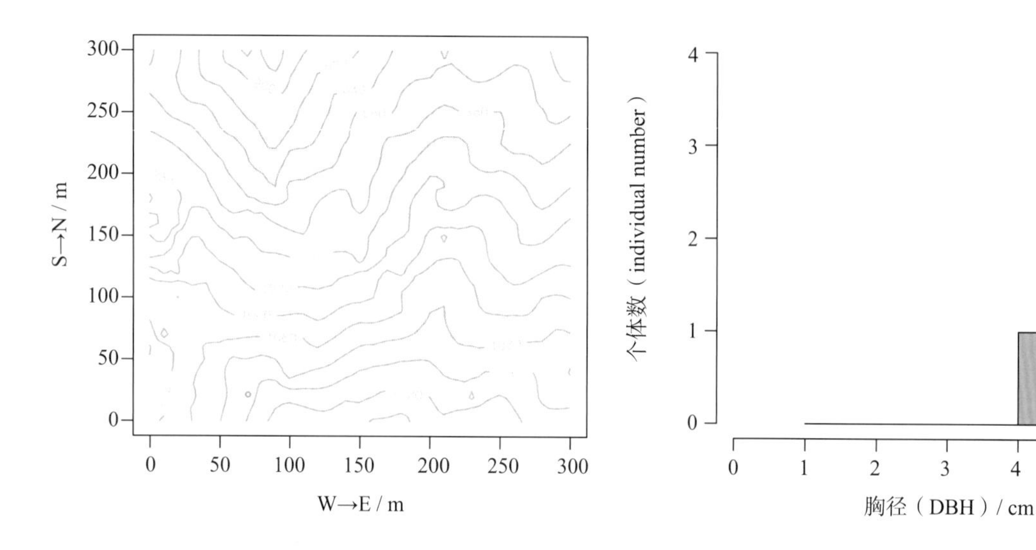

常绿灌木，高 1 ~ 4 m。小枝纤细，被向上弯曲的短柔毛；老枝无毛。叶片革质，呈卵形、卵状长圆形或卵状披针形，长 3 ~ 5 cm，宽 1 ~ 2 cm，先端尾尖，少渐尖，基部呈圆形或宽楔形，边缘具疏细齿，中脉上面突起，被短柔毛；叶柄长 1 ~ 3 mm，被毛与小枝同。总状花序生于去年枝叶腋，长 3 ~ 6 cm；花序轴疏生短柔毛或近无毛；苞片呈披针形，早落；花具短梗；花萼长约 2 mm，5 裂，裂片呈三角形；花冠呈白色，钟形，长约 3.5 mm，5 裂几达中部，与花梗、花萼几无毛；雄蕊 10 枚，花药顶端延伸成管状，背面有短芒，花丝短，有毛。浆果呈球形，成熟时呈紫红色，被白粉，无毛。花期为 5—6 月，果期为 8—10 月。

96　江南越橘（米饭树）

***Vaccinium mandarinorum* Diels**

杜鹃花科　Ericaceae　越橘属　*Vaccinium*

个体数（individual number/9 hm²）= 610 → 569 ↓

最大胸径（Max DBH）= 13.4 cm

重要值排序（importance value rank）= 41

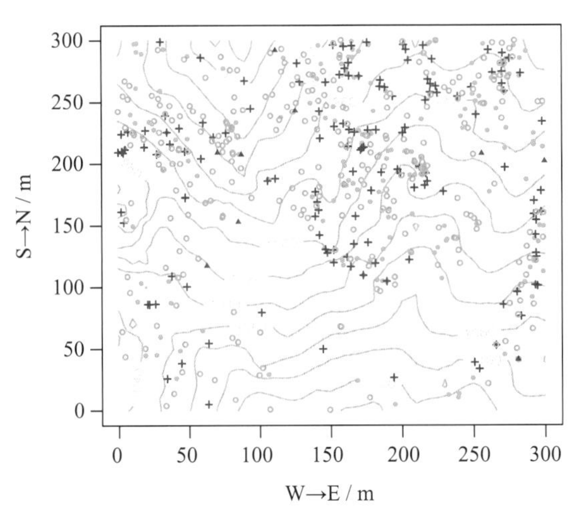

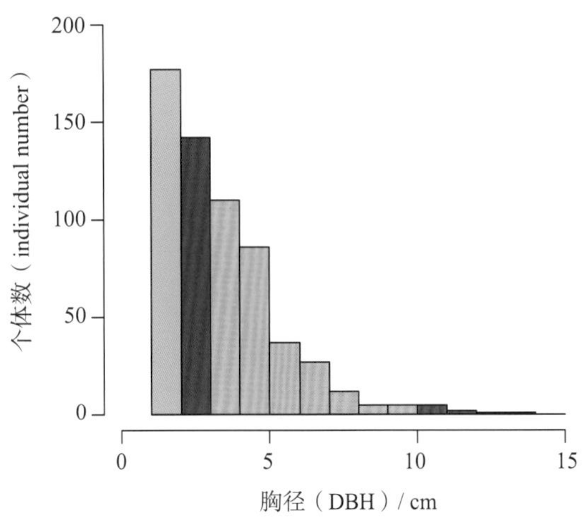

常绿灌木，高可达 5 m。枝无毛。叶片革质，呈卵状椭圆形、卵状披针形或倒卵状长圆形、稀卵形，长 5 ~ 9 cm，宽 1.5 ~ 3 cm，先端渐尖至长渐尖，基部呈宽楔形至圆形，边缘具细锯齿，两面无毛，上面中脉和叶柄偶有短柔毛，中脉下面突起；叶柄长 3 ~ 5 mm。总状花序腋生兼顶生，长 3 ~ 7 cm，无毛；苞片呈披针形，早落；花梗长 3 ~ 8 mm，下垂，无毛，近基部有 1 对小苞片；花萼呈坛状筒形，5 浅裂，无毛；花冠呈白色，坛状，长约 7 mm，5 浅裂；雄蕊 10 枚，花丝有柔毛，花药背面具 2 芒，顶端有 2 条长管；子房无毛。浆果呈球形，无毛。花期为 4—6 月，果期为 9—10 月。

97 罗浮柿

Diospyros morrisiana **Hance**

柿科 Ebenaceae 柿属 *Diospyros*

个体数（individual number/9 hm²）= 1 → 1

最大胸径（Max DBH）= 13.7 cm

重要值排序（importance value rank）= 181

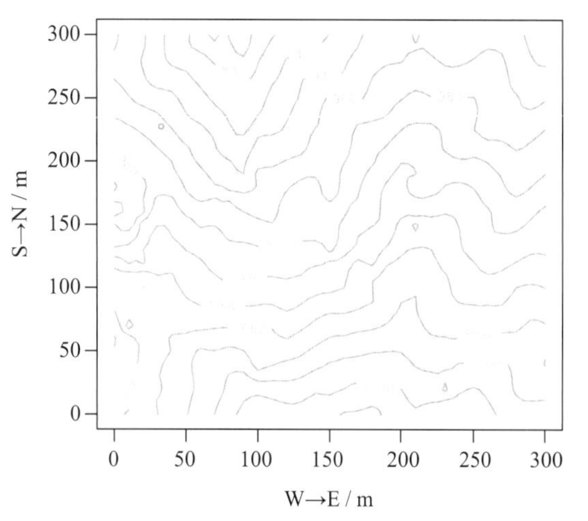

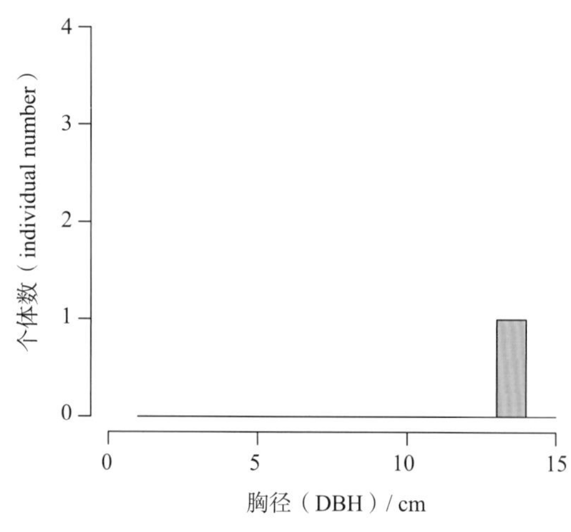

常绿灌木或小乔木。小枝近无毛，具皮孔。叶片薄革质，呈长椭圆形，长 3.5 ~ 12 cm，宽 2 ~ 5 cm，先端急尖至短渐尖，基部呈楔形，上面呈深绿色，有光泽，下面呈绿色，中脉在上面下凹，背面突起，侧脉 4 ~ 6 对；叶柄长 7 ~ 13 mm。雌雄异株；雄花通常 2 ~ 5 朵呈簇生状生于叶腋，花梗 2 ~ 4 mm，密被毛，花萼 4 裂，长约 2.5 mm，裂片呈卵状三角形，花冠呈坛状，黄白色，长 5 ~ 7 mm，4 浅裂，雄蕊 16 ~ 20 枚；雌花常单生于叶腋，花萼浅杯状，4 裂，裂片呈三角形，花冠呈坛状，4 浅裂，裂片卵形，黄白色，有退化雄蕊，子房呈球形，花柱 4 根。果呈球形，直径 1.2 ~ 1.8 cm，成熟时呈黄色，有光泽，宿存果萼近平展，似方形，直径 8 ~ 10 mm，4 浅裂。种子呈栗色，近长圆形，长约 1.2 cm。花期为 5—6 月，果期为 8—11 月。

98　山柿（浙江柿、粉叶柿）

***Diospyros japonica* Siebold et Zucc.**

柿科　Ebenaceae　柿属　*Diospyros*

个体数（individual number/9 hm^2）= 11 → 9 ↓

最大胸径（Max DBH）= 27.0 cm

重要值排序（importance value rank）= 118

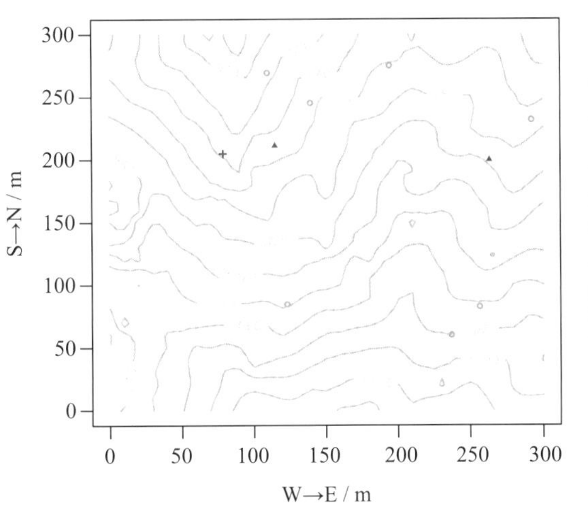

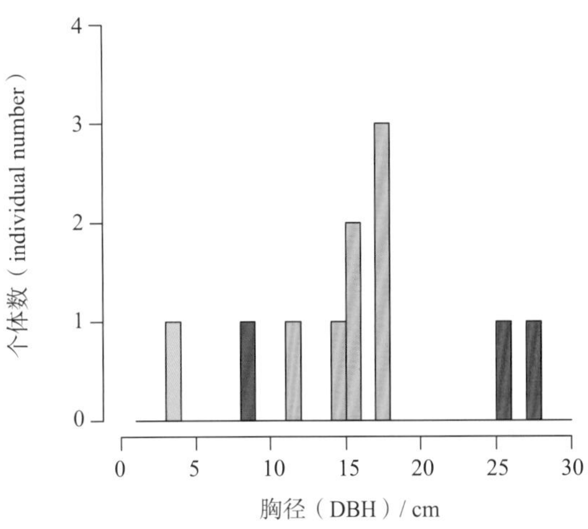

落叶乔木。树皮呈褐色。枝条近无毛，具长圆形或线形皮孔。冬芽呈卵形，钝，外面 2 枚芽鳞无毛，其余密被黄褐色绢毛。叶片纸质，呈宽椭圆形、卵形至卵状披针形，长 6 ~ 17.5 cm，宽 3.5 ~ 8 cm，先端渐尖至急尖，基部圆钝或呈浅心形，有时呈宽楔形，上面呈深绿色，下面呈粉绿色，侧脉 6 ~ 9 对；叶柄长 1 ~ 3 cm。雌雄异株；雄花常 3 朵集成聚伞花序，被短硬毛，花萼 4 浅裂，裂片呈宽三角形，长约 1.5 mm，花冠呈坛状，白色，4 浅裂，裂片圆钝，常呈红色，雄蕊 16 枚，花药长约 4 mm，雌蕊退化；雌花单生或 2 ~ 3 朵聚生于叶腋，较雄花大，花萼 4 浅裂，裂片呈宽三角形，退化雄蕊 8 枚，子房 8 室，花柱 4 深裂，柱头 2 浅裂。浆果近球形，直径 1.5 ~ 3 cm，成熟时呈橘黄色，被白霜。种子呈长圆形，淡褐色，长约 1.2 cm，侧扁。花期为 5—6 月，果期为 8—10 月。

99 延平柿

Diospyros tsangii **Merr.**

柿科 Ebenaceae 柿属 *Diospyros*

个体数（individual number/9 hm^2）= 15 → 14 ↓

最大胸径（Max DBH）= 21.7 cm

重要值排序（importance value rank）= 124

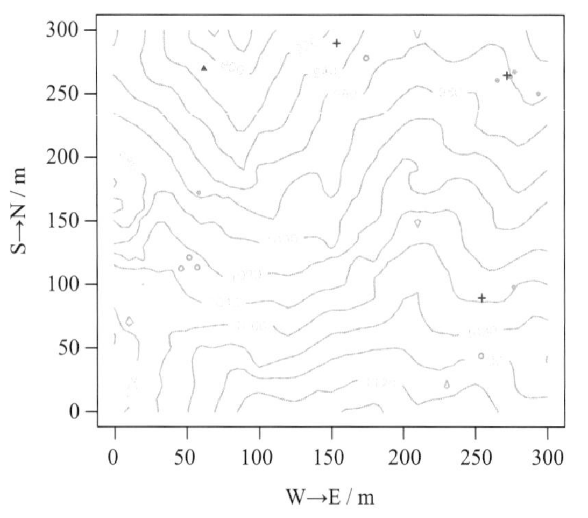

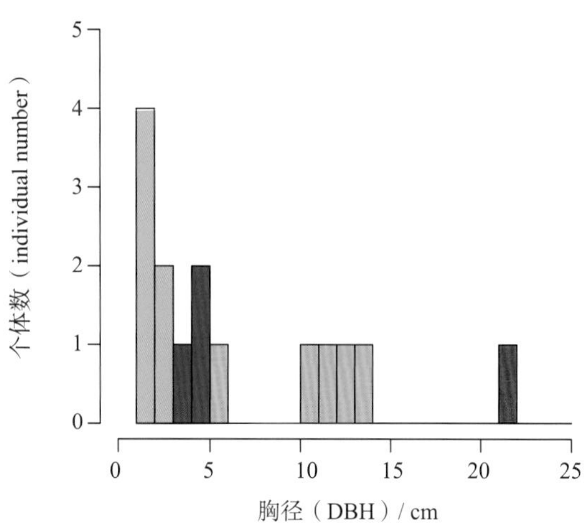

落叶灌木或小乔木。树皮呈深褐色。嫩枝具锈色柔毛，后脱落。叶片纸质，呈长圆形，有时呈倒披针形，长 3 ~ 10 cm，宽 1.5 ~ 3.5 cm，先端渐尖或尾尖，基部呈楔形，上面呈绿色，沿叶脉被锈色柔毛，后脱落近无毛，下面呈淡绿色，老时下面仅中脉疏生伏毛，侧脉纤细，3 或 4 对，不达叶边缘，上面稍凹，下面稍突起；叶柄长 3 ~ 10 mm。雌雄异株，花通常单生；雄花花萼 4 深裂，裂片呈披针形，长 5 ~ 7 mm，被伏毛，花冠呈坛状，白色，4 浅裂，裂片呈宽卵形，长约 2 mm，被伏毛，雄蕊 16 枚，具毛；雌花较雄花大，花萼 4 裂，裂片呈宽卵形，长约 1 cm，花冠呈坛状，白色，子房密被毛。浆果呈卵圆形至扁球形，直径 2 ~ 4 cm，幼时密被伏毛，后脱落，外表被白粉，成熟时呈黄色，光亮。种子呈长圆形，褐色，长约 1.4 cm，侧扁。花期为 5 月，果期为 9—10 月。

100　银钟花

***Halesia macgregorii* Chun**

安息香科　Styracaceae　银钟花属　*Halesia*

个体数（individual number/9 hm²）= 473 → 372 ↓

最大胸径（Max DBH）= 43.4 cm

重要值排序（importance value rank）= 27

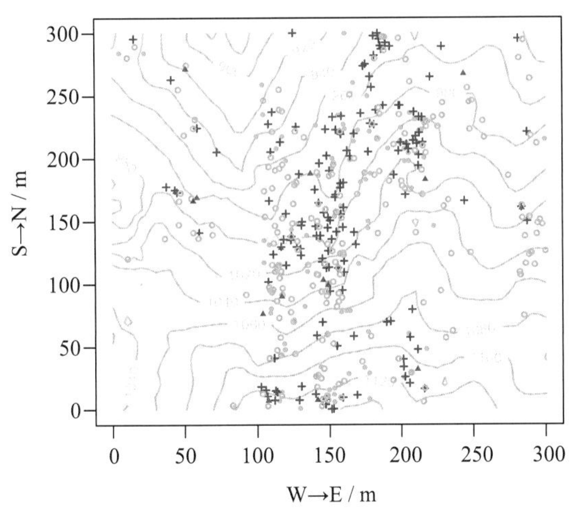

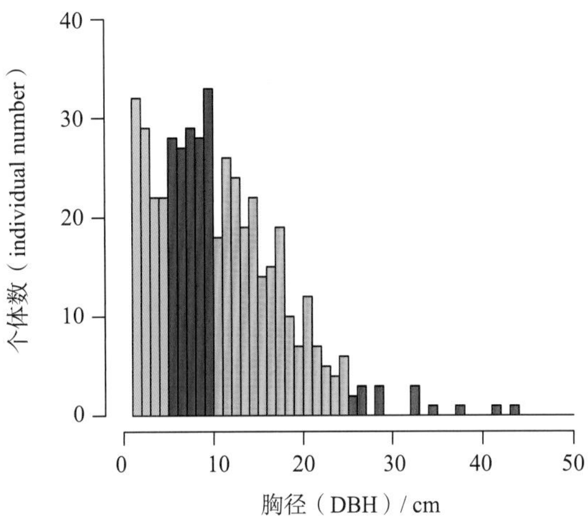

落叶乔木，高 6 ~ 10 m。树皮光滑，呈灰白色。叶片纸质，呈椭圆状长圆形至椭圆形，长 5 ~ 10 cm，宽 2.5 ~ 4 cm，边缘具细锯齿，上面无毛，下面脉腋有簇毛；叶柄长 7 ~ 15 mm。总状花序短缩，花 2 ~ 7 朵似簇生于去年小枝叶腋内，先于叶开放或与叶同放；花呈白色，有清香，常下垂，呈宽钟形，直径约 1.5 cm；花梗纤细；花萼筒呈倒圆锥形，萼齿呈三角状披针形；花冠 4 深裂；雄蕊 8 枚；花柱较花冠长，纤细，无毛，子房下位。果为干核果，呈椭圆形，长 2.5 ~ 3 cm，宽 2 ~ 3 cm，具 2 ~ 4 条宽纵翅，顶端具宿存花柱。种子呈长圆形。花期为 4 月，果期为 7—10 月。

101 拟赤杨（赤杨叶）

***Alniphyllum fortunei* (Hemsl.) Makino**

安息香科 Styracaceae 拟赤杨属 *Alniphyllum*

个体数（individual number/9 hm²）= 378 → 342 ↓

最大胸径（Max DBH）= 44.5 cm

重要值排序（importance value rank）= 15

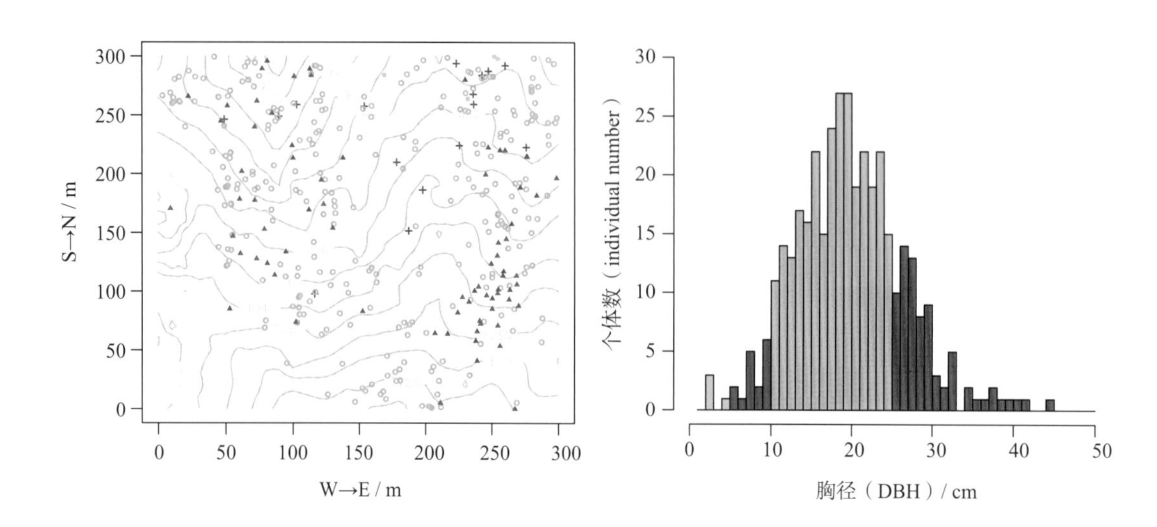

落叶乔木，高 15 ~ 20 m。树皮呈暗灰色，具灰白色斑块。小枝呈圆柱形，紫褐色，被黄色星状柔毛，后变无毛。单叶，互生；叶片纸质，呈椭圆形、长圆状椭圆形或倒卵形，长 8 ~ 18 cm，宽 4 ~ 10 cm，边缘具疏细锯齿，两面疏生星状毛；叶柄长约 1 cm。花序呈总状或圆锥状；花萼呈钟状，5 裂；花冠近白色或略带粉红色，长 1.2 ~ 1.5 cm，5 裂，裂片呈长圆形或椭圆形；雄蕊 10 枚，花丝基部合生成筒；子房近上位，被星状毛，5 室，胚珠多数。蒴果呈长椭圆形，长 1.5 ~ 2 cm，室背开裂。种子多数，两端具膜质翅，连翅长 6 ~ 10 mm。花期为 4—5 月，果期为 10—11 月。

102　红皮树（栓叶安息香）

***Styrax suberifolius* Hook. et Arn.**

安息香科　Styracaceae　安息香属　*Styrax*

个体数（individual number/9 hm^2）= 258 → 221 ↓

最大胸径（Max DBH）= 26.5 cm

重要值排序（importance value rank）= 52

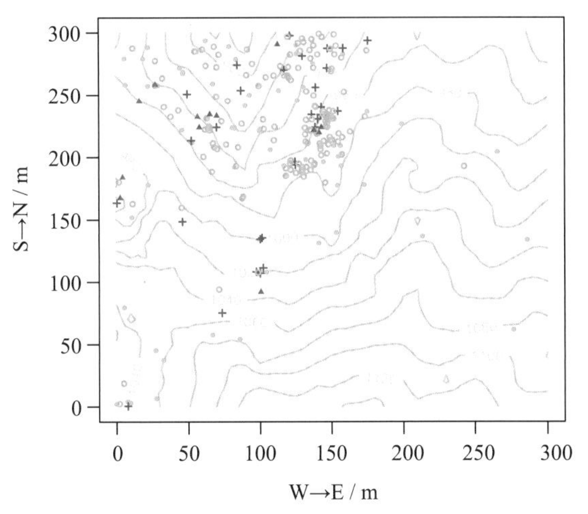

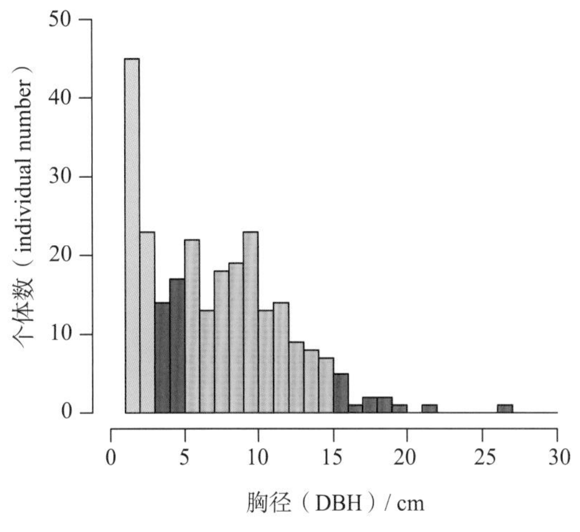

常绿灌木或小乔木，高 4 ~ 10 m。树皮呈红褐色。幼枝密被锈褐色星状绒毛；老枝渐变无毛。叶互生；叶片革质，长 6 ~ 16 cm，宽 3 ~ 6 cm，近全缘，下面密被锈色星状绒毛；叶柄长 7 ~ 15 mm。总状或圆锥花序，顶生或腋生，长 3 ~ 8 cm；花呈白色；花萼呈杯状，顶端平截或具 5 浅齿，密被星状短柔毛；花冠 4 或 5 裂；雄蕊 8 ~ 10 枚；子房 3 室，花柱细长，无毛。果实呈球形或近球形，直径 1 ~ 1.8 cm，密被灰色至褐色星状绒毛，成熟时从顶端向下 3 瓣开裂，具宿萼。种子呈褐色，表面近光滑。花期为 5—6 月，果期为 8—9 月。

103 郁香安息香（芬芳安息香）

Styrax odoratissimus **Champ.**

安息香科 Styracaceae 安息香属 *Styrax*

个体数（individual number/9 hm2）= 4 → 2 ↓

最大胸径（Max DBH）= 7.9 cm

重要值排序（importance value rank）= 158

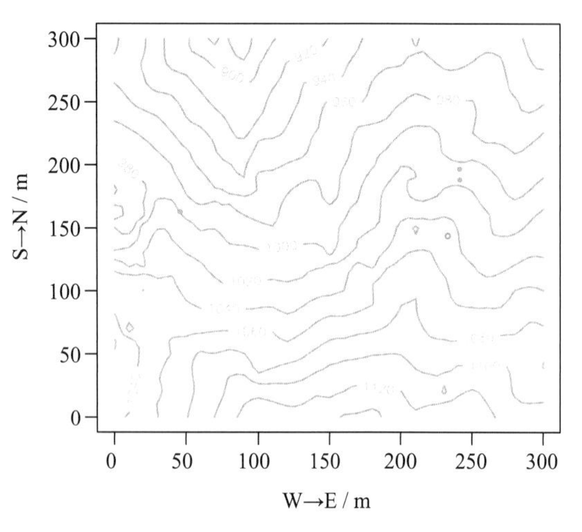

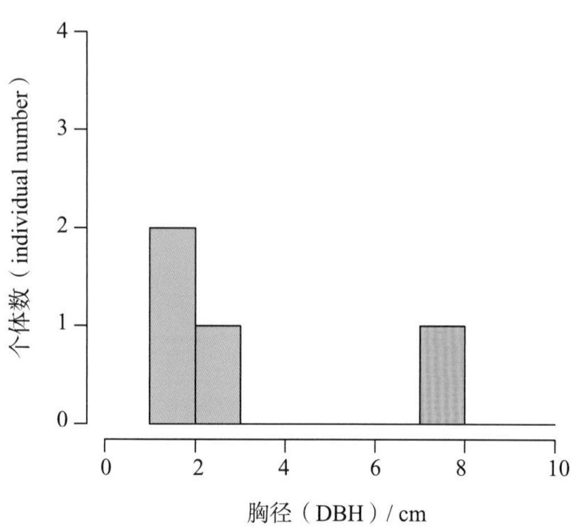

落叶灌木或小乔木，高 4 ~ 10 m。树皮呈灰褐色。叶互生；叶片薄革质，长 7 ~ 15 cm，宽 4 ~ 8 cm；叶柄长 3 ~ 7 mm。总状或圆锥花序具 2 ~ 6 朵花，顶生或腋生；花呈白色；花梗长 1.5 ~ 1.8 cm；花萼呈杯状，顶端具不明显 5 齿裂，外面密被黄色短绒毛，花冠裂片 5 深裂，花蕾时呈覆瓦状排列；雄蕊 10 枚，下部密被星状短柔毛；子房上位，3 室，基部贴生于花萼上，花柱被白色星状柔毛。果实近球形，直径约 10 mm，顶端具突尖，密被灰黄色星状绒毛。种子呈卵形，密被褐色鳞片状毛和瘤状突起。花期为 4—5 月，果期为 7—8 月。

104　垂珠花

***Styrax dasyanthus* Perk.**

安息香科　Styracaceae　安息香属　*Styrax*

个体数（individual number/9 hm^2）= 39 → 23 ↓

最大胸径（Max DBH）= 13.6 cm

重要值排序（importance value rank）= 97

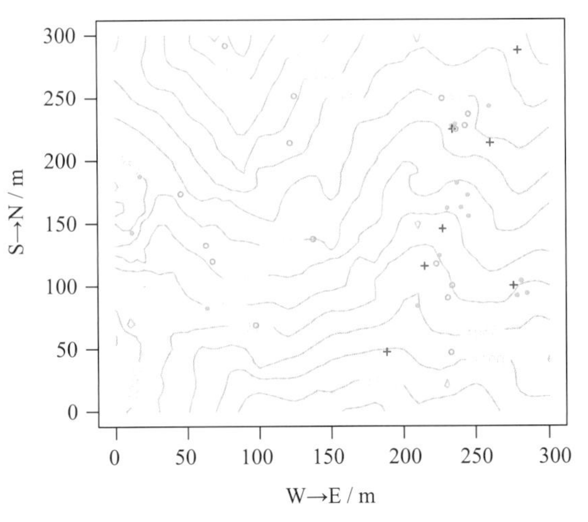

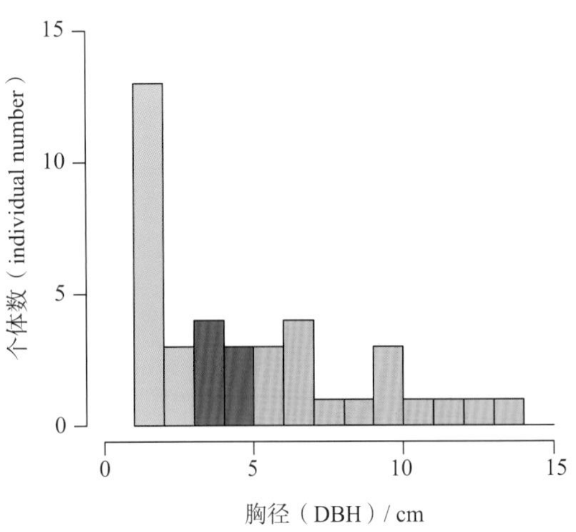

落叶灌木或小乔木。树皮呈暗灰色或灰褐色。小枝呈红褐色，嫩时被深褐色短柔毛。叶片厚纸质，长 5 ~ 13 cm，宽 2.5 ~ 6 cm，中部以上叶的边缘具稍内弯细锯齿。圆锥或总状花序，顶生或腋生，具多花，长 4 ~ 10 cm，下部常 2 至多朵花聚生于叶腋；花序梗和花梗均密被灰黄色星状细柔毛，花梗长 6 ~ 8 mm；花呈白色，长 10 ~ 17 mm；花萼呈钟状，顶端具 5 齿；花冠 5 深裂，花蕾时呈镊合状排列；花柱较花冠长。果实呈圆球形，直径 5 ~ 7 mm，被灰白色绒毛。种子呈黄褐色，表面具深皱纹。花期为 5—6 月，果期为 10—12 月。

105 华山矾

Symplocos chinensis **（Lour.） Druce**

山矾科 Symplocaceae 山矾属 *Symplocos*

个体数（individual number/9 hm^2）= 2 → 1 ↓

最大胸径（Max DBH）= 18.8 cm

重要值排序（importance value rank）= 170

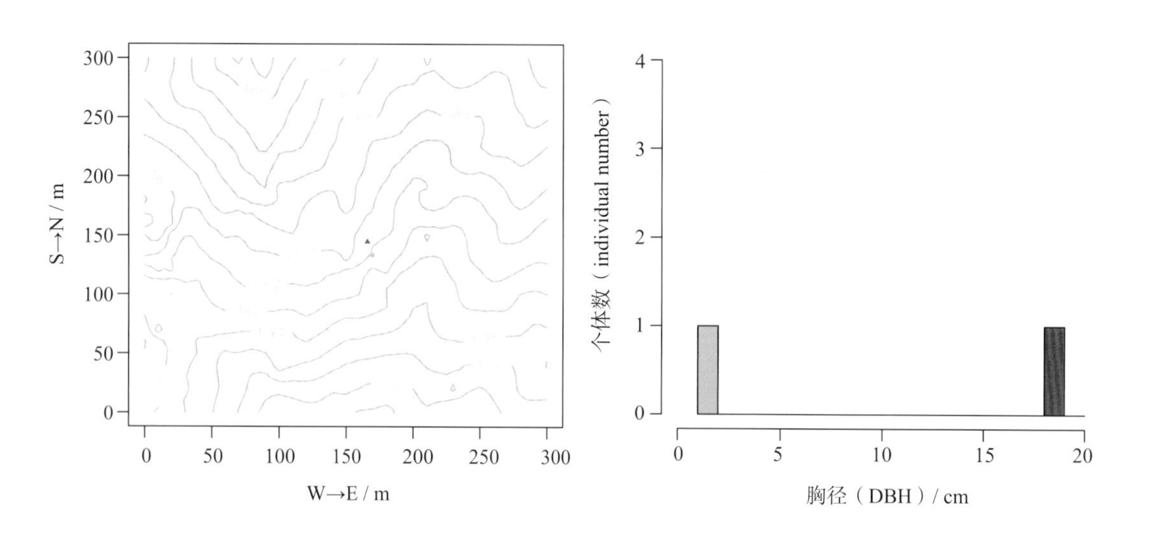

落叶乔木，高达 6 m。树皮呈灰褐色。小枝幼时密被灰黄色皱曲柔毛。叶片纸质，上面皱缩而不平整，下面被灰黄色皱曲柔毛，呈椭圆形或倒卵状椭圆形，长 3 ~ 9 cm，宽 3 ~ 6 cm，边缘具细锐锯齿；叶柄长 3 ~ 10 mm。圆锥花序生于新枝顶端，上部的花几无柄，下部的花具短柄；花萼筒外面密被长柔毛；花呈白色，芳香；雄蕊约 25 枚，长短不等，花丝基部合生成 5 体雄蕊；子房下位或半下位，无毛，2 室。核果成熟时呈黑色，直径约 6 mm，被紧贴柔毛，花萼宿存，呈鸟喙状。每室具 1 粒种子。花期为 5 月，果期为 6 月。

106 老鼠矢

***Symplocos stellaris* Brand**

山矾科 Symplocaceae 山矾属 *Symplocos*

个体数（individual number/9 hm^2）= 214 → 118 ↓

最大胸径（Max DBH）= 12.4 cm

重要值排序（importance value rank）= 56

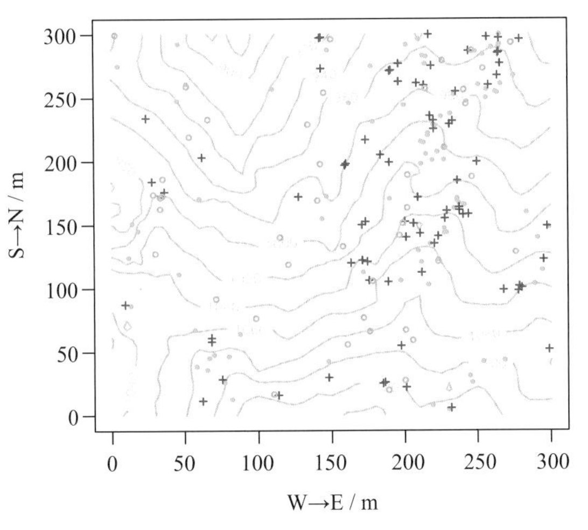

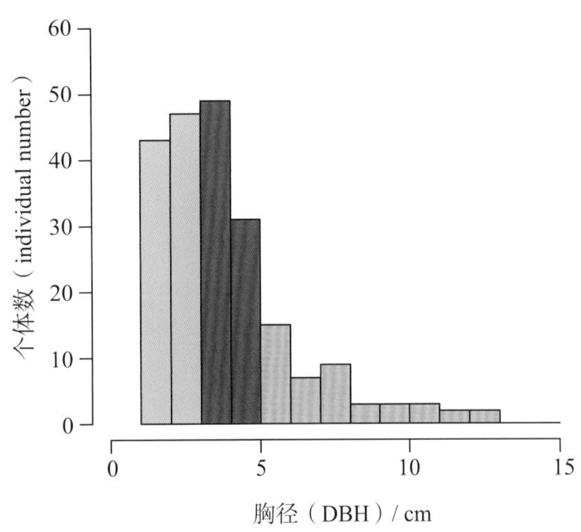

常绿小乔木。小枝粗，髓心中空，具横隔；芽、嫩枝、嫩叶柄、苞片和小苞片均被红褐色绒毛。叶片厚革质，呈狭长圆状椭圆形或披针状椭圆形，长 6 ~ 20 cm，宽 2 ~ 5 cm，上面有光泽，下面呈灰白色；叶柄有纵沟，长 1.5 ~ 2.5 cm。团伞花序着生于去年生枝的叶痕之上；花萼长约 3 mm，裂片 5 片，呈宽卵形；花冠呈白色，长 7 ~ 8 mm，5 深裂几达基部，裂片呈椭圆形，顶端有缘毛；雄蕊 18 ~ 25 枚，花丝基部合生成 5 束；花盘呈圆或狭卵形，长约 1 cm，顶端宿存的萼裂片直立，核具 6 ~ 8 条纵棱。花期为 4—5 月，果期为 6 月。

107 密花山矾

Symplocos congesta **Benth.**

山矾科 Symplocaceae 山矾属 *Symplocos*

个体数（individual number/9 hm^2）= 1 → 1

最大胸径（Max DBH）= 8.9 cm

重要值排序（importance value rank）= 183

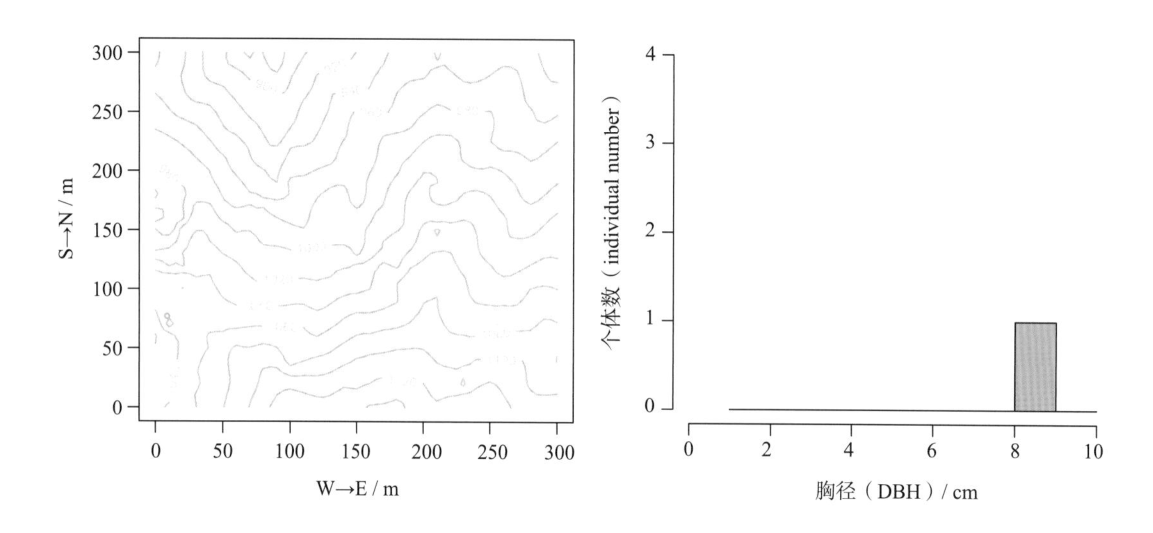

常绿乔木或灌木。幼枝、芽均被褐色皱曲柔毛，后变无毛。叶片薄革质，下面呈淡绿色，长椭圆形、狭卵状椭圆形或倒卵形，长 8 ~ 10（17）cm，宽 2 ~ 6 cm，通常全缘；叶柄长 1 ~ 1.5 cm。团伞花序腋生于近枝端叶腋，具 4 ~ 5 朵花；苞片和小苞片呈圆形，均被红褐色柔毛；花萼长 5 ~ 6 mm，裂片呈卵形或阔卵形，无毛；花冠呈白色，长 7 ~ 8 mm，5 深裂几达基部，裂片呈椭圆形或卵形；雄蕊约 60 枚，花丝基部稍连合；子房顶端无毛。核果成熟时呈紫蓝色，多汁，圆柱形，长 8 ~ 13 mm，顶端的宿萼直立，核约具 10 条纵棱。花期为 10—11 月，果期为次年 1—2 月。

108　薄叶山矾

***Symplocos anomala* Brand**

山矾科　Symplocaceae　山矾属　*Symplocos*

个体数（individual number/9 hm²）= 713 → 620 ↓

最大胸径（Max DBH）= 19.8 cm

重要值排序（importance value rank）= 32

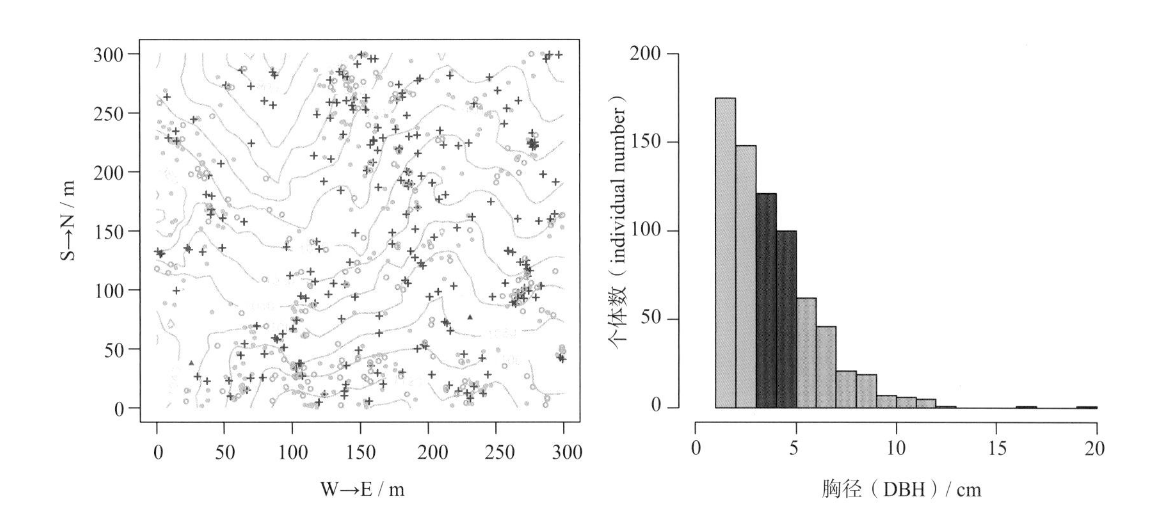

常绿小乔木，高达 7 m。顶芽、嫩枝被褐色短绒毛，后变无毛；老枝通常呈黑褐色。叶片薄革质，多为狭椭圆状披针形、稀卵形或倒披针形，长 5 ~ 9 cm，宽 1.5 ~ 3 cm，边缘全缘或疏生浅的圆钝锯齿；叶柄长 3 ~ 5 mm。总状花序腋生，基部不分枝，长 1 ~ 1.5 cm，通常具 5 ~ 8 朵花；花萼长 2 ~ 2.3 mm，被微柔毛，5 裂，裂片呈半圆形，与萼筒等长，有缘毛；花冠呈白色，有芳香，5 深裂几达基部，长 4 ~ 5 mm；雄蕊约 30 枚，花丝基部稍合生；花盘呈环状，被柔毛；子房 3 室，顶端微被柔毛。核果呈褐色，长圆形，长 7 ~ 10 mm，被短柔毛，宿萼直立，核具明显纵棱。花期为 8—9 月，果期为次年 4—5 月。

109 光亮山矾（四川山矾）

***Symplocos lucida*（Thunb.）Siebold ex Zucc.**

山矾科 Symplocaceae 山矾属 *Symplocos*

个体数（individual number/9 hm^2）= 250 → 201 ↓

最大胸径（Max DBH）= 18.8 cm

重要值排序（importance value rank）= 49

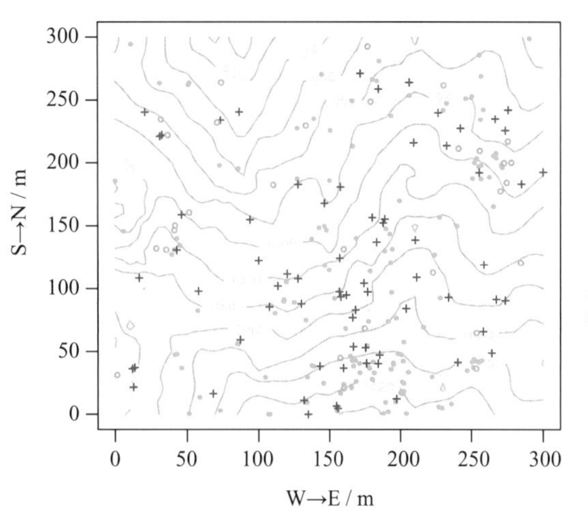

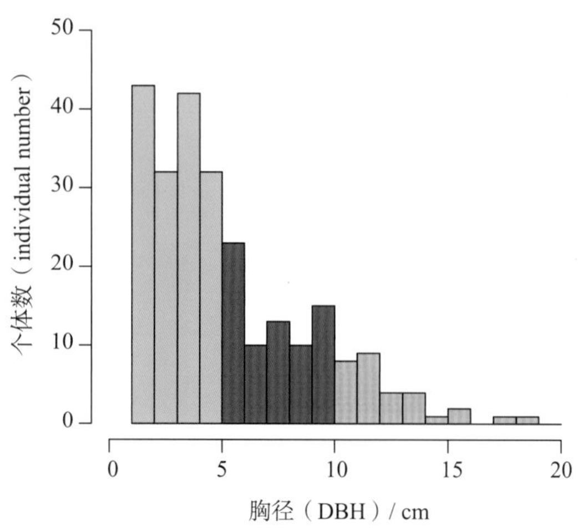

常绿乔木。小枝粗壮，呈黄绿色，具棱，无毛。叶片革质，呈长椭圆形或倒卵状长椭圆形，长 6 ~ 9（13）cm，宽 2 ~ 5 cm，边缘疏生锯齿或波状浅锯齿；叶柄长 8 ~ 15 mm。短穗状花序或短缩成密伞状，通常基部有分枝；花序轴具短柔毛；苞片呈阔卵形，长约 2 mm；花萼长约 4 mm，裂片呈长圆形；花冠呈白色，长约 4 mm，5 深裂几达基部；雄蕊 10 ~ 50 枚，长短不等，基部合生成 5 体雄蕊；子房 3 室，被白色柔毛。核果呈椭圆形，长 10 ~ 15 mm，宽约 6 mm，顶端具直立的宿萼，核无棱。花期为 3—5 月，果期为 5—10 月。

110　黄牛奶树

Symplocos theophrastifolia **Siebold et Zucc.**

山矾科　Symplocaceae　山矾属　*Symplocos*

个体数（individual number/9 hm^2）= 56 → 45 ↓

最大胸径（Max DBH）= 22.7 cm

重要值排序（importance value rank）= 85

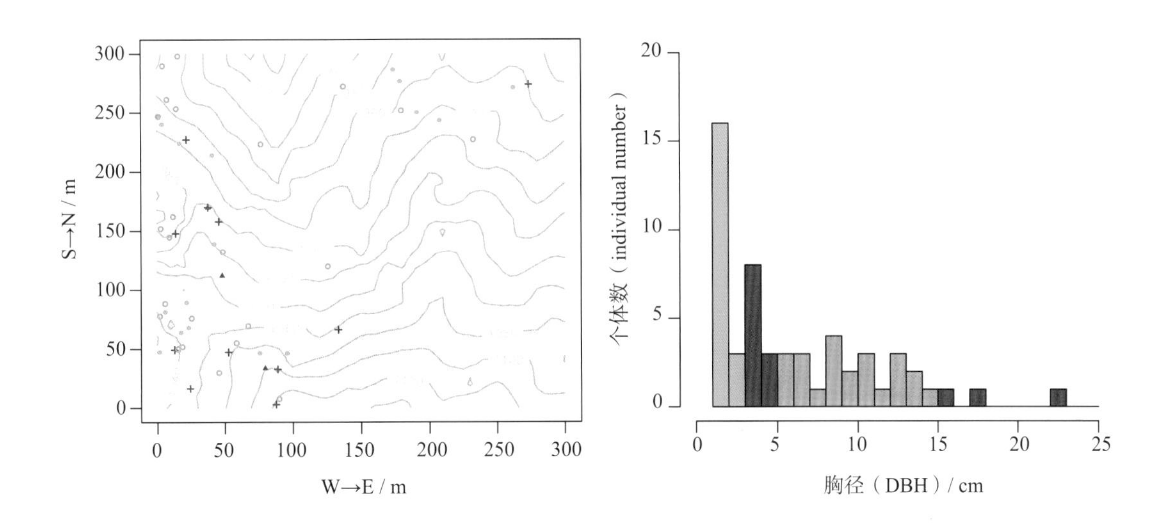

常绿小乔木，高 4 ~ 12 m。芽、幼枝、花序轴及苞片均被灰褐色短柔毛。叶片革质，呈椭圆形、狭长椭圆形或倒卵状椭圆形，长 5.5 ~ 11（21） cm，宽 2.5 ~ 7 cm，先端渐尖至长渐尖，基部呈楔形或宽楔形，边缘具细小钝锯齿；叶柄长 8 ~ 15 mm。穗状花序顶生或腋生，长 5 ~ 8 cm，基部常分枝；花萼 5 裂；花冠呈白色，裂片 5 片，深裂至近基部；雄蕊约 30 枚，基部合生成不明显的 5 体雄蕊。核果近球形，直径约 5 mm，宿萼直立。花期为 6—8 月，果期为 9—10 月。

111 光叶山矾

Symplocos lancifolia Sieb. et Zucc.

山矾科 Symplocaceae 山矾属 *Symplocos*

个体数（individual number/9 hm²）= 31 → 25 ↓

最大胸径（Max DBH）= 8.4 cm

重要值排序（importance value rank）= 114

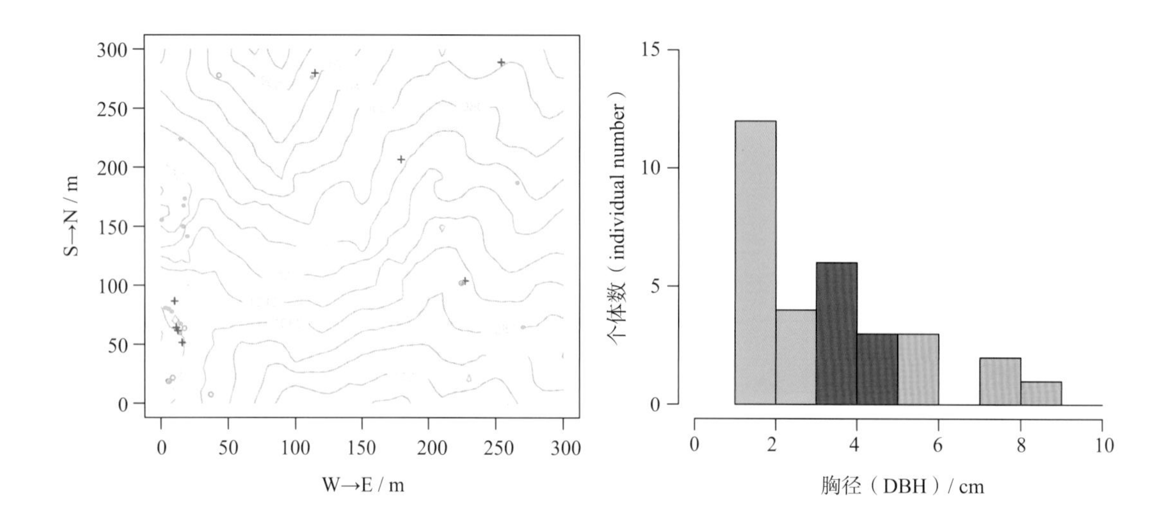

常绿小乔木。芽、嫩枝、嫩叶背面脉上、花序均被黄褐色柔毛；小枝细长，呈黑褐色，无毛。叶片纸质或薄革质，呈狭卵形至宽披针形，长 3 ~ 6（9） cm，宽 1.5 ~ 4 cm，先端尾状渐尖，边缘具稀疏浅钝锯齿；叶柄长约 3 mm。穗状花序腋生，不分枝，长 1.5 ~ 6 cm；花萼长 1.6 ~ 2.5 mm，5 裂，裂片呈卵形，顶端圆，背面被微柔毛，等长或稍长于萼筒，萼筒无毛；花冠呈淡黄色，5 深裂几达基部，裂片呈椭圆形，长 2.5 ~ 4 mm；雄蕊约 25 枚，花丝基部稍合生成不明显的 5 体雄蕊；子房 3 室，顶端无毛。核果近球形，绿色，直径约 4 mm，宿萼直立，核无纵棱。花期为 4—5 月，果期为 6—8 月。

112　总状山矾

***Symplocos botryantha* Franch.**

山矾科　Symplocaceae　山矾属　*Symplocos*

个体数（individual number/9 hm^2）= 199 → 159 ↓

最大胸径（Max DBH）= 21.1 cm

重要值排序（importance value rank）= 55

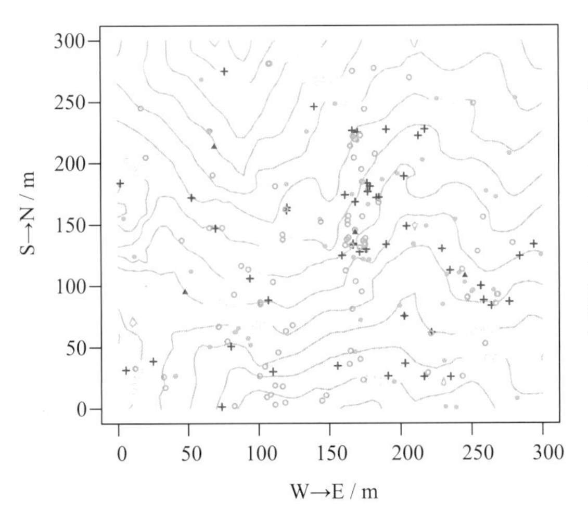

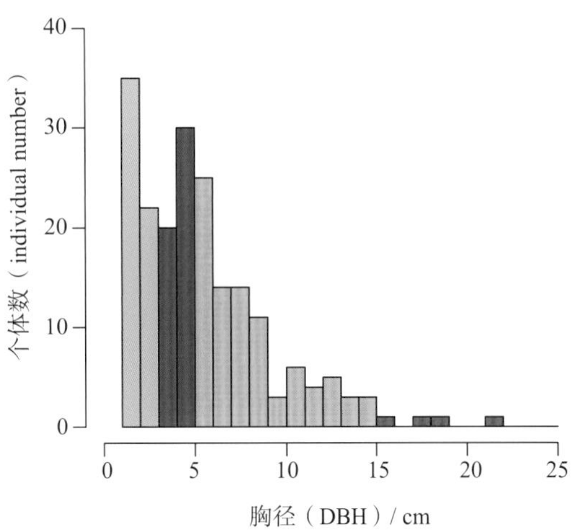

常绿灌木或小乔木。嫩枝呈绿色，无毛。叶片厚革质，呈长椭圆形、卵形或倒卵形，长 6 ~ 11（14）cm，宽 3 ~ 6 cm，先端短尾尖，边缘具波状齿；叶柄长 1.5 ~ 2 cm。总状花序腋生，长 5 ~ 8 cm；花萼长约 2 mm，裂片呈三角状卵形；花冠呈白色，长 7 ~ 9 mm，5 深裂几达基部，裂片呈倒卵状长圆形；雄蕊约 35 枚；子房顶端无毛，花柱长 7 mm，柱头呈头状。核果呈坛状，长 0.8 ~ 1.2 cm，宿萼直立或稍内弯，核约具 10 条纵棱。花期为 4—5 月，果期为 7—8 月。

113 黑山山矾（桂樱山矾）

Symplocos prunifolia **Siebold et Zucc.**

山矾科 Symplocaceae 山矾属 *Symplocos*

个体数（individual number/9 hm²）= 248 → 178 ↓

最大胸径（Max DBH）= 21.4 cm

重要值排序（importance value rank）= 50

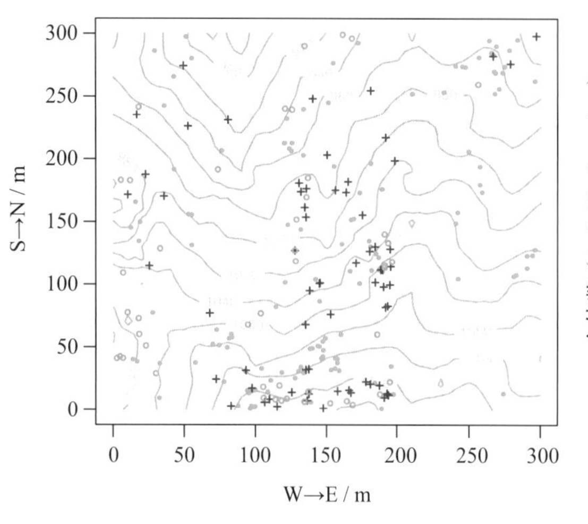

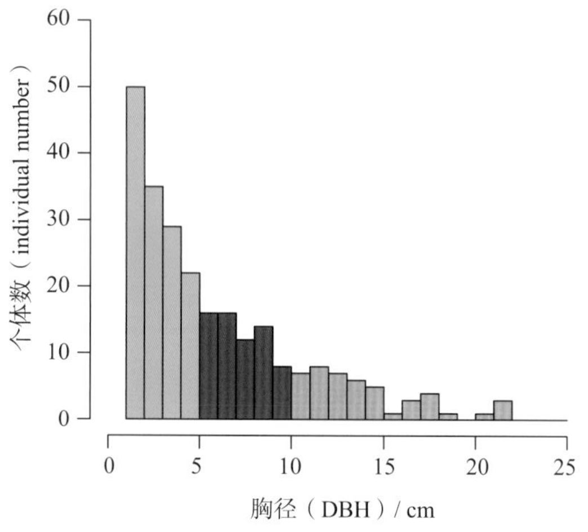

常绿乔木。小枝上散生黑色斑点。芽、叶柄、花序均被细柔毛。叶常聚集于枝上端；叶片革质，干后呈橄榄绿色，倒披针状椭圆形或狭椭圆形，长 6 ~ 12 cm，宽 2.5 ~ 4 cm，顶端尾状渐尖，基部呈楔形，全缘或具稀疏浅锯齿，中脉在上面凹陷。总状花序长 2 ~ 3.5 cm；苞片呈半圆形，宿存；花萼长约 1.5 mm，萼筒无毛，裂片有微柔毛和睫毛；花冠呈白色，长约 3 mm，5 深裂至近基部；雄蕊 25 ~ 35 枚，花丝基部稍合生；子房顶端无毛。核果呈狭卵形，基部稍偏斜，长 6 ~ 8 mm，成熟时呈紫黑色，宿萼直立，核约具 10 条纵棱。花期为 5 月，果期为 6—7 月。

114　山矾（尾叶山矾）

***Symplocos caudata* Wall. ex G. Don**

山矾科　Symplocaceae　山矾属　*Symplocos*

个体数（individual number/9 hm^2）= 57 → 34 ↓

最大胸径（Max DBH）= 15.0 cm

重要值排序（importance value rank）= 96

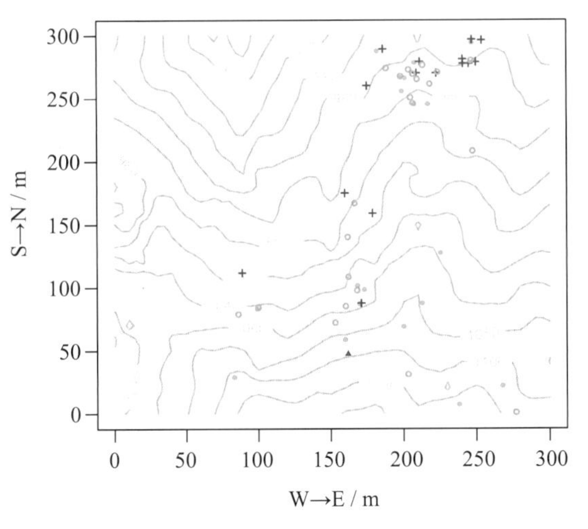

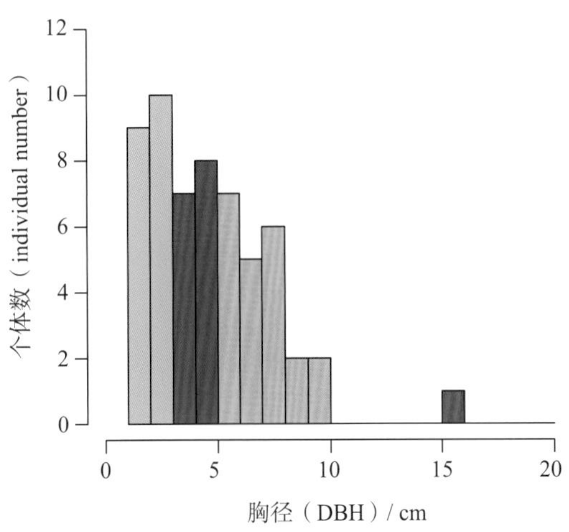

常绿灌木或小乔木。嫩枝呈绿色或褐色。叶片薄革质，呈卵形、卵状披针形或椭圆形，长 3.5 ~ 8 cm，宽 1.5 ~ 5 cm，先端尾状渐尖或急尖，基部呈楔形或圆形，具浅锯齿或波状齿，有时近全缘；叶柄长 0.5 ~ 1 cm。总状花序长 2.5 ~ 8 cm，被开展柔毛；花萼长 2 ~ 2.5 mm，萼筒呈倒圆锥形，无毛，裂片呈三角状卵形，等长或稍短于萼筒，背面有微柔毛；花冠呈白色，5 深裂几达基部，长 4 ~ 8 mm，裂片背面有微柔毛；雄蕊 15（25）~ 35 枚，花丝基部稍合生；花盘呈环状，无毛；子房 3 室。核果呈卵状坛形，长 7 ~ 10 mm，外果皮薄而脆，宿萼直立，有时脱落。花期为 3—5 月，果期为 6—8 月。

115 南岭山矾

***Symplocos confusa* Brand**

山矾科 Symplocaceae 山矾属 *Symplocos*

个体数（individual number/9 hm^2）= 9 → 7 ↓

最大胸径（Max DBH）= 16.1 cm

重要值排序（importance value rank）= 152

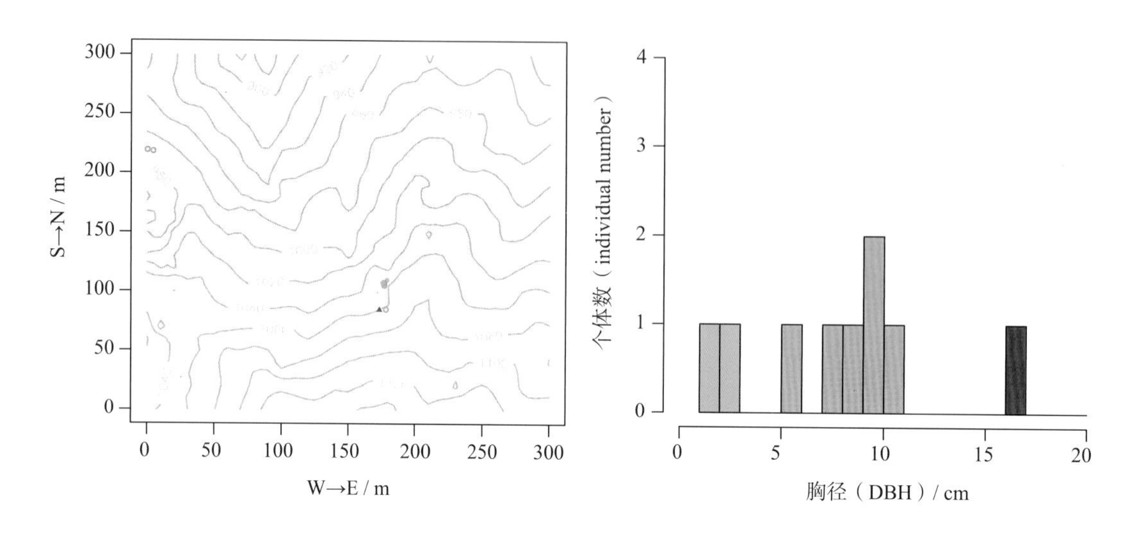

常绿小乔木。芽、花序、苞片及花萼均被灰色或灰黄色柔毛。叶片薄革质，呈宽椭圆形或倒卵状椭圆形，稀卵圆形，长 5 ~ 12 cm，宽 2 ~ 4.5 cm，全缘或具疏锯齿；叶柄长 1 ~ 2 cm。总状花序长 1 ~ 4.5 cm；花梗长 3 ~ 5 mm；花萼呈钟形；花冠呈白色，5 深裂至中部；雄蕊 40 ~ 50 枚，花丝粗而扁平，具细锯齿，基部连合，着生于花冠喉部；花盘呈环状，有细柔毛；子房 2 室，花柱长约 5 mm，粗壮，呈圆柱形，疏被细柔毛，柱头呈半球形。核果呈卵形，顶端圆，长 4 ~ 5 mm，外面被柔毛，宿萼直立或内弯。花期为 6—8 月，果期为 9—11 月。

116 崖花海桐（海金子、狭叶海金子）

Pittosporum illicioides **Makino**

海桐花科 Pittosporaceae 海桐花属 *Pittosporum*

个体数（individual number/9 hm^2）= 7 → 6 ↓

最大胸径（Max DBH）= 3.1 cm

重要值排序（importance value rank）= 142

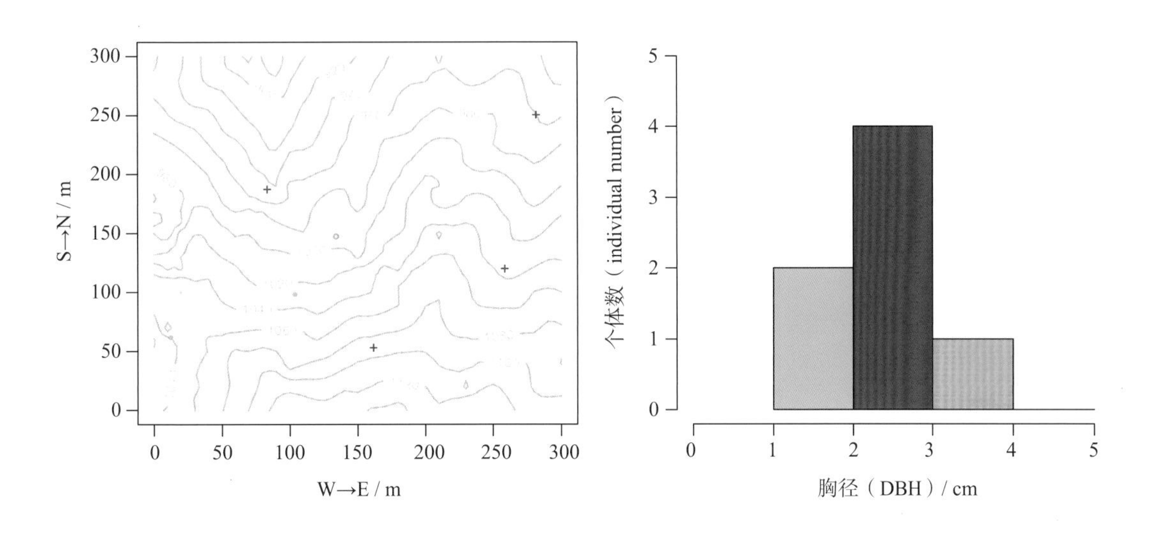

常绿灌木或小乔木。枝和嫩枝光滑无毛，有皮孔，上部枝条有时近轮生。叶互生；叶片薄革质，呈倒卵状披针形，长 5 ~ 10 cm，宽 2.5 ~ 4.5 cm，边缘平展或略皱褶成微波状，干后有光泽，无毛，侧脉下面微隆起，细脉明显。伞形花序生于当年生枝端或叶腋，具 1 ~ 12 朵花；花梗长 2 ~ 4 cm，纤细下垂；苞片细小，早落；萼片 5 片，基部连合；花瓣 5 枚，呈长匙形，淡黄色，基部连合；雄蕊 5 枚，长约 6 mm，花药 2 室，纵裂；子房密被短毛，子房柄短，心皮 3 枚。蒴果近圆球形，直径 9 ~ 12 mm，纵沟 3 条；果瓣薄革质，厚不及 1 mm。种子呈红色，长约 3 mm。花期为 4—5 月，果期为 6—10 月。

117 粗枝绣球（蜡莲绣球、乐思绣球）

Hydrangea robusta **Hook. F. et Thoms**

绣球花科 Hydrangeaceae 绣球属 *Hydrangea*

个体数（individual number/9 hm^2）= 1 → 0 ↓

最大胸径（Max DBH）= 2.0 cm

重要值排序（importance value rank）= 189

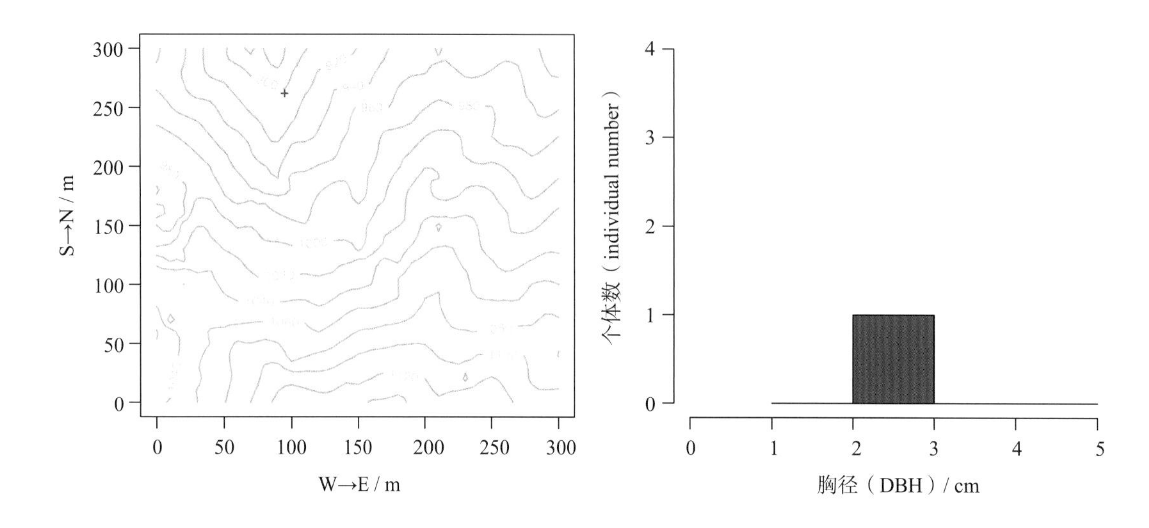

落叶灌木或小乔木。小枝呈褐色，常四棱形，密被棕黄色短糙伏毛。叶片纸质，呈椭圆形或长卵形，长 7 ~ 23 cm，宽 3 ~ 13 cm，先端长渐尖或急尖，基部呈阔楔形或圆形，边缘具不规则重锯齿，叶背密被灰白色短柔毛和稀疏的褐色硬毛，脉上的毛更粗长，叶上面被糙伏毛；伞房状聚伞花序密被褐黄色短粗毛；不孕花萼片 4 片，呈宽卵形、圆形或倒卵形，边缘粗齿，稀全缘；孕性花萼筒呈杯状，萼齿呈卵状三角形，花瓣呈卵状披针形，离生，雄蕊 10 ~ 14 枚，不等长，子房下位，花柱 2 或 3 根，下弯。蒴果呈杯状，先端截形，花柱宿存。种子呈红褐色，两端具翅，种皮具条纹脉，花期和果期为 7—11 月。

118　中国绣球

***Hydrangea chinensis* Maxim.**

绣球花科　Hydrangeaceae　绣球属　*Hydrangea*

个体数（individual number/9 hm^2）= 16 → 14 ↓

最大胸径（Max DBH）= 1.7 cm

重要值排序（importance value rank）= 126

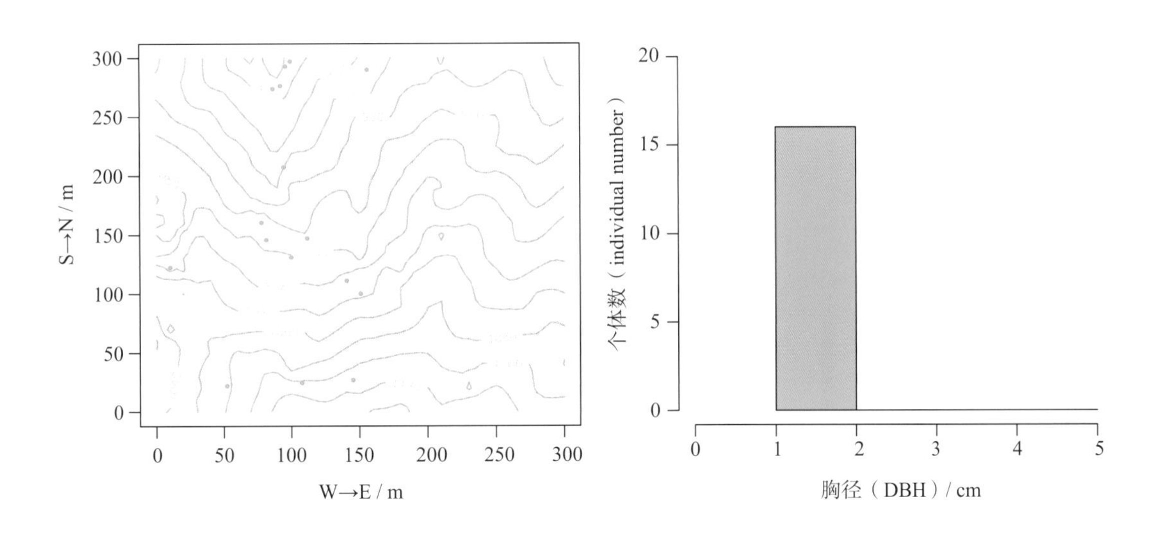

落叶灌木，高 1 ~ 1.5 m。小枝呈灰黄色至红褐色，疏被粗伏毛，后无毛。叶对生；叶片呈卵形，长 4 ~ 8 cm，宽 2 ~ 5 cm，或中部以上具稀疏小齿，无毛或仅脉上被伏毛，脉腋常有白色簇毛。伞房状聚伞花序无花序梗，被短柔毛；花序第一级辐射枝 5 条；不孕花缺或少数，具 3 或 4 枚萼瓣，全缘或具稀疏圆齿；孕性花萼呈筒杯状，疏被伏毛，萼裂片呈三角状卵形，花瓣呈白色或黄色，倒卵状披针形，子房半上位，花柱 3 或 4 根，柱头常膨大，宿存。蒴果呈卵球形，一半以上突出于萼筒之外，顶端孔裂。种子呈褐色，无翅。花期和果期为 5—10 月。

119 峨眉鼠刺（牛皮桐、矩形叶鼠刺）

***Itea omeiensis* C. K. Schneider**

茶藨子科 Grossulariaceae 鼠刺属 *Itea*

个体数（individual number/9 hm^2）= 841 → 297 ↓

最大胸径（Max DBH）= 9.4 cm

重要值排序（importance value rank）= 39

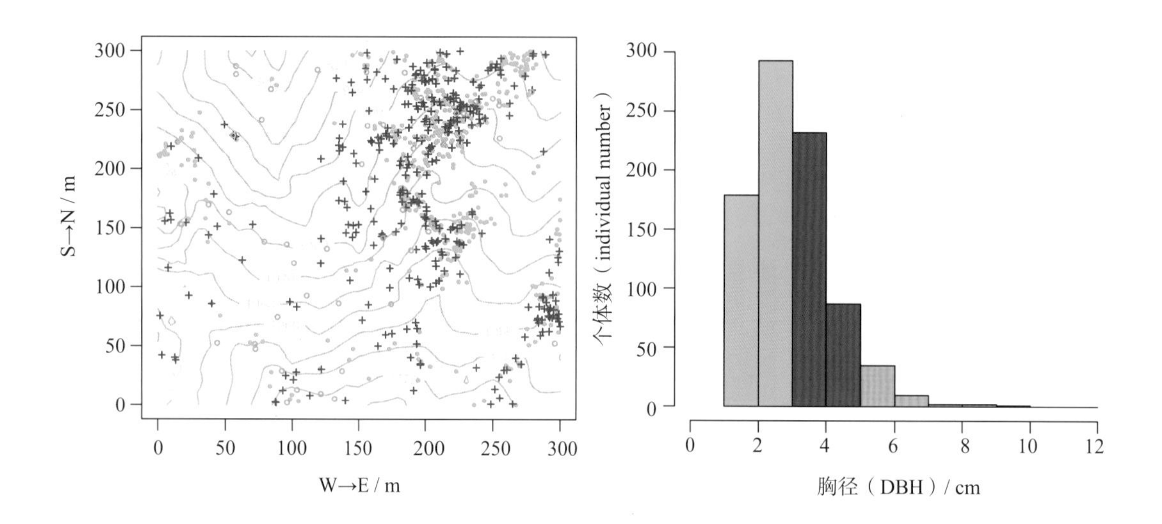

常绿灌木或小乔木。小枝呈黄绿色，无毛，老枝呈褐色，有纵棱。叶互生；叶片薄革质，呈长圆形，长 7 ~ 13 cm，宽 3 ~ 6 cm，先端急尖或渐尖，基部呈楔形至圆形，边缘具细密锯齿，两面无毛，上面呈深绿色，下面呈淡绿色；叶柄长 1 ~ 1.7 cm。总状花序腋生，单生或 2 ~ 3 个簇生，被微柔毛；萼片呈狭披针形，长约 1.5 mm，无毛或被微柔毛，宿存；花瓣呈披针形，长约 3 mm；雄蕊略超出花冠；子房上位，被白色微柔毛。蒴果呈深褐色，狭圆锥形，长 7 ~ 9 mm，顶端有喙，2 瓣裂。花期为 4—6 月，果期为 6—11 月。

120　石楠

***Photinia serratifolia*（Desf.）Kalkman**

蔷薇科　Rosaceae　石楠属　*Photinia*

个体数（individual number/9 hm^2）= 26 → 19 ↓

最大胸径（Max DBH）= 19.2 cm

重要值排序（importance value rank）= 111

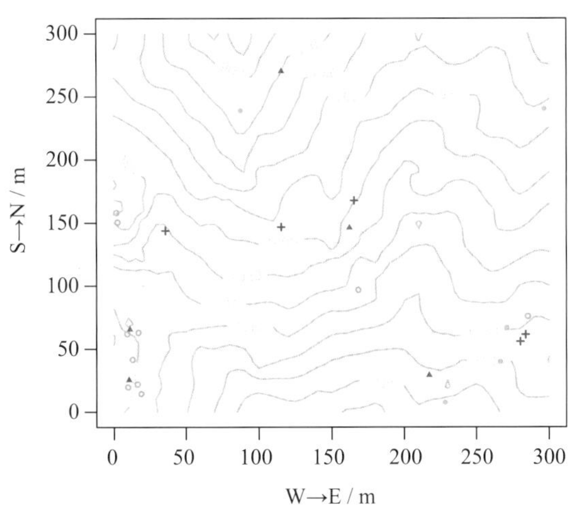

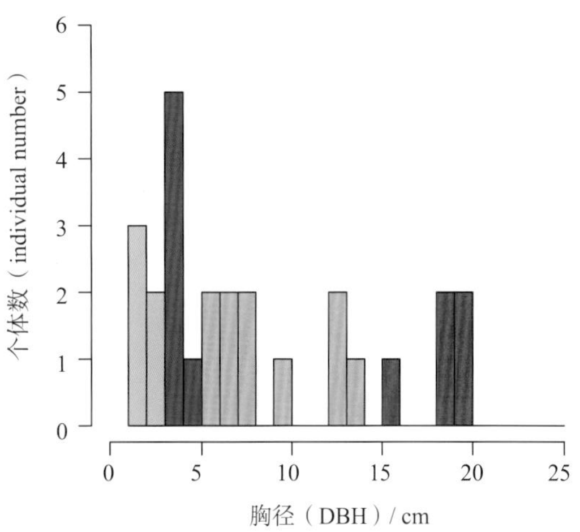

常绿灌木或小乔木，高 4 ~ 6 m。小枝呈灰褐色，无毛。叶片厚革质，呈长椭圆形、长倒卵形或倒卵状椭圆形，长 9 ~ 22 cm，宽 3 ~ 7 cm，先端急尖至尾尖，基部呈圆形或宽楔形，边缘疏生具腺细锯齿，近基部全缘，幼苗或萌芽枝的叶片边缘的锯齿锐尖，呈硬刺状，侧脉 25 ~ 30 对；叶柄粗壮，长 2 ~ 4 cm，幼时有绒毛。复伞房花序顶生，直径 10 ~ 16 cm，花密集；花序梗和花梗无毛；花直径 6 ~ 8 mm；被丝托杯状，无毛；萼片呈宽三角形，无毛；花瓣呈白色，两面无毛；雄蕊 20 枚，外轮较花瓣长，内轮较花瓣短；子房顶端有长柔毛，花柱 2 根，稀 3，基部合生。果实呈红色，球形，直径 5 ~ 6 mm。种子呈棕色，卵形，平滑。花期为 4—5 月，果期为 10 月。

121 光叶石楠

Photinia glabra **(Thunb.) Maxim.**

蔷薇科 Rosaceae 石楠属 *Photinia*

个体数 (individual number/9 hm^2) = 1 375 → 1 114 ↓

最大胸径 (Max DBH) = 14.2 cm

重要值排序 (importance value rank) = 19

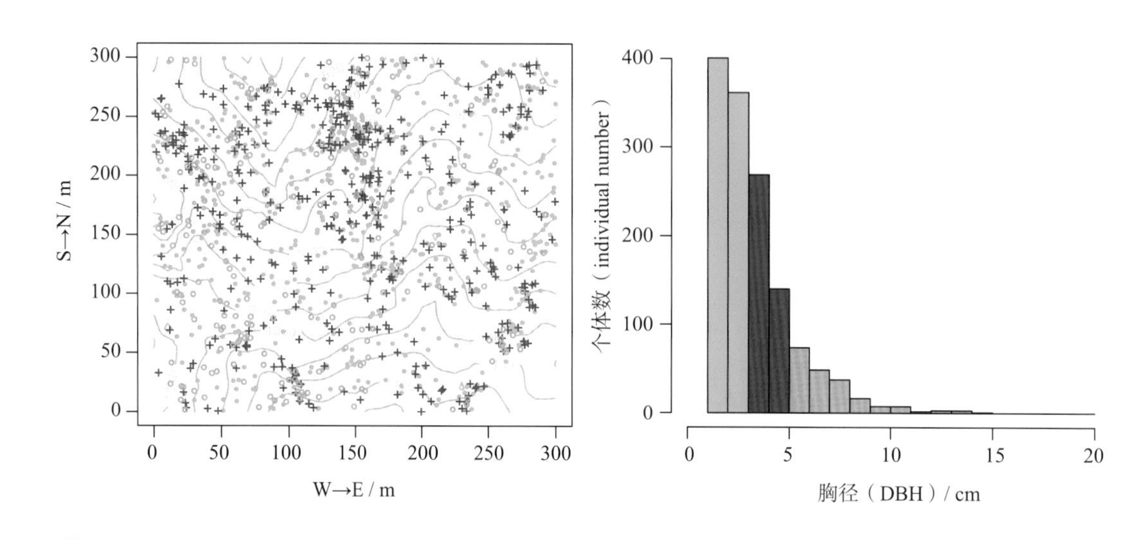

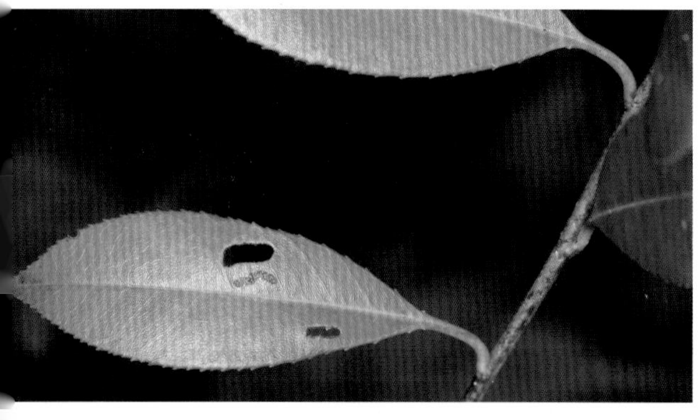

常绿小乔木或灌木状，高 3 ~ 5 m，有时可达 7 m。顶芽小，长不超过 0.5 cm。叶片革质，呈绿色或红色，长圆状倒卵形、椭圆形或长圆形，长 5 ~ 9 cm，宽 2 ~ 4 cm，先端渐尖，基部呈楔形，边缘疏生浅钝细锯齿，两面无毛，侧脉 10 ~ 18 对；叶柄长 1 ~ 2 cm，无毛。复伞房花序顶生，直径 5 ~ 10 cm；花序梗和花梗均无毛；花直径 7 ~ 8 mm；被丝托杯状，无毛；萼片呈三角形，长约 1 mm，先端急尖，外面无毛，内面有柔毛；花瓣呈白色，倒卵形，反卷，长约 3 mm，先端圆钝，具短瓣柄，内面基部有白色绒毛；雄蕊 20 枚，与花瓣等长或稍短；子房顶端有柔毛，花柱 2 根，稀 3，离生或下部合生。果实呈红色，卵形，长约 5 mm，无毛。花期为 4—5 月，果期为 9—10 月。

122　中华石楠

***Photinia beauverdiana* C.K. Schneid.**

蔷薇科　Rosaceae　石楠属　*Photinia*

个体数（individual number/9 hm^2）= 108 → 69 ↓

最大胸径（Max DBH）= 14.1 cm

重要值排序（importance value rank）= 75

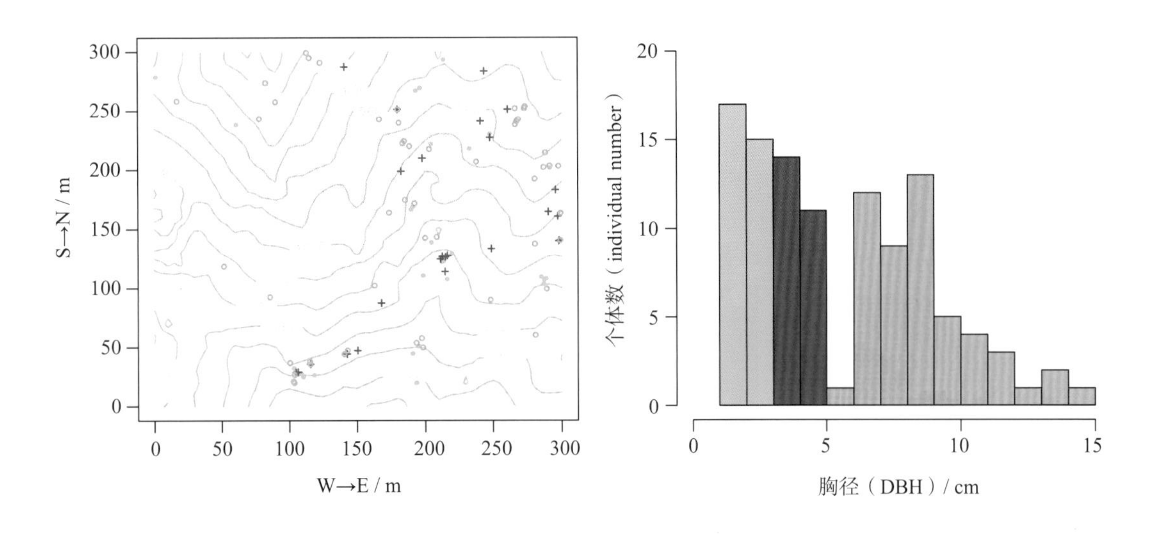

落叶灌木或小乔木，高 3 ~ 10 m。小枝呈紫褐色，散生灰色皮孔，无毛。叶片薄纸质，呈长圆形、倒卵状长圆形或卵状披针形，长 5 ~ 13 cm，宽 2 ~ 6 cm，先端渐尖，基部呈圆形或楔形，边缘疏生具腺锯齿，上面光亮无毛，下面沿中脉疏生柔毛，侧脉 9 ~ 14 对；叶柄长 5 ~ 10 mm，微有柔毛。复伞房花序顶生，具多数花，直径 5 ~ 7 cm；花序梗和花梗无毛，密生疣点；花直径 5 ~ 7 mm；被丝托杯状，外面微有毛；萼片呈三角形；花瓣呈白色，卵形或倒卵形，先端圆钝，无毛；雄蕊 20 枚；花柱 2 或 3 根，基部合生。果实呈紫红色，卵形，长 7 ~ 8 mm，直径 5 ~ 6 mm，微有疣点；萼片宿存。花期为 5 月，果期为 7—8 月。

123　毛叶石楠

***Photinia villosa*（Thunb.）DC.**

蔷薇科　Rosaceae　石楠属　*Photinia*

个体数（individual number/9 hm^2）= 111 → 69 ↓

最大胸径（Max DBH）= 15.4 cm

重要值排序（importance value rank）= 72

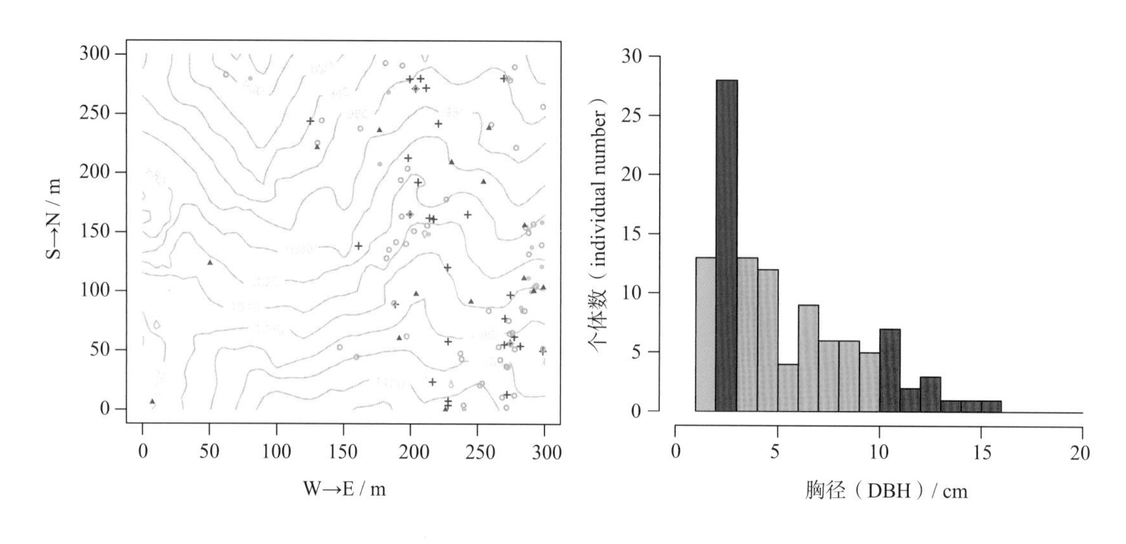

落叶灌木或小乔木，2 ~ 5 m。叶片呈倒卵形或长圆状倒卵形，长 3 ~ 8 cm，宽 2 ~ 4 cm，先端尾尖，基部呈楔形，边缘上半部密生锐齿，两面初被白色长柔毛，后脱落至无毛或仅下面叶脉有毛，侧脉 5 ~ 7 对；叶柄长 1 ~ 5 mm，有长柔毛。伞房花序顶生，具 10 ~ 20 朵花；花序梗和花梗有长柔毛，花梗长 1 ~ 2.5 cm，果时密生疣点；花直径 7 ~ 12 mm；被丝托与萼片外面有长柔毛；花瓣呈白色，近圆形，内面基部具柔毛，有短瓣柄；雄蕊 20 枚；子房顶端密生白色柔毛，花柱 3 根，离生，无毛。果实呈红色或橙红色，椭圆形、卵形或近球形，长 8 ~ 10 mm，稍具柔毛或无毛；宿萼直立。花期为 4—5 月，果期为 7—9 月。

124 小叶石楠

***Photinia parvifolia*（Pritz.）C.K. Schneid.**

蔷薇科 Rosaceae 石楠属 *Photinia*

个体数（individual number/9 hm^2）= 43 → 25 ↓

最大胸径（Max DBH）= 5.9 cm

重要值排序（importance value rank）= 103

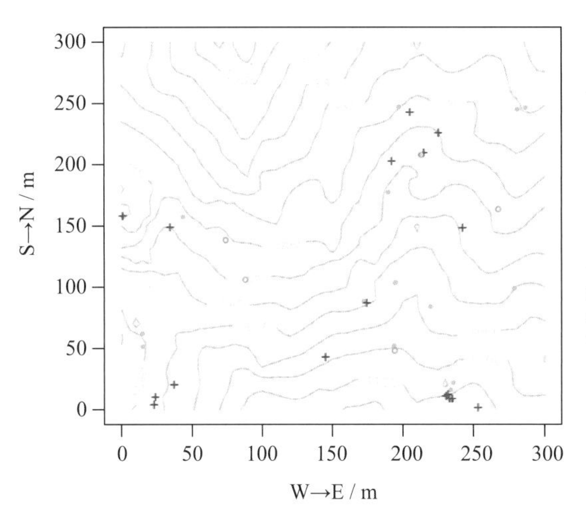

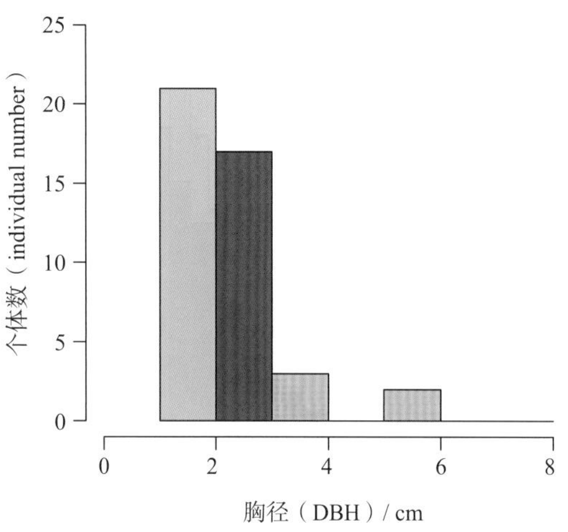

落叶灌木，高 1 ~ 3 m。小枝纤细，呈红褐色，无毛，散生黄色皮孔。叶片薄革质或厚纸质，呈卵形、椭圆形或椭圆状卵形至菱状卵形，长 4 ~ 8 cm，宽 1 ~ 3.5 cm，先端渐尖至尾尖，基部呈楔形至近圆形，边缘具锐齿，上面光亮，下面呈苍白色，两面无毛，侧脉 4 ~ 8 对；叶柄长 1 ~ 2 mm，无毛。伞形花序具 2 ~ 9 朵花，生于侧枝顶端；花梗长 1 ~ 2.5 cm，无毛，直立；花直径 5 ~ 15 mm；被丝托钟状，与萼片外面无毛，内面疏生柔毛；萼片呈卵形；花瓣呈白色，圆形，先端钝，内面基部疏生长柔毛；雄蕊 20 枚，短于花瓣；子房顶端密生长柔毛，花柱 2 或 3 根，中部以下合生。果实呈橘红色或紫色，椭圆形或卵形，长 9 ~ 12 mm，直径 5 ~ 7 mm，无毛；萼片宿存，直立；果梗长 1 ~ 2.5 cm，密布疣点。花期为 4—5 月，果期为 7—8 月。

125 石斑木（车轮梅）

***Rhaphiolepis indica*（L.）Lindl.**

蔷薇科 Rosaceae 石斑木属 *Rhaphiolepis*

个体数（individual number/9 hm^2）= 72 → 46 ↓

最大胸径（Max DBH）= 3.2 cm

重要值排序（importance value rank）= 80

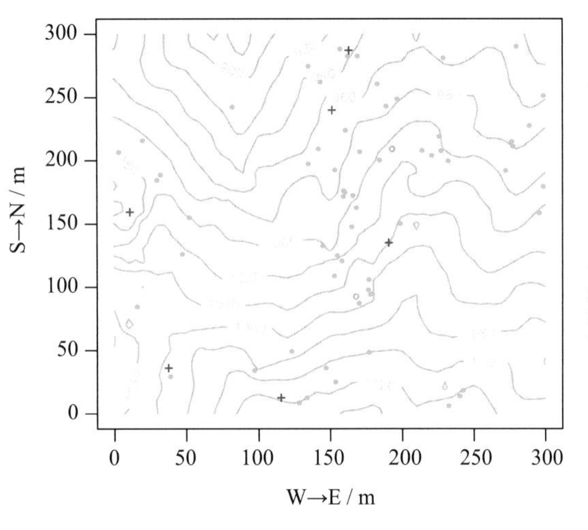

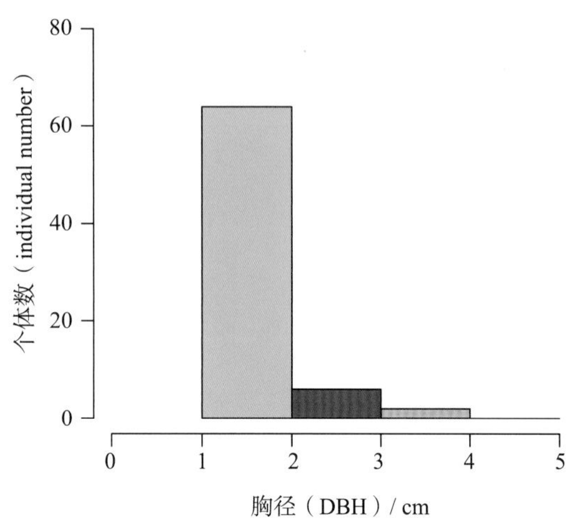

常绿灌木，高 1.5 ~ 4 m。幼枝初被褐色绒毛，后渐脱落至近无毛。叶集生于枝顶；叶片呈卵形或长圆形，稀倒卵形，长 3 ~ 8 cm，宽 1.5 ~ 4 cm，先端圆钝、急尖、渐尖或尾尖，基部渐狭，边缘具细钝锯齿，上面光亮，平滑无毛，下面颜色较淡，无毛或被疏柔毛，网脉明显；叶柄长 5 ~ 18 mm；托叶呈钻形，脱落。圆锥或总状花序顶生；花序梗和花梗被锈色绒毛，花梗长 5 ~ 15 mm；花直径 1 ~ 1.3 cm；被丝托呈筒状，长 4 ~ 5 mm；萼片呈三角状披针形至线形，长 4.5 ~ 6 mm；花瓣呈白色或淡红色，倒卵形或披针形，先端圆钝，基部具柔毛；雄蕊 15，与花瓣近等长；花柱 2 或 3 根，近无毛。梨果呈紫黑色，球形，直径 5 ~ 8 mm；果梗粗短，长 5 ~ 10 mm。花期为 4—5 月，果期为 7—8 月。

126　石灰花楸（石灰树）

***Sorbus folgneri*（C.K. Schneid.）Rehder**

蔷薇科　Rosaceae　花楸属　*Sorbus*

个体数（individual number/9 hm^2）= 4 → 3 ↓

最大胸径（Max DBH）= 12.2 cm

重要值排序（importance value rank）= 155

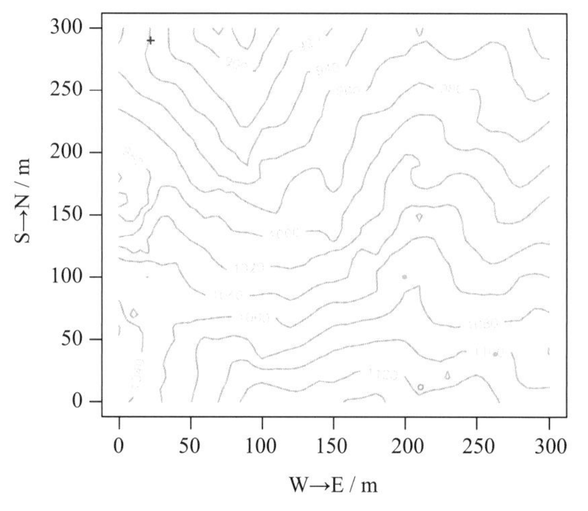

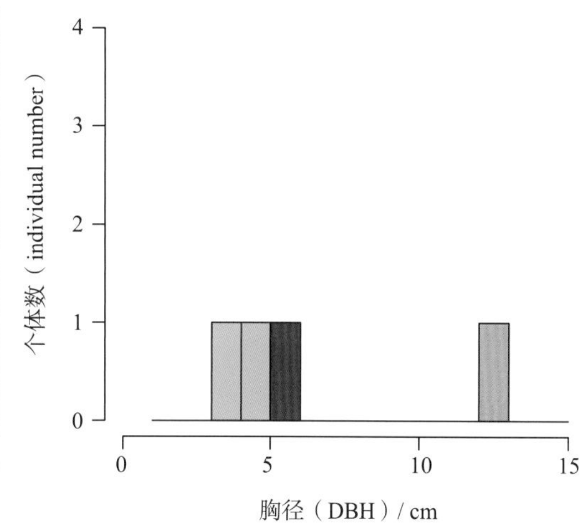

落叶乔木，高达 10 m。小枝呈圆柱形，具少数皮孔，黑褐色，幼时被白色绒毛。冬芽呈卵形，先端急尖，外面具数枚褐色鳞片。叶片呈卵形至椭圆状卵形，长 5 ~ 8 cm，宽 2 ~ 3.5 cm，先端急尖或短渐尖，基部呈宽楔形或圆形，边缘具细锯齿或在新枝上具重锯齿，上面呈深绿色，无毛，下面密被白色绒毛，叶脉上具绒毛，侧脉 8 ~ 15 对，直达齿端；叶柄长 5 ~ 15 mm，密被白色绒毛。复伞房花序具多数花；花序梗和花梗均被白色绒毛，花梗长 5 ~ 8 mm；花直径 7 ~ 10 mm；被丝托呈钟状，外被白色绒毛，内面稍具绒毛；萼片呈三角状卵形，先端急尖，外面被绒毛，内面微有绒毛；花瓣呈卵形，先端圆钝，白色；雄蕊 18 ~ 20 枚，与花瓣近等长或稍长；花柱 2 或 3 根，近基部合生并有绒毛，短于雄蕊。梨果呈椭圆形，长 9 ~ 13 mm，直径 6 ~ 7 mm，红色，光滑或有极少数不明显的细小斑点，2 或 3 室，顶端萼片脱落后留有圆穴。花期为 4—5 月，果期为 7—8 月。

127 光萼林檎（尖嘴林檎）

***Malus leiocalyca* S. Z. Huang**

蔷薇科 Rosaceae 苹果属 *Malus*

个体数（individual number/9 hm²）= 111 → 82 ↓

最大胸径（Max DBH）= 16.9 cm

重要值排序（importance value rank）= 69

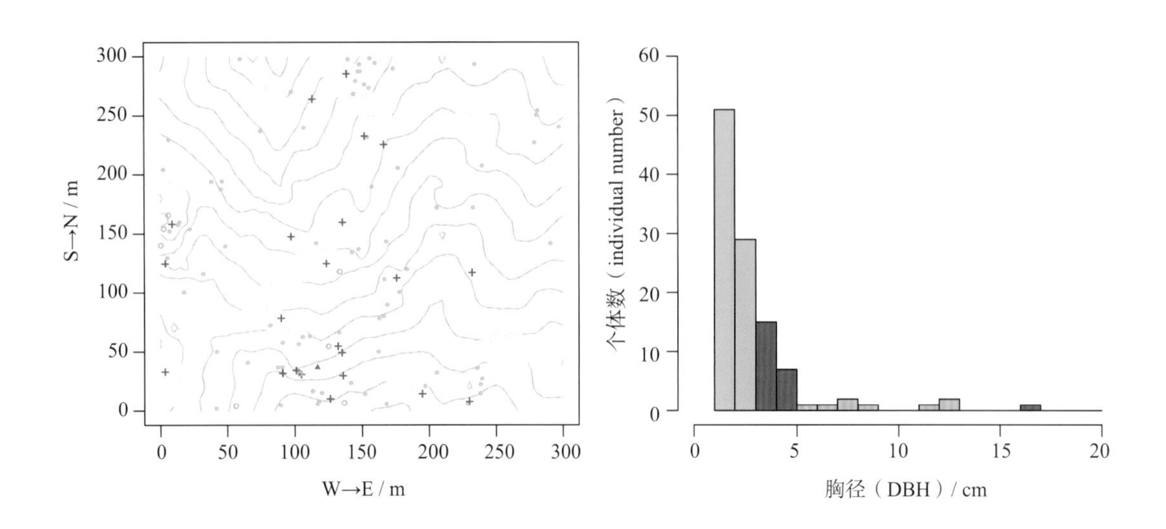

落叶小乔木，高 4 ~ 10 m，树干无棘刺。小枝微弯曲，呈圆柱形，幼时微具柔毛，老时脱落。冬芽呈卵圆形，无毛或仅鳞片边缘被柔毛。叶片呈椭圆形至卵状椭圆形，长 5 ~ 10 cm，宽 2.5 ~ 4 cm，先端急尖或渐尖，基部呈圆形至宽楔形，边缘具圆钝锯齿，幼时两面微具柔毛，后脱落至无毛；叶柄长 1.5 ~ 2.5 cm。近伞形花序具 5 ~ 7 朵花；花梗长 3 ~ 5 cm，无毛；花直径约 2.5 cm；被丝托呈倒钟状，外面无毛；萼呈三角状披针形，全缘，先端渐尖，外面无毛，内面具绒毛，长于被丝托；花瓣呈白色，倒卵形；雄蕊约 30 枚，花丝长短不等；花柱 5 根，基部有白色绒毛，稍长于雄蕊。果实具石细胞，呈球形，直径 2 ~ 4 cm，黄红色，先端隆起，外面具斑点；宿萼具长筒，萼片反折。花期为 4—5 月，果期为 9—10 月。

128　浙闽樱

***Cerasus schneideriana*（Koehne）Yü et C.L. Li**

蔷薇科　Rosaceae　樱属　*Cerasus*

个体数（individual number/9 hm^2）= 156 → 110 ↓

最大胸径（Max DBH）= 26.1 cm

重要值排序（importance value rank）= 54

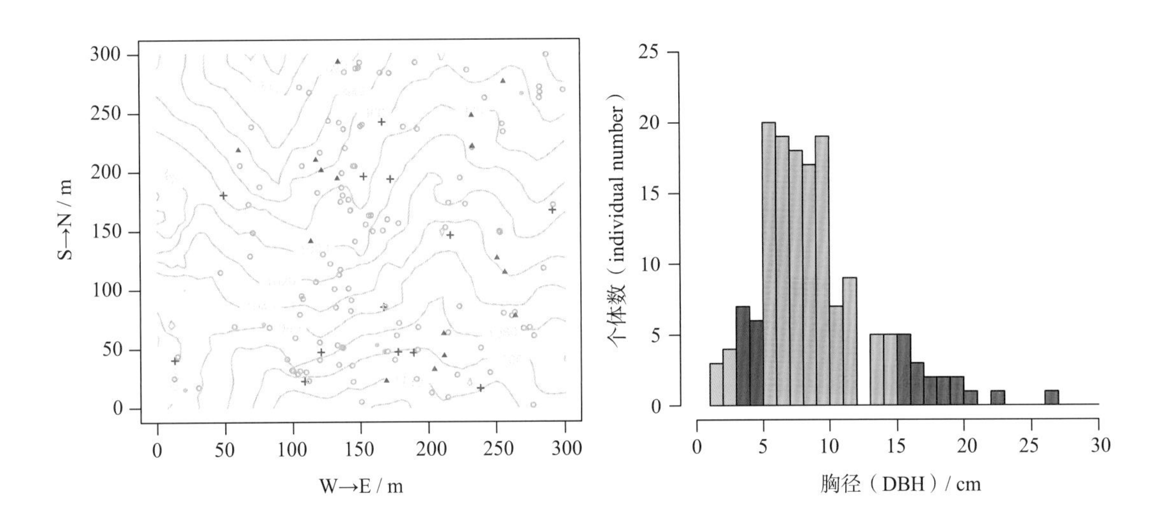

落叶小乔木。嫩枝呈灰绿色，密被灰褐色柔毛，小枝被短硬毛。叶片长椭圆形、卵状长圆形或倒卵状长圆形，长 4 ~ 9 cm，宽 1.5 ~ 4.5 cm，先端渐尖或尾尖，基部呈圆形或宽楔形，边缘具尖锯齿，并常有重锯齿，齿端具头状腺体，上面近无毛或伏生疏柔毛，下面被灰黄色柔毛，脉上较密，侧脉 8 ~ 11 对；叶柄长 5 ~ 10 cm，密被褐色柔毛，先端具 2 或 3 枚黑色腺体；托叶膜质，呈条形，边缘疏生长柄腺体，早落。伞形花序具 1 ~ 3 朵花；花序梗长 2 ~ 8 mm，被柔毛；花梗密被褐色柔毛；苞片呈绿褐色，边缘具锯齿，齿端具长柄腺体；被丝托呈管状，伏生褐色短柔毛；萼片呈条状披针形，反折，与被丝托近等长，先端圆钝；花瓣呈淡红色，卵形，先端 2 浅裂；雄蕊约 40 枚，短于花瓣；子房疏生柔毛，花柱比雄蕊短，基部疏生柔毛。核果呈红色，长椭圆球形；核表面有棱纹。花期为 4—5 月，果期为 5—6 月。

129 华中樱

***Cerasus conradinae*（Koehne）Yü et C.L. Li**

蔷薇科 Rosaceae 樱属 *Cerasus*

个体数（individual number/9 hm^2）= 4 → 4

最大胸径（Max DBH）= 13.5 cm

重要值排序（importance value rank）= 157

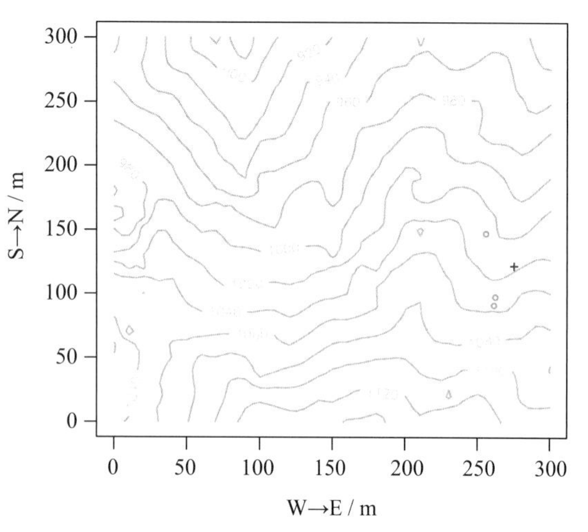

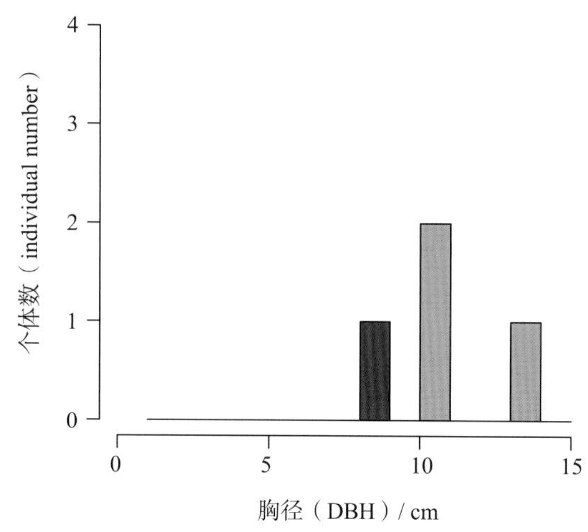

落叶乔木。小枝呈灰褐色，无毛。叶片呈长椭圆形或倒卵状长圆形，长 5 ~ 12 cm，宽 2.5 ~ 5 cm，先端渐尖，基部呈圆形至微心形，边缘具向前伸展的锐尖锯齿，偶杂有少量重锯齿，齿端具小腺体，两面无毛，侧脉 8 ~ 11 对；叶柄长 8 ~ 15 mm，无毛，顶端具 1 或 2 枚腺体或无腺体；托叶呈条形，边缘具腺齿，早落。伞形花序常具 3 朵花，花先于叶开放或与叶同放；花序梗短，稀不明显，无毛；花梗长 1 ~ 1.5 cm，无毛；苞片呈褐色，宽扇形，边缘具腺齿，果时脱落；被丝托近钟形，无毛；萼片呈三角状卵形，短于被丝托，先端圆钝或急尖；花瓣呈白色或粉红色，卵形或倒卵形，先端 2 浅裂；雄蕊 34 ~ 40 枚，不等长；花柱无毛，比雄蕊短或稍长。核果呈红色，卵球形；核表面棱纹不显著。花期为 4 月，果期为 4—5 月。

130　腺叶桂樱（腺叶稠李）

***Laurocerasus phaeosticta*（Hance）C.K. Schneid.**

蔷薇科　Rosaceae　桂樱属　*Laurocerasus*

个体数（individual number/9 hm^2）= 14 → 11 ↓

最大胸径（Max DBH）= 12.8 cm

重要值排序（importance value rank）= 131

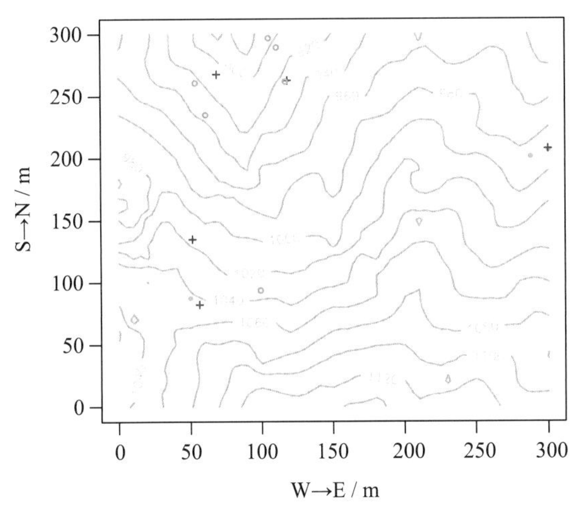

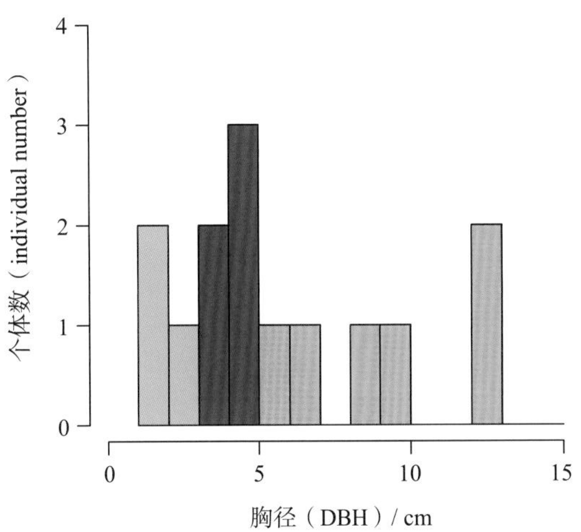

常绿灌木或小乔木，高 4 ~ 12 m。小枝呈暗紫褐色，具稀疏皮孔，无毛。叶片薄革质，呈狭椭圆形、长圆形，长 6 ~ 12 cm，宽 2 ~ 4 cm，先端长尾尖，基部呈楔形，全缘，有时在萌蘖枝上的叶具锐锯齿，两面无毛，下面散生黑色小腺点，基部近叶缘常具 2 枚较大的扁平腺体，侧脉 6 ~ 10 对，上面稍突起，下面明显隆起；叶柄长 4 ~ 8 mm，无腺体，无毛。总状花序单生于叶腋，具数花至 10 余朵花，长 4 ~ 6 cm，无毛，生于小枝下部叶腋的花序，其腋外叶早落，生于小枝上部的花序，其腋外叶宿存；花梗长 3 ~ 6 mm；花直径 4 ~ 6 mm；花萼外面无毛，被丝托呈杯形；萼片呈卵状三角形，长 1 ~ 2 mm，先端钝，具缘毛或小齿；花瓣近圆形，白色，直径 2 ~ 3 mm，无毛；雄蕊 20 ~ 35 枚，长 5 ~ 6 mm；子房无毛，花柱长约 5 mm。果实近球形或横向椭圆形，直径 8 ~ 10 mm，紫黑色，无毛。花期为 4—5 月，果期为 7—10 月。

131 刺叶桂樱（刺叶稠李）

Laurocerasus spinulosa（Sieblod et Zucc.）**C.K. Schneid.**

蔷薇科 Rosaceae 桂樱属 *Laurocerasus*

个体数（individual number/9 hm^2）= 14 → 10 ↓

最大胸径（Max DBH）= 11.2 cm

重要值排序（importance value rank）= 127

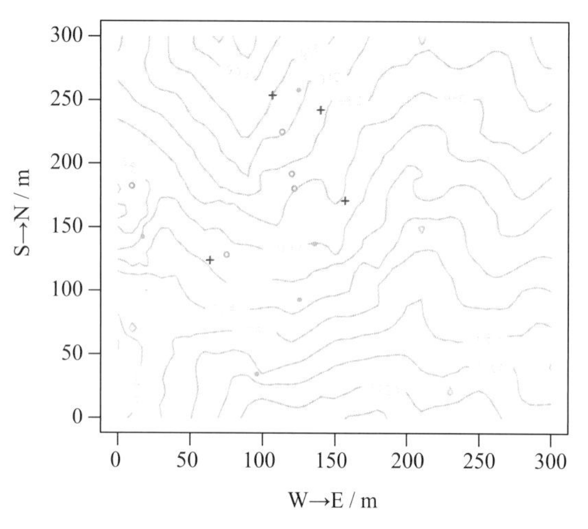

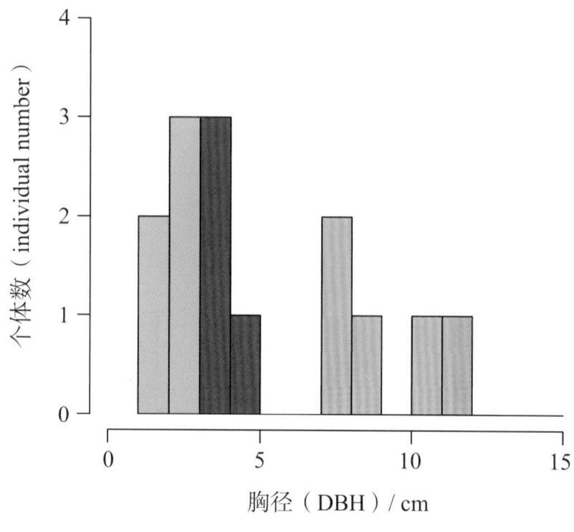

常绿小乔木，高 5 ~ 8 m。小枝片薄革质，呈长圆形或倒卵状长圆形，长 5 ~ 10 cm，宽 2 ~ 4.5 cm，先端渐尖至尾尖，基部呈宽楔形至近圆形，常偏斜，边缘常呈波状，中部以上或近先端具少数针刺状锯齿，萌芽枝的叶片边缘自基部始具针刺状锯齿，两面无毛，上面呈亮绿色，近基部常具 1 或 2 对腺体，侧脉 8 ~ 14 对；叶柄无毛；托叶早落。凸状花序腋生，具 10 ~ 20 朵花，长 5 ~ 10 cm，被短柔毛；花小，直径 3 ~ 5 mm；被丝托呈钟状或杯形；萼片呈卵状三角形；花瓣呈白色，圆形；雄蕊 25 ~ 35 枚；子房无毛，有时雌蕊败育。果实呈褐色至黑褐色，椭圆形，长 8 ~ 11 mm，直径 6 ~ 8 mm，先端圆钝，无毛。花期为 9—10 月，果期为 11 月至次年 4 月。

132　山合欢（山槐）

***Albizia kalkora*（Roxb.）Prain**

含羞草科（豆科）　Mimisaceae　合欢属　*Albizia*

个体数（individual number/9 hm^2）= 3 → 3

最大胸径（Max DBH）= 25.9 cm

重要值排序（importance value rank）= 148

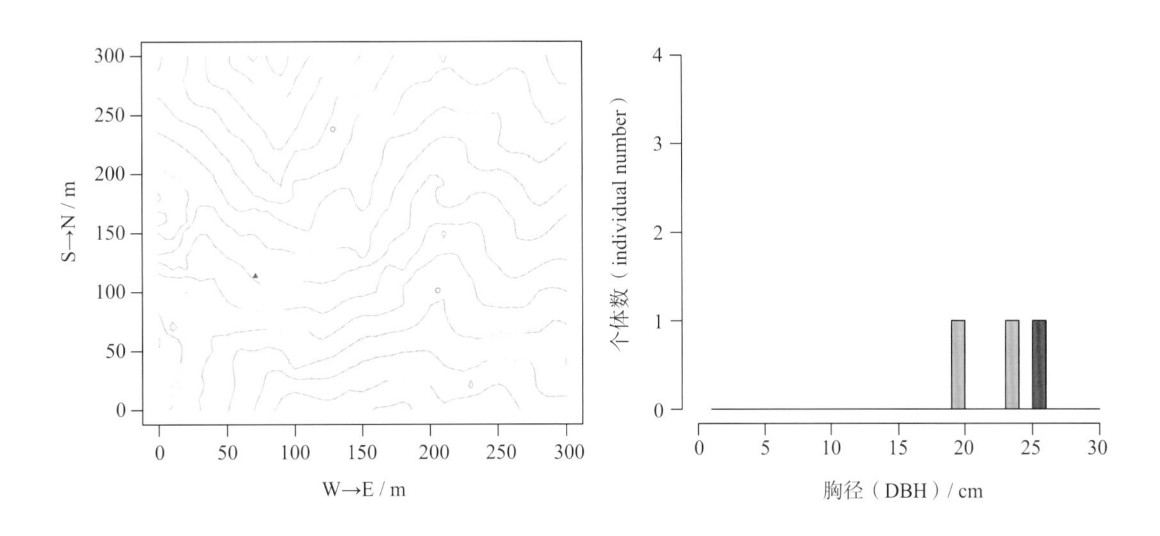

落叶乔木，高达 15 m。小枝呈深褐色，被短柔毛。二回羽状复叶；羽片 2 ~ 6 对，总叶柄、叶轴、羽片轴及小叶两面均被脱落性柔毛；总叶柄基部 1 ~ 2 cm 处、羽轴基部及顶端各有 1 个密被绒毛的腺体；小叶 5 ~ 14 对，对生；小叶片呈长圆形，长 1.8 ~ 4.5 cm，宽 0.7 ~ 2 cm，先端圆钝，基部偏斜，全缘，中脉略偏于上缘，两面有短柔毛。头状花序 2 ~ 5 个生于叶腋，或多个在枝顶排成伞房状；花冠呈白色，长为花萼的 2 倍；花丝呈黄白色，稀粉红色，长于花冠数倍，基部连合成管。荚果呈深棕色，长 10 ~ 20 cm，宽 1.5 ~ 3 cm，扁平，具长 5 ~ 10 mm 的果颈，具 6 ~ 11 粒种子。种子呈黄褐色，扁平，长 1 ~ 1.2 cm，宽约 6 mm。花期为 5—7 月，果期为 9—10 月。

133 黄檀（檀树、不知春）

***Dalbergia hupeana* Hance**

蝶形花科（豆科） Fabaceae 黄檀属 *Dalbergia*

个体数（individual number/9 hm^2）= 10 → 8 ↓

最大胸径（Max DBH）= 18.9 cm

重要值排序（importance value rank）= 132

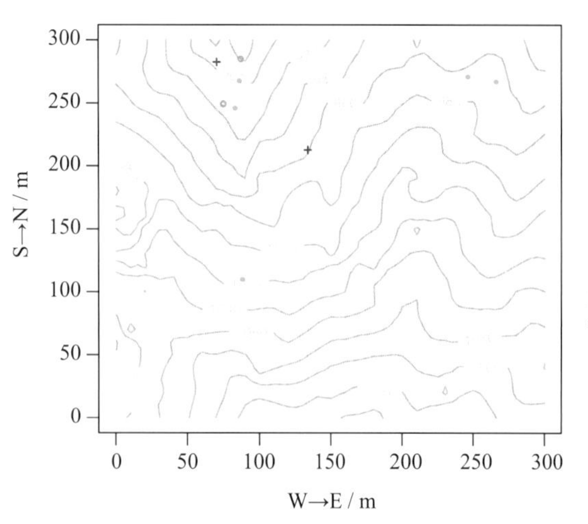

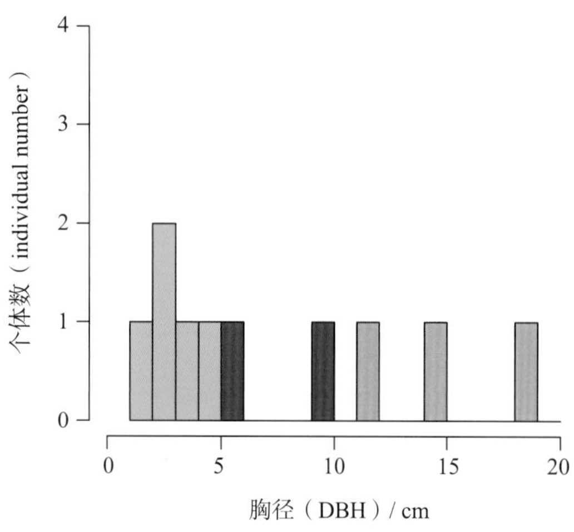

落叶乔木，高达 18 m。树皮条片状纵裂。当年生小枝呈绿色，皮孔明显，无毛，二年生小枝呈灰褐色。冬芽呈紫褐色，略扁平，顶端圆钝。奇数羽状复叶有 9 或 11 片小叶；小叶片呈长圆形或宽椭圆形，长 3 ~ 5.5 cm，宽 1.5 ~ 3 cm，先端圆钝而微凹，基部呈圆形或宽楔形，两面被平伏短柔毛。圆锥花序顶生或生于近枝顶叶腋；花梗及花萼被锈色柔毛；萼齿 5 枚，上方 2 枚呈宽卵形，几合生，最下方 1 枚较长，呈披针形；花冠呈淡紫色或黄白色，具紫色条斑；雄蕊 10 枚，二体（5 + 5），花丝上部分离；子房无毛，有 1 ~ 4 个胚珠。荚果呈长圆形，长 3 ~ 9 cm，扁平，不开裂，具 1 ~ 3 粒种子。种子扁平，呈黑色，有光泽，近肾形，长约 9 mm，宽约 4 mm。花期为 5—6 月，果期为 8—9 月。

134 蔓胡颓子（藤胡颓子、藤木楂）

Elaeagnus glabra **Thunb.**

胡颓子科 Elaeagnaccea 胡颓子属 *Elaeagnus*

个体数（individual number/9 hm^2）= 1 → 1

最大胸径（Max DBH）= 1.0 cm

重要值排序（importance value rank）= 191

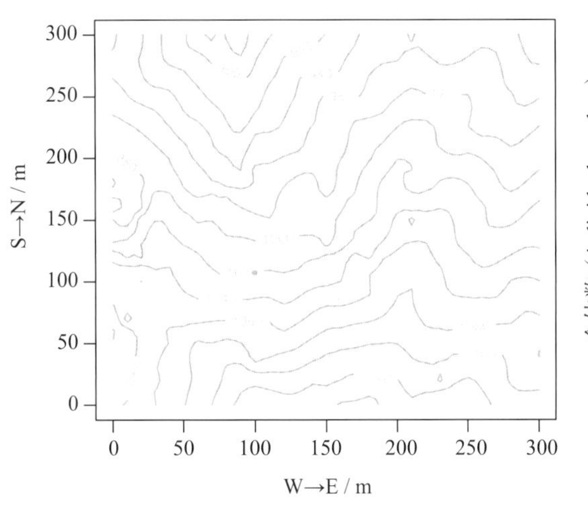

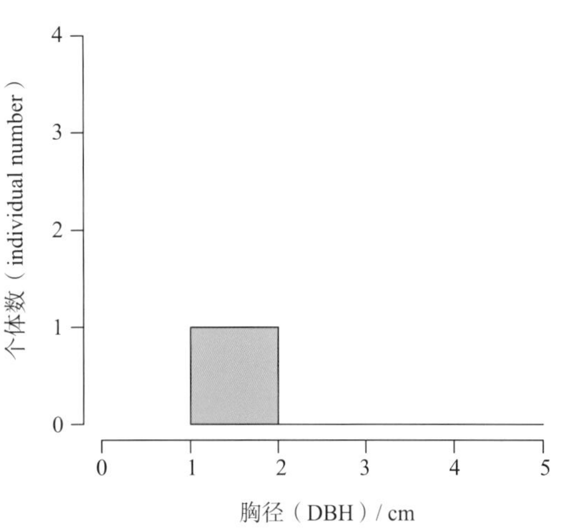

常绿蔓生或攀援灌木，高 5 ~ 6 m。有时具刺；幼枝密被锈色鳞片；叶背面、幼叶上面、花梗及果实均密被大小相近的锈褐色鳞片。叶片革质或薄革质，呈卵状椭圆形至椭圆形，长 4 ~ 10 cm，宽 2.5 ~ 5 cm，先端渐尖，基部近圆形或楔形，全缘，微反卷，上面呈深绿色，具光泽，下面外观通常呈灰褐色，有光泽，侧脉 6 ~ 8 对，与中脉开展成 50° ~ 60° ，上面明显而微凹，下面突起；叶柄长 5 ~ 8 mm。花呈淡白色，密被银白色并散生少数锈色鳞片，常 3 ~ 7 朵密生于叶腋；花梗锈色，长 2 ~ 4 mm；花萼筒呈狭圆筒状漏斗形，长 4.5 ~ 5.5 mm，在子房上端不明显收缩，裂片短于萼筒；花柱无毛，顶端弯曲。果实呈长椭球形，长 14 ~ 19 mm，成熟时呈红色；果梗长 3 ~ 6 mm。花期为 9—11 月，果期为次年 4—5 月。

135 南紫薇

***Lagerstroemia subcostata* Koehne**

千屈菜科 Lythraceae 紫薇属 *Lagerstroemia*

个体数（individual number/9 hm^2）= 8 → 7 ↓

最大胸径（Max DBH）= 21.6 cm

重要值排序（importance value rank）= 140

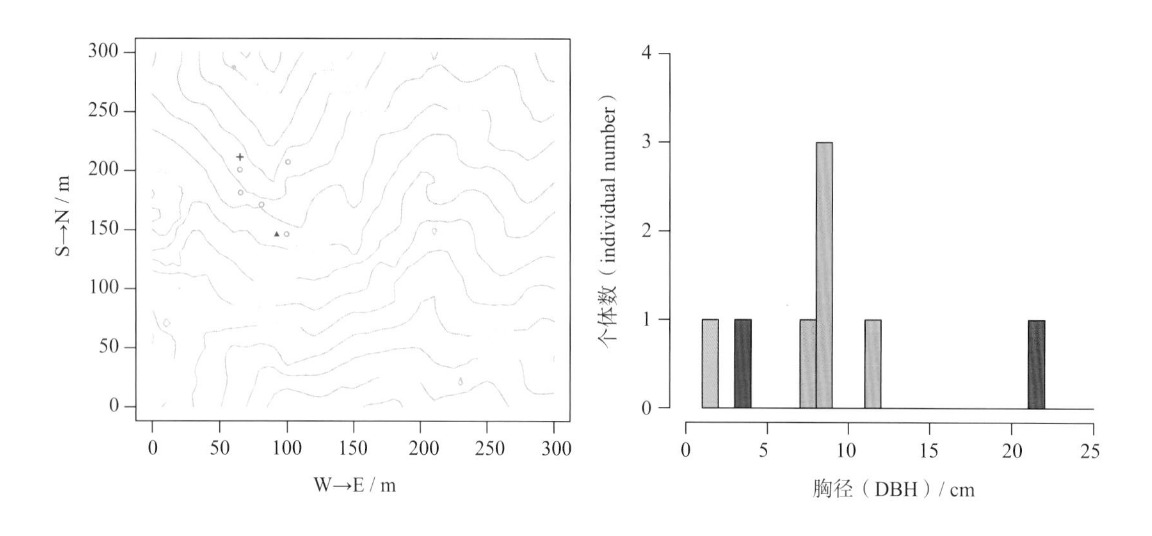

落叶乔木或灌木。树皮光滑，常呈灰白色，薄片状脱落；小枝无毛或稍被短硬毛。叶对生或近对生，上部的互生；叶片膜质，呈长圆形或长圆状披针形、稀卵形，长 4 ~ 11 cm，宽 1.5 ~ 5 cm，先端渐尖，基部呈宽楔形至近圆形，两面无毛或微被柔毛，或沿中脉被短柔毛，有时脉腋间有丛毛，中脉在上面略下陷，下面突起，侧脉 4 ~ 10 对，在近缘处网结；叶柄长 2 ~ 4 mm。圆锥花序顶生，长 5 ~ 15 cm，密生灰褐色微柔毛；花萼筒长 3.5 ~ 4.5 mm，有 10 ~ 14 条棱，5 裂，裂片间无或几无附属体；花呈白色、粉红色或玫红色，直径约 1 cm，花瓣 6 枚；雄蕊 15 ~ 30 枚，花丝细长，但以外轮 6 枚较长，着生于花萼上。蒴果呈椭球形，长 5 ~ 8 mm，3 ~ 6 瓣裂。花期为 7—9 月，果期为 8—10 月。

136 赤楠

Syzygium buxifolium **Hook. et Arn**

桃金娘科 Myrtaceae 蒲桃属 *Syzygium*

个体数（individual number/9 hm^2）= 853 → 864 ↑

最大胸径（Max DBH）= 16.5 cm

重要值排序（importance value rank）= 37

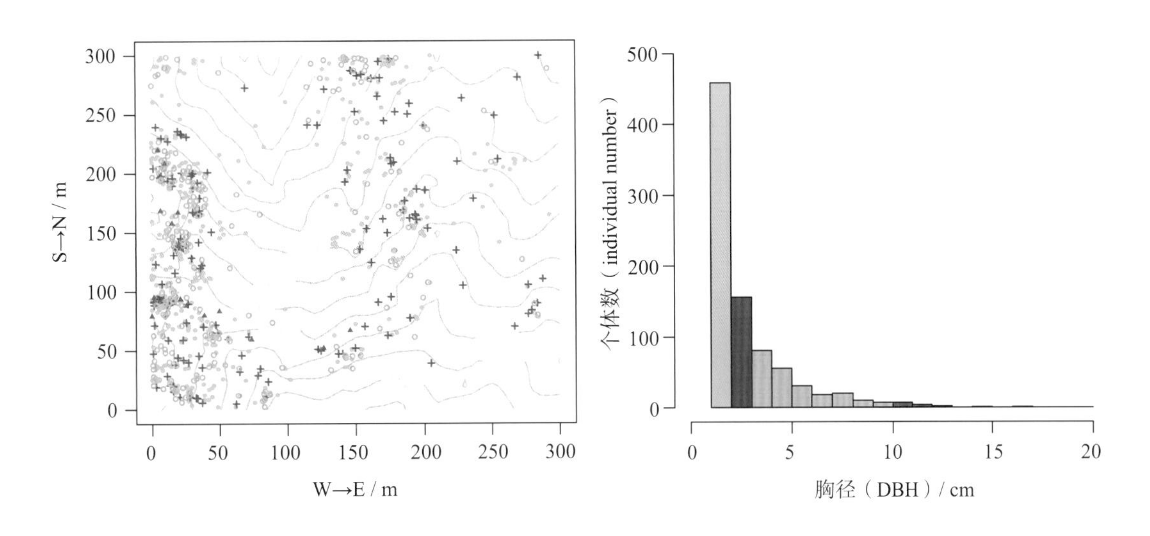

常绿灌木或小乔木，高达 5 m。嫩枝有 4 条棱。叶对生；叶片革质，呈椭圆形或倒卵形，长 1 ~ 3 cm，宽 1 ~ 2 cm，先端圆钝，有时具钝尖头，基部呈宽楔形，侧脉不明显，边脉紧靠叶缘；叶柄长 2 ~ 3 mm。聚伞花序顶生，长约 1 cm；花梗长 1 ~ 2.5 mm；萼裂片呈浅波状；花瓣 4 枚，分离，长约 2 mm；雄蕊长 2.5 mm；花柱与雄蕊近等长。果实呈球形，直径 5 ~ 7 mm，成熟时呈亮黑色。花期为 6—8 月，果期为 10—11 月。

137 蓝果树（紫树）

***Nyssa sinensis* Oliv.**

蓝果树科 Nyssaceae 蓝果树属 *Nyssa*

个体数（individual number/9 hm^2）= 353 → 340 ↓

最大胸径（Max DBH）= 53.6 cm

重要值排序（importance value rank）= 18

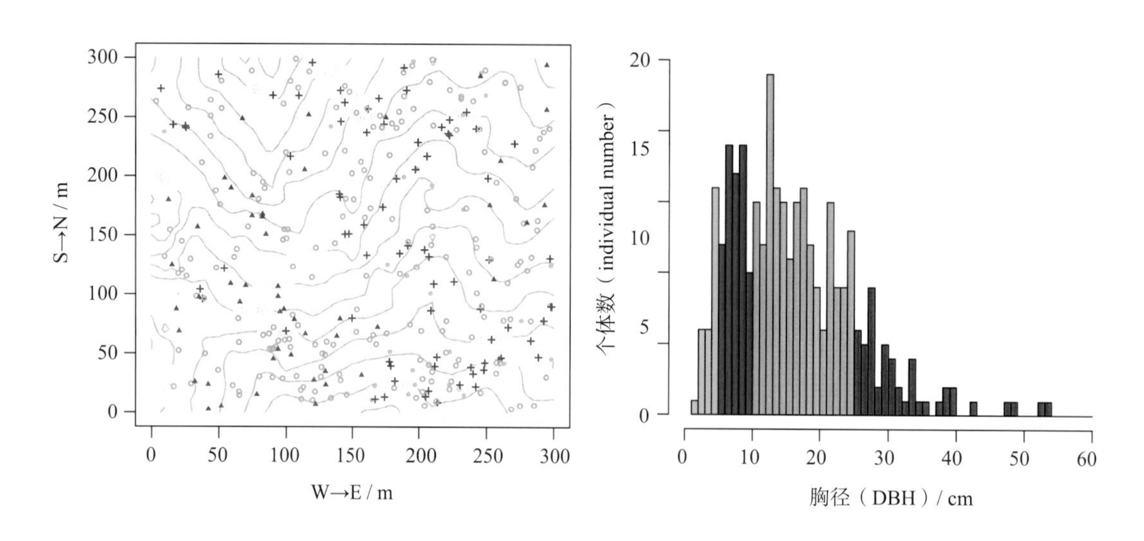

落叶乔木，高达 25 m。树皮呈深灰色或深褐色，粗糙，常薄片状剥落；小枝无毛，当年生枝呈淡绿色，后变紫褐色，皮孔显著。叶互生；叶片呈椭圆形或长椭圆形至近卵状披针形，长 6 ~ 15 cm，宽 4 ~ 8 cm，先端急尖至长渐尖，基部近圆形，边缘略带微波状，侧脉 8 ~ 10 对，上面呈深绿色，无毛，下面沿叶脉疏生丝状长伏毛；叶柄长 1.5 ~ 2 cm。伞形或短总状花序；雌雄异株；雄花序花序梗常长于叶柄，花梗长 3 ~ 5 mm，萼裂片细小，花瓣呈窄长圆形，较花丝短，早落，雄蕊 5 ~ 10 枚；雌花序花序梗长 0.3 ~ 2 cm，果时增长至 3 ~ 5 cm，花梗长 1 ~ 2 mm，萼裂片近全缘，花瓣呈鳞片状，长约 1.5 mm，子房下位，与花萼筒合生，花柱 2 裂，先端卷曲。核果呈椭球形或倒卵状椭球形，长 1 ~ 1.2 cm，成熟时呈蓝黑色至深褐色，果核具 5 ~ 7 条浅纵沟。花期为 4—5 月，果期为 8—10 月。

138　灯台树

***Bothrocaryum controversum*（Hemsl.）Pojark.**

山茱萸科　Cornaceae　灯台树属　*Bothrocaryum*

个体数（individual number/9 hm^2）= 3 → 2 ↓

最大胸径（Max DBH）= 23.0 cm

重要值排序（importance value rank）= 154

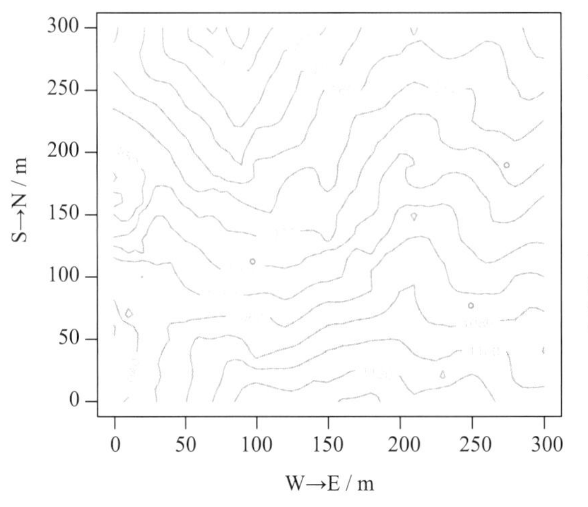

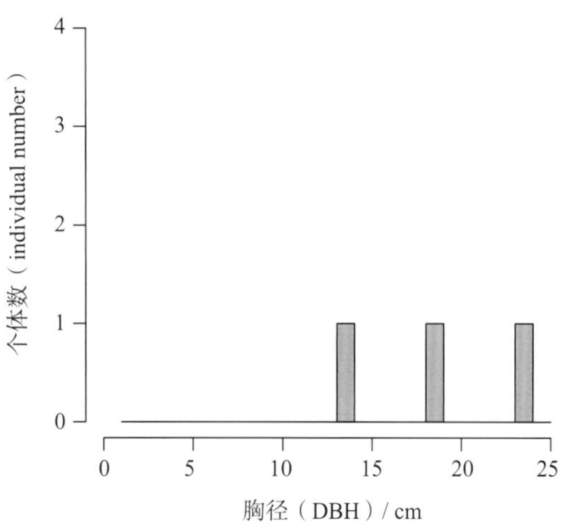

落叶乔木，高可达 15 m。树皮光滑，呈暗灰色；当年生枝呈紫红色，皮孔及叶痕明显。叶片纸质，呈宽卵形或宽椭圆状卵形，长 5 ~ 13 cm，宽 4 ~ 9 cm，先端急尖，稀渐尖，基部呈圆形，上面呈深绿色，下面呈灰绿色，疏生白色伏贴"丁"字形毛，侧脉 6 ~ 9 对；叶柄长 1 ~ 6.5 cm，带紫红色。伞房状聚伞花序顶生，直径 7 ~ 13 cm，稍被短柔毛；花萼筒长 1.5 mm，密被灰白色贴生短毛，萼齿呈三角形；花瓣 4 枚，呈长披针形，白色；雄蕊 4 枚，稍伸出花外；花柱无毛。核果呈球形，直径 6 ~ 7 mm，成熟时呈紫红色至蓝黑色。花期为 4—6 月，果期为 7—9 月。

139 秀丽四照花（山荔枝）

Dendrobenthamia elegans **Fang et Y.T.Hsieh**

山茱萸科 Cornaceae 四照花属 *Dendrobenthamia*

个体数（individual number/9 hm²）= 740 → 626 ↓

最大胸径（Max DBH）= 29.4 cm

重要值排序（importance value rank）= 29

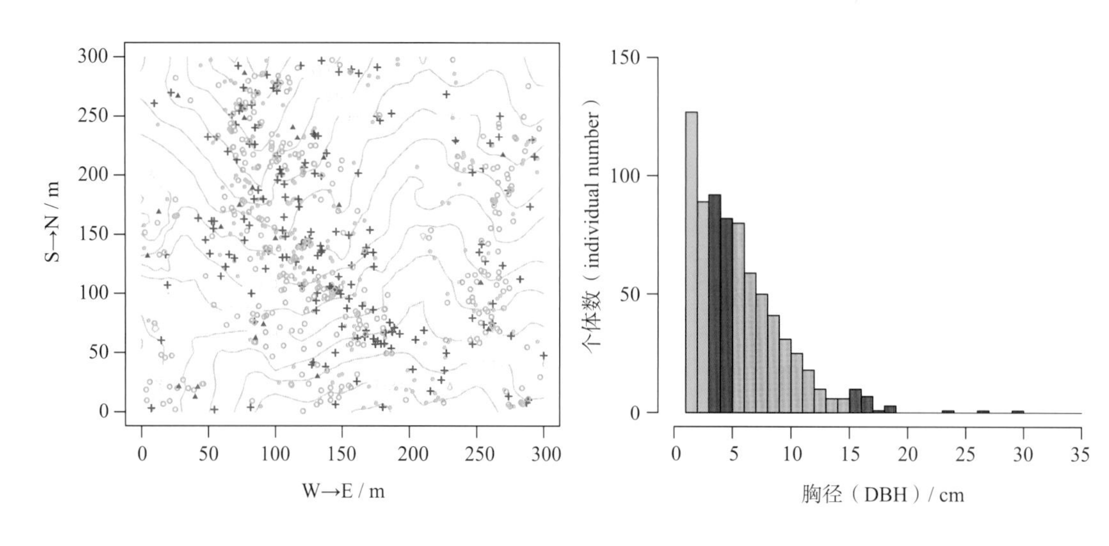

常绿小乔木或灌木，高 3 ~ 12 m。树皮呈灰黑色，平滑；嫩枝疏被毛。叶片薄革质，呈椭圆形或长椭圆形，长 5 ~ 10 cm，宽 2.5 ~ 4.5 cm，先端短尖至渐尖，基部呈楔形、宽楔形或近圆形，上面呈深绿色，有光泽，下面呈淡绿色，疏被白色伏贴“丁”字形毛或近无毛，侧脉 3 或 4（5）对；叶柄长 5 ~ 10 mm，疏被毛。头状花序呈球形；总苞片 4 枚，淡黄白色，偶粉红色，形状变化大，呈宽卵形、卵状椭圆形、卵状披针形、狭椭圆形或近圆形，长 2 ~ 4 cm，宽 1 ~ 2.5 cm，先端圆钝、急尖至渐尖，基部呈楔形至近圆形。聚花果呈球形，直径 1.5 ~ 2.5 cm，成熟时呈红色；果序梗长 4 ~ 11 cm。花期为 5—7 月，果期为 9—11 月。

140 青皮木

Schoepfia jasminodora **Siebold et Zucc.**

铁青树科 Olacaceae 青皮木属 *Schoepfia*

个体数（individual number/9 hm^2）= 53 → 47 ↓

最大胸径（Max DBH）= 30.3 cm

重要值排序（importance value rank）= 74

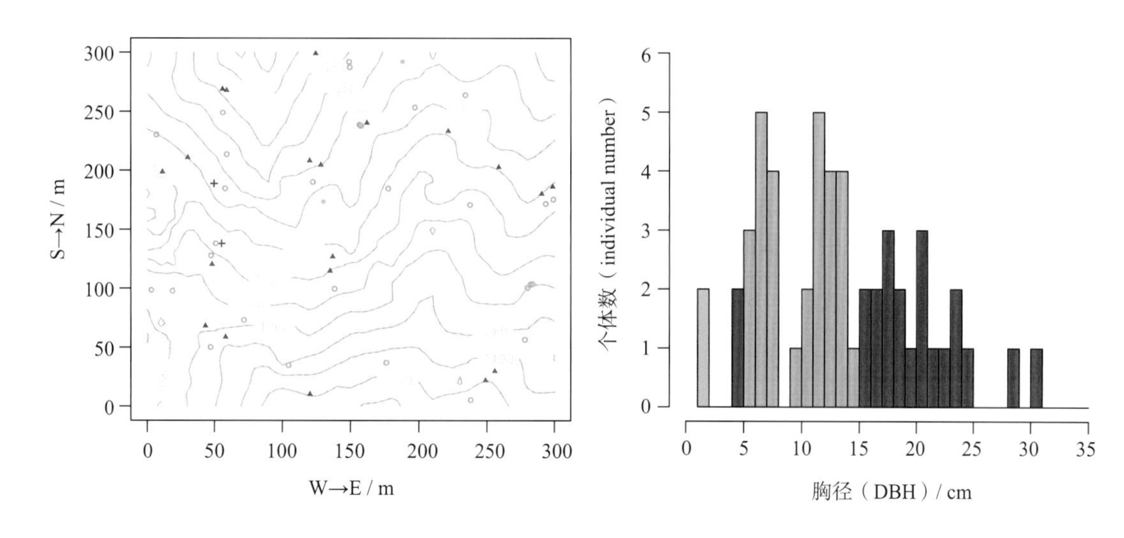

落叶小乔木，高 2 ~ 8 m。树皮呈灰白色，不裂至细纵裂。叶片纸质，呈卵形至卵状披针形，长 3.5 ~ 10 cm，宽 2 ~ 5 cm，先端渐尖或近尾尖，基部圆形或近截形，全缘，两面光滑无毛，呈黄绿色；叶柄扁平，长 3 ~ 5 mm，常带红色。聚伞状总状花序生于新枝叶腋，下垂，长 2.5 ~ 8 cm，具 2 ~ 5 朵花；无花梗；花萼呈杯状，贴生于子房，宿存；花冠呈黄白色，钟状，长 5 ~ 7 mm，顶端 4 或 5 裂，裂片长 3 ~ 4 mm，开放时向外反卷，在喉部近花药处具簇生长绢毛；雄蕊与花冠裂片同数且对生，无退化雄蕊；子房半下位，花柱细长，柱头 3 裂。核果呈椭圆形，长 0.7 ~ 1.2 cm，直径 0.6 ~ 0.7 cm，成熟后先呈红色后转为紫黑色。花期为 4—5 月，果期为 5—7 月。

141 大果卫矛

***Euonymus myrianthus* Hemsl.**

卫矛科 Celastraceae 卫矛属 *Euonymus*

个体数（individual number/9 hm^2）= 48 → 41 ↓

最大胸径（Max DBH）= 15.2 cm

重要值排序（importance value rank）= 90

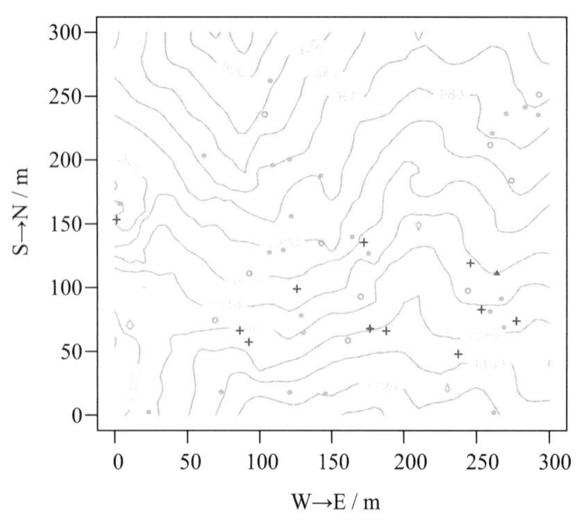

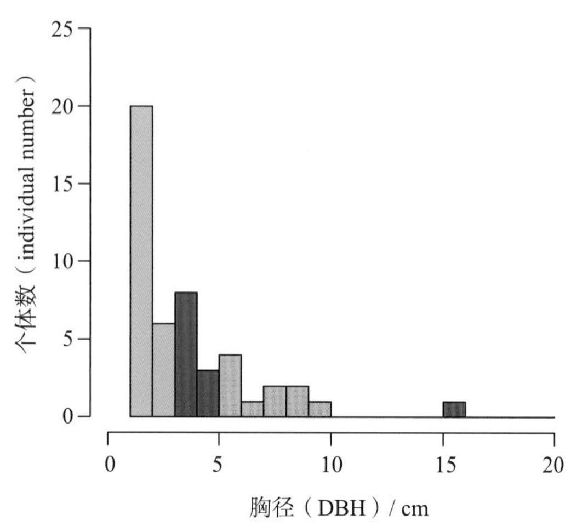

常绿灌木或小乔木，高 1 ~ 5 m。叶革质，呈披针形或倒披针形，偶为倒卵形，长 5 ~ 13 cm，宽 2 ~ 4.5 cm，先端渐尖，基部呈楔形，边缘常呈波状，疏生明显钝锯齿，侧脉 6 ~ 8 对，网脉清晰；叶柄长 5 ~ 10 mm。聚伞花序生于当年生枝近顶部，腋生或假顶生，2 ~ 4 次分枝；小花梗长 4 ~ 5 mm，均具 4 条棱；花 4 数，呈黄绿色；萼片近圆形；花瓣近倒卵形；花盘较大，四角有圆形裂片；花丝极短，花药呈黄色。蒴果呈倒卵形或倒心形，成熟时呈黄色，长 1 ~ 1.8 cm，具 4 条钝棱，先端微凹。种子呈卵圆形，假种皮呈橘红色。花期为 4—5 月，果期为 10—11 月。

142　中华卫矛（矩叶卫矛）

Euonymus nitidus **Benth.**

卫矛科　Celastraceae　卫矛属　*Euonymus*

个体数（individual number/9 hm²）= 9 → 9

最大胸径（Max DBH）= 22.3 cm

重要值排序（importance value rank）= 134

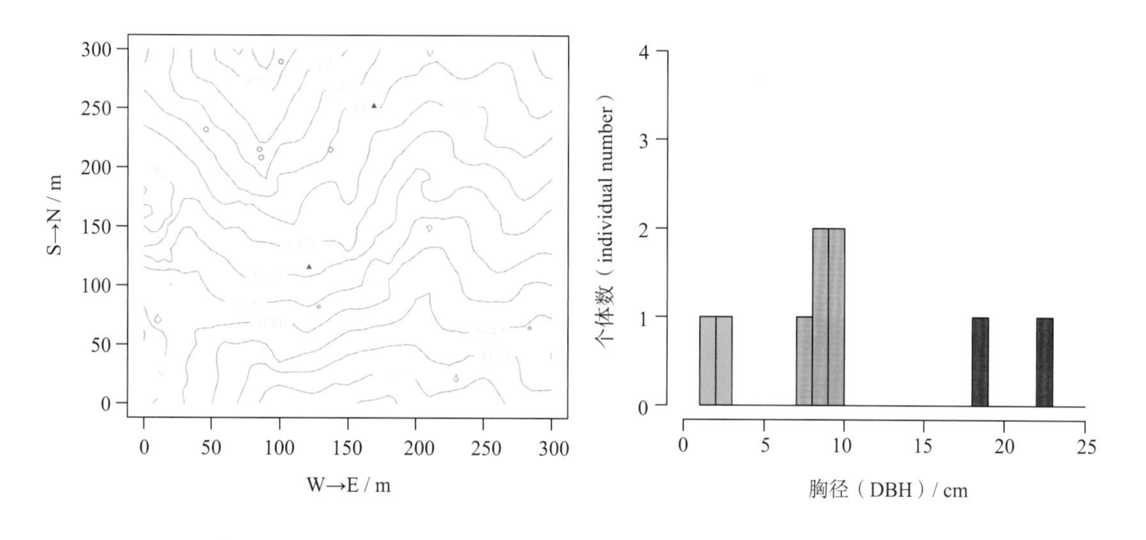

常绿灌木或小乔木，高 2 ~ 7 m。叶薄革质，呈长椭圆形至椭圆形，偶为长倒卵形，长 5 ~ 16 cm，宽 2 ~ 4.4 cm，先端渐尖或短尾尖，边缘有细浅锯齿，网脉明显；叶柄长 5 ~ 8 mm。聚伞花序生于当年生枝下部无叶处，多次分枝；花序梗长 2 ~ 5 cm；花 4 数，呈淡黄绿色；萼片呈半圆形；花瓣呈倒卵圆形或近圆形。蒴果呈倒圆锥状或近扁方形，长约 8 cm，成熟时呈黄色或肉红色，基部窄缩，具 4 条钝棱及浅沟，顶部微凹。种子近球形，被橘红色假种皮。花期为 5—6 月，果期为 10—12 月。

143 疏花卫矛

Euonymus laxiflorus **Champ. ex Benth.**

卫矛科 Celastraceae 卫矛属 *Euonymus*

个体数（individual number/9 hm^2）= 1 → 1

最大胸径（Max DBH）= 6.1 cm

重要值排序（importance value rank）= 186

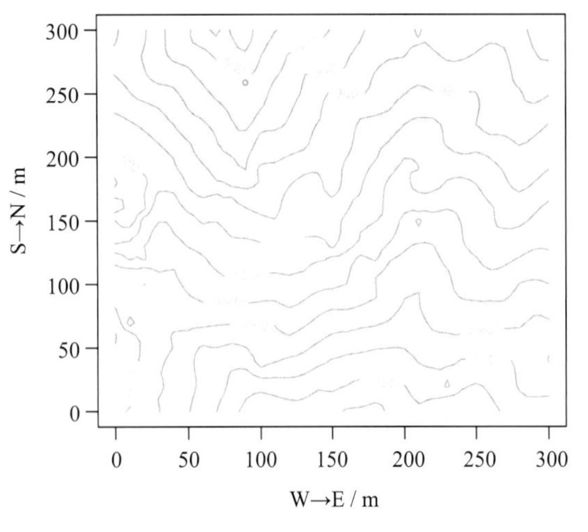

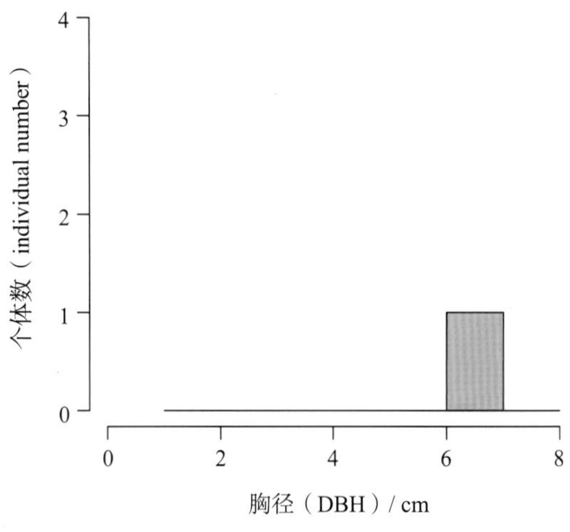

常绿灌木或小乔木，高 2 ~ 5 m。小枝略四棱形。叶片薄革质，多为倒卵状椭圆形或狭窄椭圆形，长 5 ~ 12 cm，宽 2 ~ 3 cm，先端长渐尖或尾状渐尖，基部呈楔形至窄楔形，有时下延，全缘或上部具少数不规则的尖齿，中脉在上面显著隆起，侧脉及网脉在两面均不甚明显；叶柄长 3 ~ 10 mm。聚伞花序侧生或腋生，花序梗细长，分枝稀疏，具 5 ~ 9 朵花；花 5 数，呈紫红色、淡紫色；萼片边缘常具紫色短睫毛；花瓣近圆形；雄蕊无花丝；子房无花柱，柱头圆。蒴果呈紫红色，具 5 条棱，倒圆锥形，长 7 ~ 9 mm，先端稍下凹。种子呈长圆形，假种皮呈橘红色。花期为 6—7 月，果期为 10—12 月。

144 福建假卫矛

***Microtropis fokienensis* Dunn**

卫矛科 Celastraceae 假卫矛属 *Microtropis*

个体数（individual number/9 hm^2）= 13 → 12 ↓

最大胸径（Max DBH）= 4.5 cm

重要值排序（importance value rank）= 128

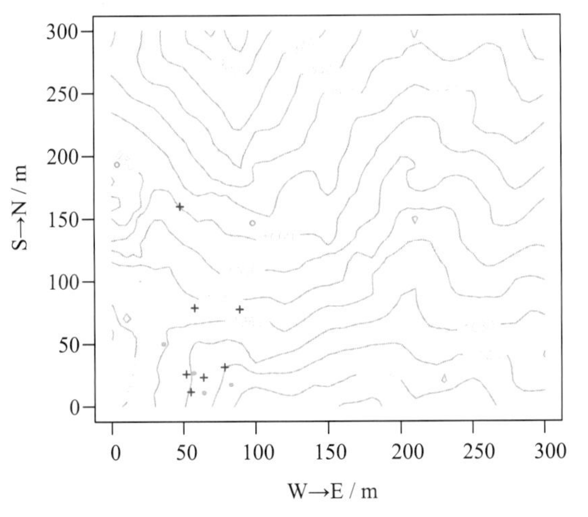

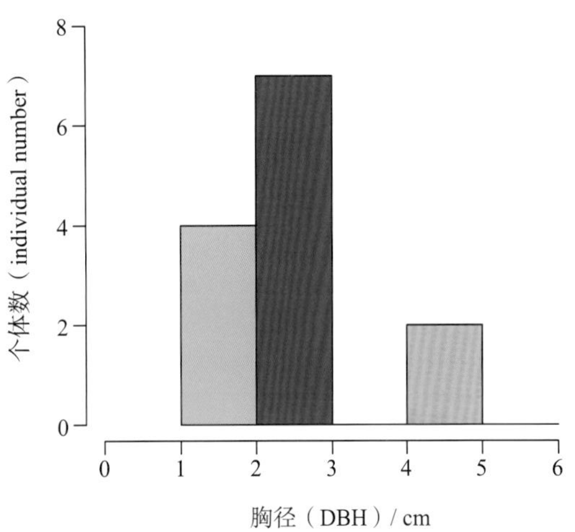

常绿灌木或小乔木，高 1.5 ~ 4 m。小枝具 4 条棱，无毛，二年生枝呈紫褐色。叶对生；叶片坚纸质或薄革质，呈长倒卵形、窄倒卵状披针形至长椭圆形，长 4 ~ 9 cm，宽 1.5 ~ 3 cm，先端急尖、短渐尖或骤尖，基部呈窄楔形或渐狭，全缘，边缘稍反卷，两面无毛，中脉在上面隆起，侧脉细弱，两面均不甚明显；叶柄长 2 ~ 8 mm。密伞花序短小紧凑，腋生或侧生，稀顶生，具 3 ~ 9 朵花；花呈黄绿色，4 或 5 数；萼片呈半圆形，边缘具睫毛；花瓣呈宽椭圆形或椭圆形；雄蕊短于花冠。蒴果常为椭球形，核果状，长 1 ~ 1.4 cm，直径 5 ~ 7 mm。花期为 2—3 月，果期为 10—12 月。

145 木姜冬青（木姜叶冬青）

***Ilex litseifolia* Hu et T. Tang**

冬青科 Aquifoliaceae 冬青属 *Ilex*

个体数（individual number/9 hm^2）= 1 106 → 841 ↓

最大胸径（Max DBH）= 37.5 cm

重要值排序（importance value rank）= 23

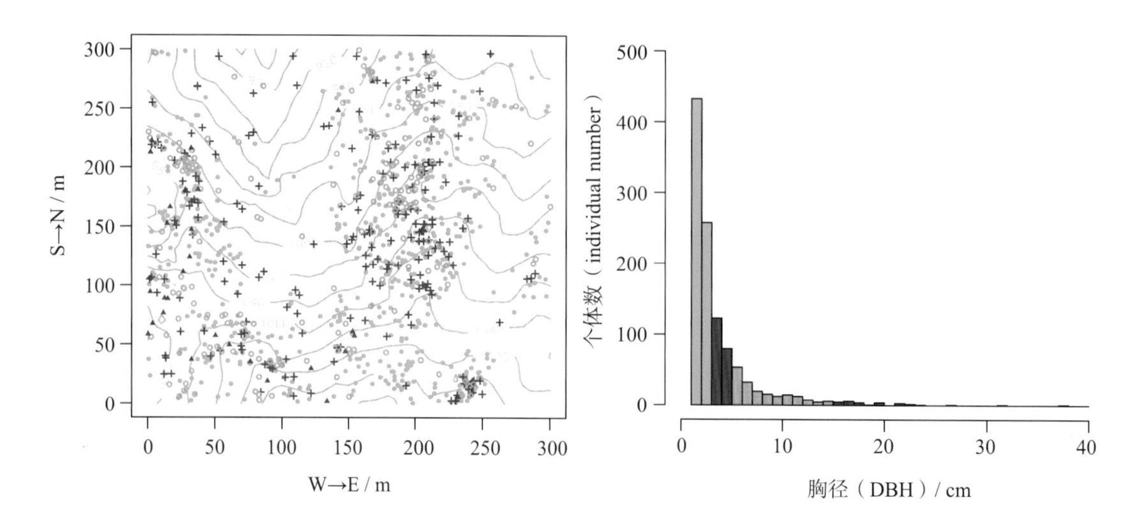

常绿小乔木，高达 7 m。叶片革质，呈卵状椭圆形或椭圆形，长 4 ~ 9.5 cm，宽 2 ~ 4.5 cm，先端渐尖，基部呈楔形略下延，全缘（萌芽枝的叶有时有锯齿），中脉两面隆起，在上面密被黄褐色短糙毛，侧脉 8 ~ 10 对，不甚明显；叶柄长 1 ~ 2 cm。聚伞花序单生于叶腋；花呈白色，5 数，稀 4 或 6 数；子房呈宽卵球形。果呈球形，成熟时呈鲜红色，直径 4 ~ 7 mm；分核 4 或 5 枚，呈椭球形，背面近平滑。花期为 5—6 月，果期为 10—11 月。

146　香冬青

***Ilex suaveolens*（Lévl.）Loes.**

冬青科　Aquifoliaceae　冬青属　*Ilex*

个体数（individual number/9 hm²）= 224 → 147 ↓

最大胸径（Max DBH）= 15.4 cm

重要值排序（importance value rank）= 58

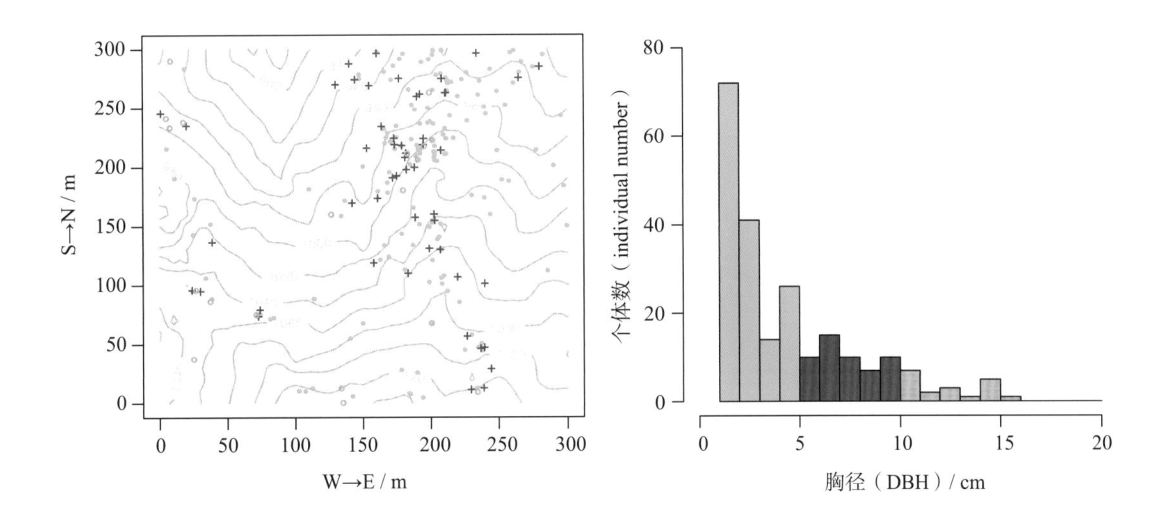

常绿乔木，高可达 15 m。叶片革质，呈卵状椭圆形至长圆形，长 5 ~ 12 cm，宽 2 ~ 3.5 cm，先端渐尖，基部呈楔形下延，边缘具钝锯齿，中脉在两面隆起，侧脉 7 或 8 对，两面均较明显；叶柄长 1.5 ~ 3 cm。伞形或聚伞花序单生于叶腋；花序梗纤细，无毛；花呈紫色或白色，4 或 5 数；子房呈卵球形，柱头呈厚盘状。果呈椭球形，成熟时呈鲜红色，直径约 6 mm；分核 4 或 5 枚，呈椭球形，背部光滑无线纹或沟。花期为 5—7 月，果期为 10—12 月。

147 冬青

***Ilex chinensis* Sims**

冬青科 Aquifoliaceae 冬青属 *Ilex*

个体数（individual number/9 hm^2）= 64 → 47 ↓

最大胸径（Max DBH）= 23.6 cm

重要值排序（importance value rank）= 82

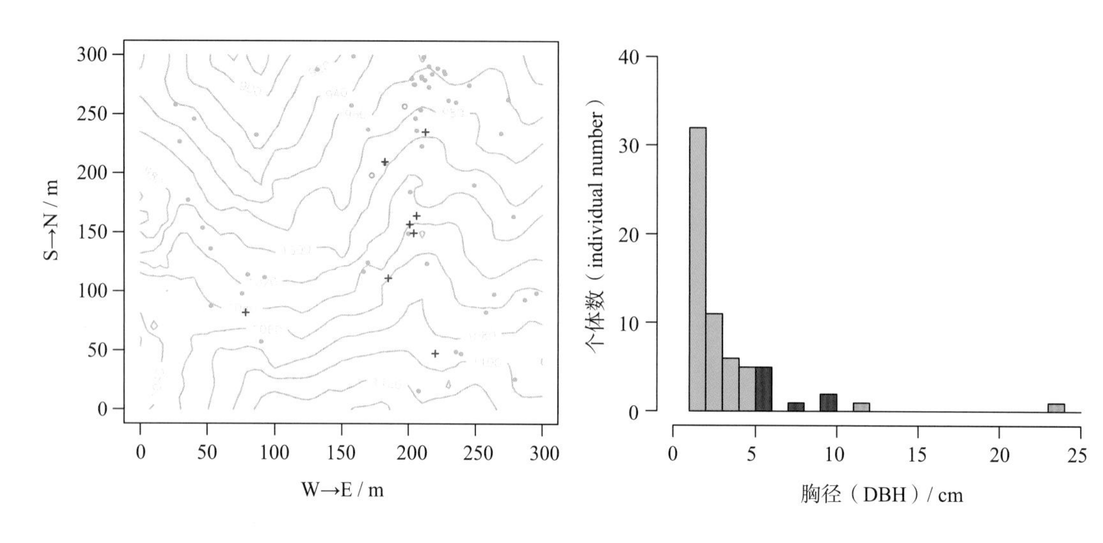

常绿乔木，高达 15 m。叶片薄革质，呈狭卵形至长圆形，长 7 ~ 11 cm，宽 2.5 ~ 4 cm，先端渐尖，基部呈宽楔形，边缘具疏浅钝齿，中脉在上面平坦，下面隆起，侧脉 7 ~ 9 对，在两面较明显；叶柄长 5 ~ 15 mm。复聚伞花序单生于叶腋，无毛；花呈淡紫色或紫红色，4 或 5 数；雄花花萼裂片宽呈三角形，花瓣呈卵圆形，雄蕊短于花瓣；雌花花萼、花瓣与雄花相似。果呈椭球形，成熟时呈鲜红色，直径 8 ~ 10 mm；分核 4 或 5 枚，呈长椭球形，背面具 1 条纵沟。花期为 4—6 月，果期为 10—12 月，可宿存于树上至次年 3 月。

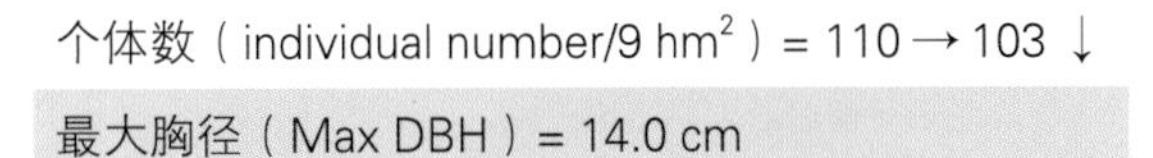

148　广东冬青

Ilex kwangtungensis **Merr.**

冬青科　Aquifoliaceae　冬青属　*Ilex*

个体数（individual number/9 hm^2）= 110 → 103 ↓

最大胸径（Max DBH）= 14.0 cm

重要值排序（importance value rank）= 66

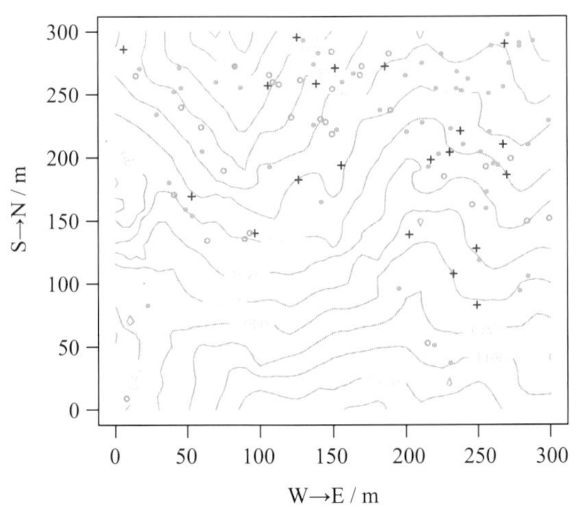

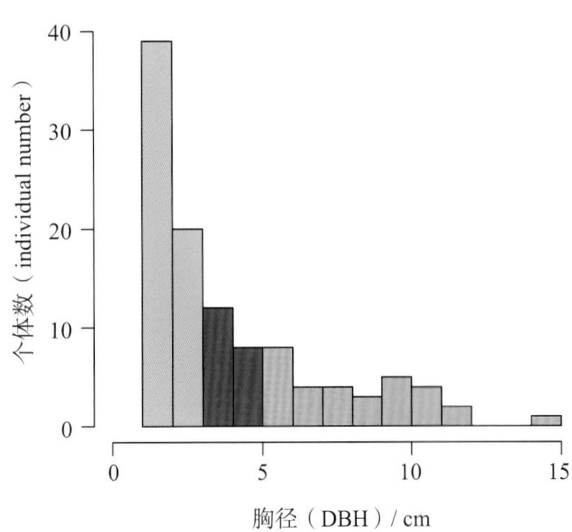

常绿小乔木，高达 9 m。小枝有棱，被毛。叶片薄革质，呈卵状椭圆形至披针形，长 7 ~ 16 cm，宽 3 ~ 7 cm，先端渐尖，基部呈钝至圆形，边缘具细小锯齿或近全缘，稍反卷，幼时两面均被微柔毛，沿脉更密，后变无毛或近无毛，中、侧脉在上面凹陷，背面隆起，侧脉 9 ~ 11 对；叶柄长 1 ~ 1.8 cm，有微毛。复聚伞花序单生于叶腋，有毛；花呈紫色；雄花花萼裂片呈圆形，花瓣呈长圆形；雌花花萼同雄花，花瓣呈卵形，退化雄蕊长约为花瓣的 3/4。果呈椭球形，直径 7 ~ 9 mm，成熟时呈鲜红色；分核 4 枚，呈椭球形，背部中央具 1 条宽而深的“U”形沟槽。花期为 6—7 月，果期为 10—12 月。

149 铁冬青

Ilex rotunda **Thunb**

冬青科 Aquifoliaceae 冬青属 *Ilex*

个体数（individual number/9 hm²）= 70 → 57 ↓

最大胸径（Max DBH）= 15.8 cm

重要值排序（importance value rank）= 79

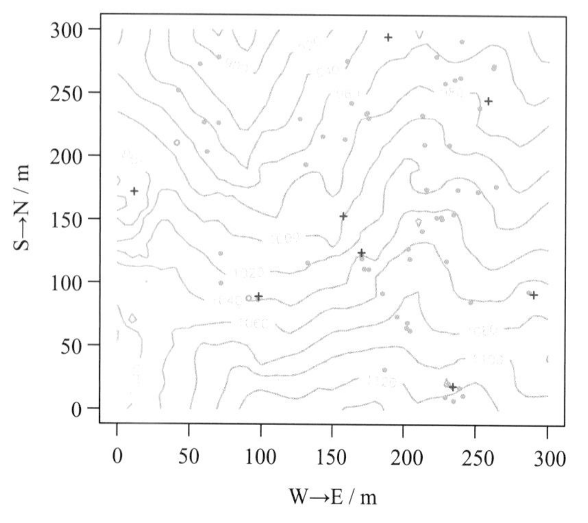

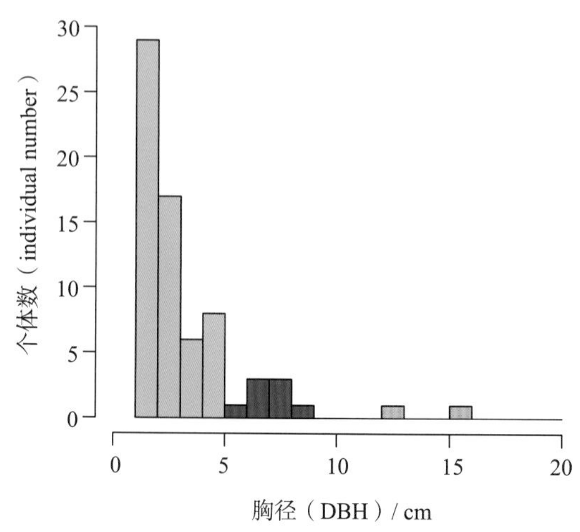

常绿乔木，高可达 15 m。幼枝具棱，常呈紫色。叶片薄革质，呈倒卵形至椭圆形，长 4 ~ 10 cm，宽 2 ~ 4 cm，先端渐尖，基部呈楔形，全缘，小树及萌芽枝有时疏生小齿，中脉在上面凹入，下面隆起，侧脉 7 或 8 对，两面较明显；叶柄长 1 ~ 2 cm，常为紫色。聚伞花序伞形状，单生叶于腋；花呈白色或淡紫色；雄花花萼裂片呈三角形，花瓣呈长圆形，开放时反折，雄蕊明显露出；雌花花萼裂片呈三角形，花瓣呈倒卵状长圆形，子房呈卵状圆锥形。果近球形，成熟时呈鲜红色，直径 6 ~ 8 mm；分核 5 ~ 7 枚，呈椭球形，背面具 3 条线纹和 2 条浅沟。花期为 4—5 月，果期为 9—12 月，可宿存于树上至次年 3 月。

150　三花冬青

***Ilex triflora* Blume**

冬青科　Aquifoliaceae　冬青属　*Ilex*

个体数（individual number/9 hm^2）= 3 → 4 ↑

最大胸径（Max DBH）= 2.6 cm

重要值排序（importance value rank）= 162

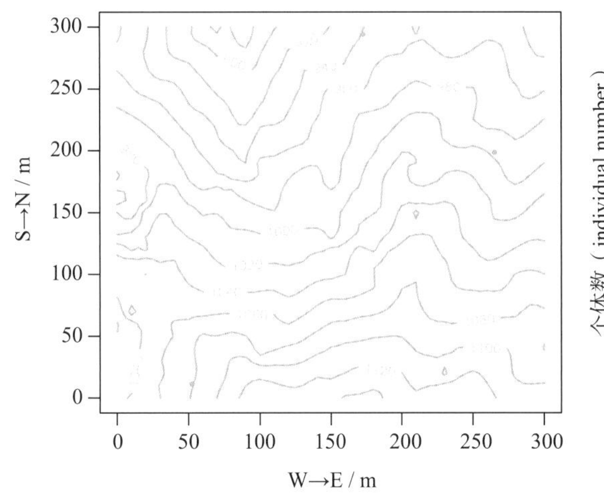

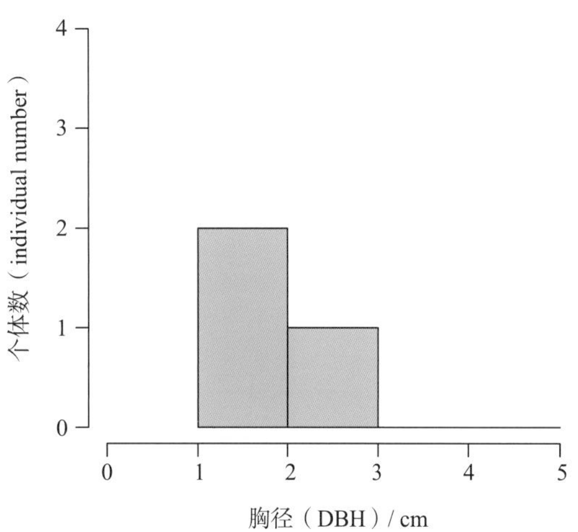

常绿灌木或小乔木，高可达 10 m。小枝无毛或近无毛。叶片薄革质，呈椭圆形至卵状椭圆形，长 3 ~ 9 cm，宽 1.5 ~ 4 cm，先端急尖或短渐尖，基部呈圆形或钝，边缘具浅锯齿，两面被微柔毛或变无毛，下面具腺点；叶柄长 5 ~ 7 mm，无毛。花序簇生，具 1 ~ 3 朵花；雄花花萼裂片呈卵圆形，花瓣呈阔卵形，雄蕊略长于花冠；雌花花萼同雄花，花瓣呈阔卵形或近圆形。果近球形，直径约 7 mm，成熟时呈紫黑色；分核 4 枚，呈卵状椭球形，背部具 3 条纹，无沟。花期为 4—5 月，果期为 7—12 月。

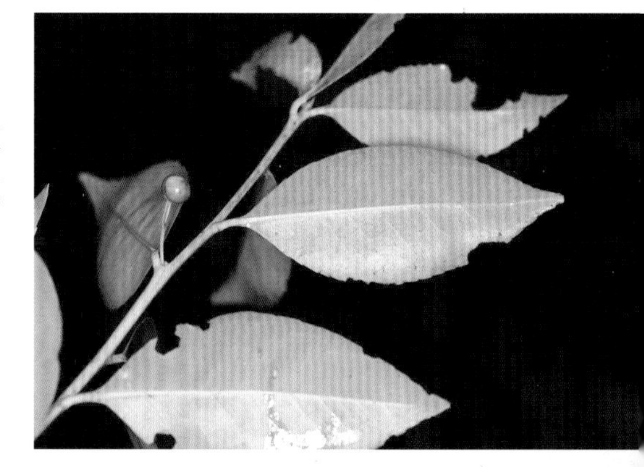

151 毛枝三花冬青

***Ilex triflora* var. *kanehirai*（Yamamoto） S. Y. Hu**

冬青科 Aquifoliaceae 冬青属 *Ilex*

个体数（individual number/9 hm^2）= 52 → 41 ↓

最大胸径（Max DBH）= 10.7 cm

重要值排序（importance value rank）= 94

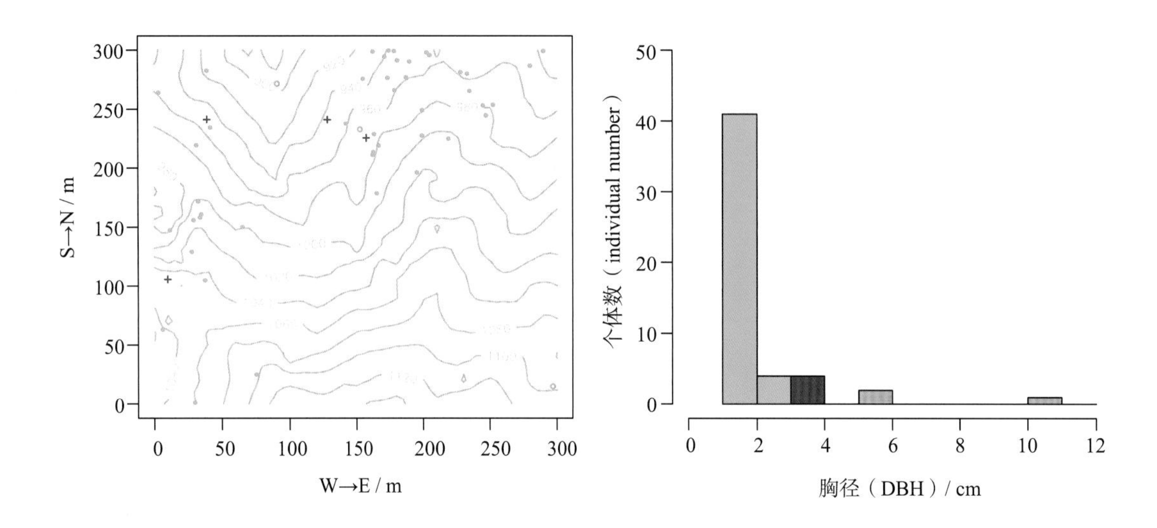

常绿灌木或小乔木，高可达 10 m。小枝无毛或近无毛。叶片薄革质，呈椭圆形至卵状椭圆形，长 3 ~ 9 cm，宽 1.5 ~ 4 cm，先端急尖或短渐尖，基部呈圆形或钝，边缘具浅锯齿，两面被微柔毛或变无毛，下面具腺点；叶柄长 5 ~ 7 mm，无毛。花序簇生，具 1 ~ 3 朵花；雄花花萼裂片呈卵圆形，花瓣呈阔卵形，雄蕊略长于花冠；雌花花萼同雄花，花瓣呈阔卵形或近圆形。果近球形，直径约 7 mm，成熟时呈紫黑色；分核 4 枚，呈卵状椭球形，背部具 3 条纹，无沟。花期为 4—5 月，果期为 7—12 月。

毛枝三花冬青与三花冬青的区别为小枝密被短柔毛；叶片两面均被毛，先端圆形或钝。

152 钝齿冬青（齿叶冬青）

***Ilex crenata* Thunb.**

冬青科 Aquifoliaceae 冬青属 *Ilex*

个体数（individual number/9 hm^2）= 5 → 3 ↓

最大胸径（Max DBH）= 2.5 cm

重要值排序（importance value rank）= 153

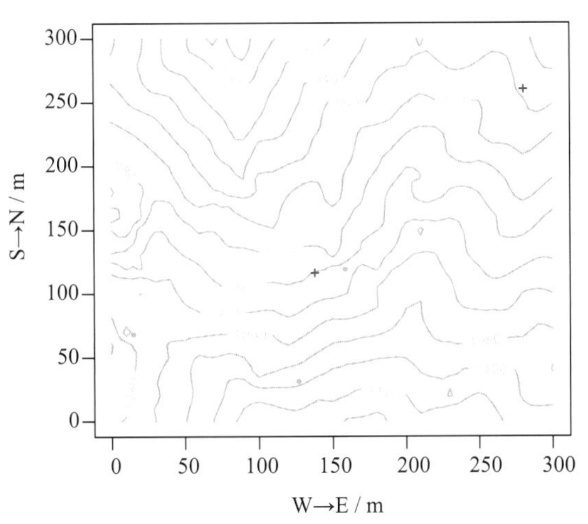

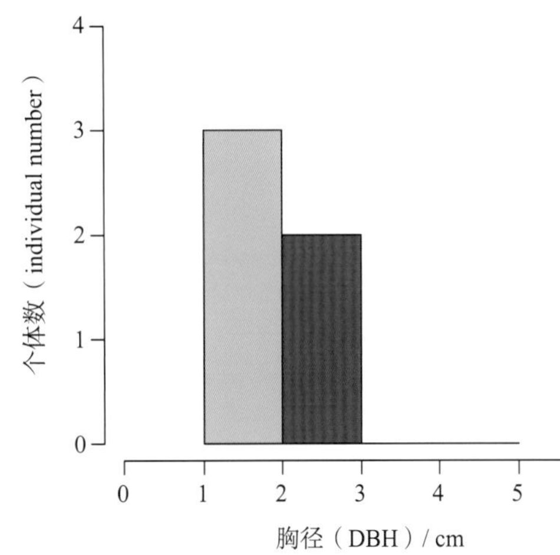

常绿灌木，高 1 ~ 3 m。小枝有棱，密生短柔毛。叶片革质，呈倒卵形至长圆状椭圆形，长 1 ~ 3.5 cm，宽 5 ~ 15 mm，先端圆钝或急尖，基部钝或呈楔形，边缘具圆齿状锯齿，上面除沿中脉被短柔毛外，余无毛，下面无毛，密生褐色腺点，中脉在叶上面平坦或稍凹入，在下面隆起，侧脉 3 ~ 5 对，与网脉均不明显；叶柄长 3 ~ 5 mm。花呈白色；雄花组成聚伞花序，单生或假簇生，花萼裂片呈阔三角形，边缘呈啮蚀状，花瓣呈阔椭圆形，雄蕊短于花瓣；雌花单花或组成聚伞花序单生于叶腋，花萼裂片呈圆形，花瓣呈卵形，基部合生，退化雄蕊长为花瓣的 1/2，子房呈卵球形。果呈球形，直径 6 ~ 8 mm，成熟时呈黑色；分核 4 枚，呈长椭球形，平滑，具条纹，无沟。花期为 5—6 月，果期为 8—10 月。

153 绿冬青（亮叶冬青）

Ilex viridis **Champ. Ex Benth.**

冬青科 Aquifoliaceae 冬青属 *Ilex*

Ilex 个体数（individual number/9 hm^2）= 7 → 8 ↑

最大胸径（Max DBH）= 3.8 cm

重要值排序（importance value rank）= 145

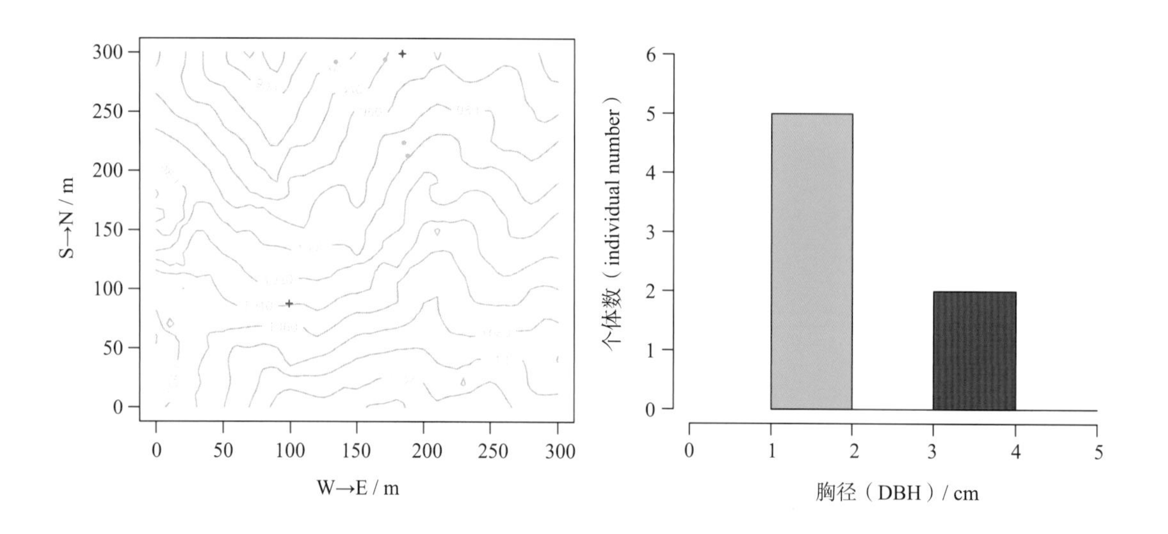

常绿小乔木，高可达 5 m。小枝呈绿色，有棱或条纹，无毛。叶片革质，呈卵形、倒卵形或椭圆形，长 2 ~ 8 cm，宽 1.5 ~ 3 cm，先端渐尖，基部呈楔形，稀近圆形，边缘有钝锯齿，下面有褐色腺点，中脉在上面深凹陷，疏被短柔毛，下面隆起，无毛；叶柄长 3 ~ 5 mm。雄花组成聚伞花序，萼裂片呈阔三角形，花瓣呈倒卵形或圆形，雄蕊短于花冠；雌花单生，萼裂片近圆形，花冠似雄花。果呈球形，直径 9 ~ 11 mm，成熟时呈紫黑色；分核 4 枚，近球形，背部具羽状突起的线纹。花期为 4—5 月，果期为 10—12 月。

154　大叶冬青（苦丁茶）

***Ilex latifolia* Thunb.**

冬青科　Aquifoliaceae　冬青属　*Ilex*

个体数（individual number/9 hm^2）= 88 → 69 ↓

最大胸径（Max DBH）= 22.7 cm

重要值排序（importance value rank）= 73

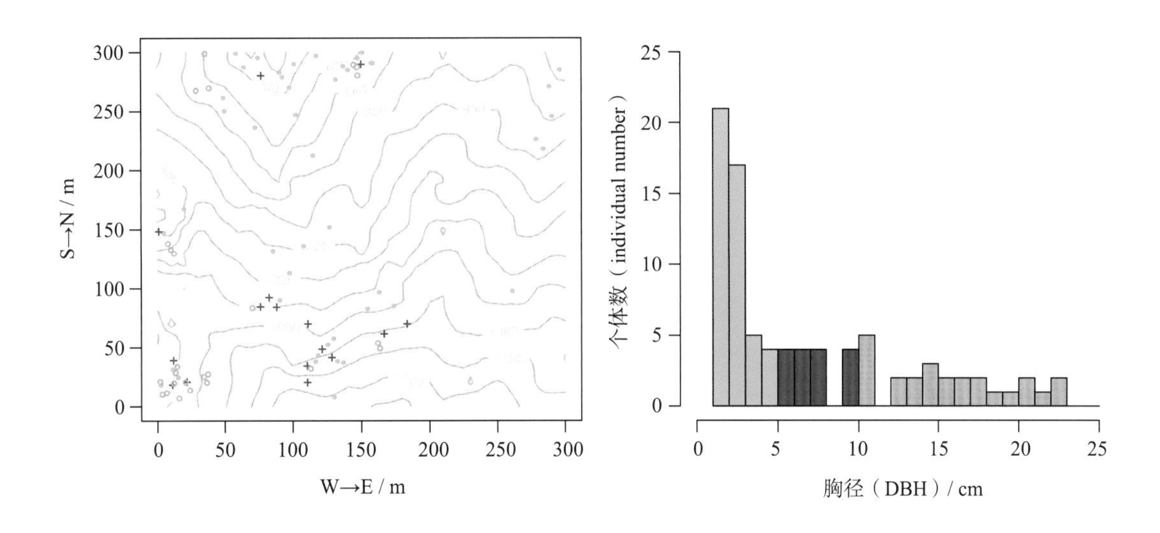

常绿乔木，高达 15 m。叶片厚革质，呈长圆形至近卵形，长 8 ~ 25 cm，宽 4.5 ~ 8 cm，先端急尖或钝尖，基部呈宽楔形至近圆形，边缘有疏锯齿，中脉在上面凹陷，下面隆起，侧脉 7 ~ 9 对，在上面明显，下面不明显；叶柄长 1.5 ~ 2.5 cm。花序簇生，呈圆锥状，有主轴；雄花序每分枝具多花，花萼裂片呈卵圆形，花瓣呈长圆形，基部稍联合，雄蕊与花瓣近等长；雌花序每分枝具 1 ~ 3 朵花，花瓣呈卵形，子房呈卵球形。果呈球形，成熟时呈鲜红色，直径 6 ~ 8 mm；分核 4 枚，呈长椭球形，背面有 3 条纵脊。花期为 4—5 月，果期为 10—12 月，可宿存于树上至次年 4 月。

155 短梗冬青（华东冬青）

Ilex buergeri **Miq.**

冬青科 Aquifoliaceae 冬青属 *Ilex*

个体数（individual number/9 hm²）= 52 → 41 ↓

最大胸径（Max DBH）= 21.0 cm

重要值排序（importance value rank）= 100

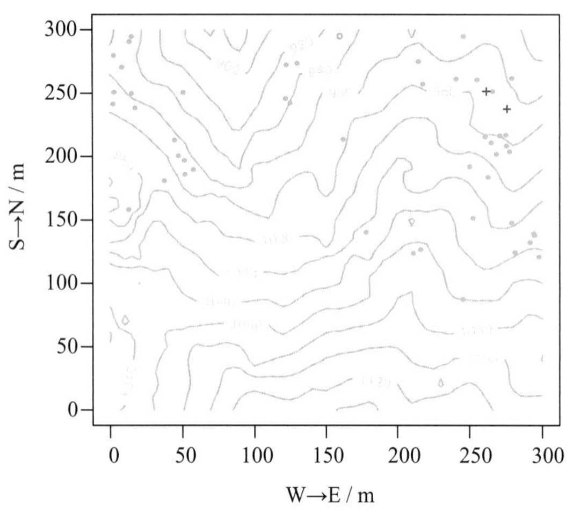

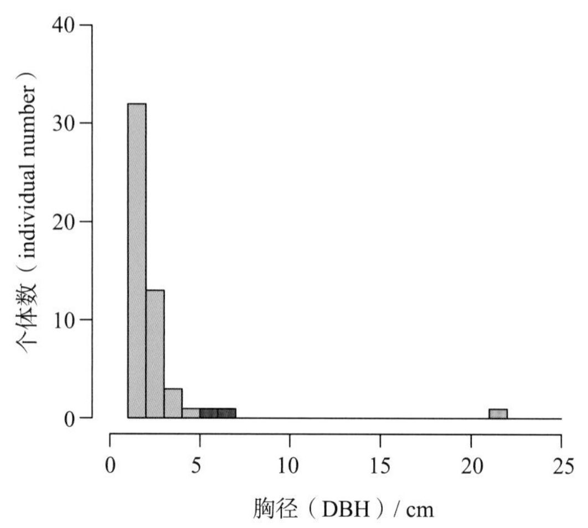

常绿乔木，高 8 ~ 15 m。小枝密被短柔毛。叶片革质或薄革质，呈卵形至卵状披针形，长 4 ~ 8 cm，宽 1.7 ~ 2.5 cm，先端渐尖，基部呈圆形、钝或阔楔形，边缘稍反卷，具疏而不规则的浅锯齿，上面除沿中脉被微柔毛外，余无毛，下面无毛，中脉在上面凹陷，下面隆起，侧脉每边 7 或 8 条；叶柄长 5 ~ 8 mm。花序簇生；雄花花萼裂片呈三角形，花瓣呈长圆状倒卵形，雄蕊较花瓣长；雌花花萼、花冠似雄花，退化雄蕊与花瓣等长或稍短，子房呈卵球形。果呈球形或近球形，直径 4.5 ~ 6 mm，成熟时呈红色，表面具小瘤点；分核 4 枚，近球形，背面具 4 或 5 条纵浅槽，侧面具皱纹及槽。花期为 3—4 月，果期为 10—12 月。

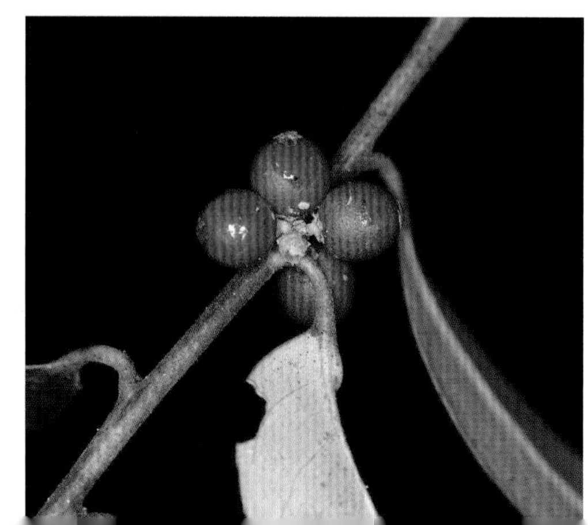

156　台湾冬青

***Ilex formosana* Maxim.**

冬青科　Aquifoliaceae　冬青属　*Ilex*

个体数（individual number/9 hm^2）= 54 → 49 ↓

最大胸径（Max DBH）= 25.5 cm

重要值排序（importance value rank）= 87

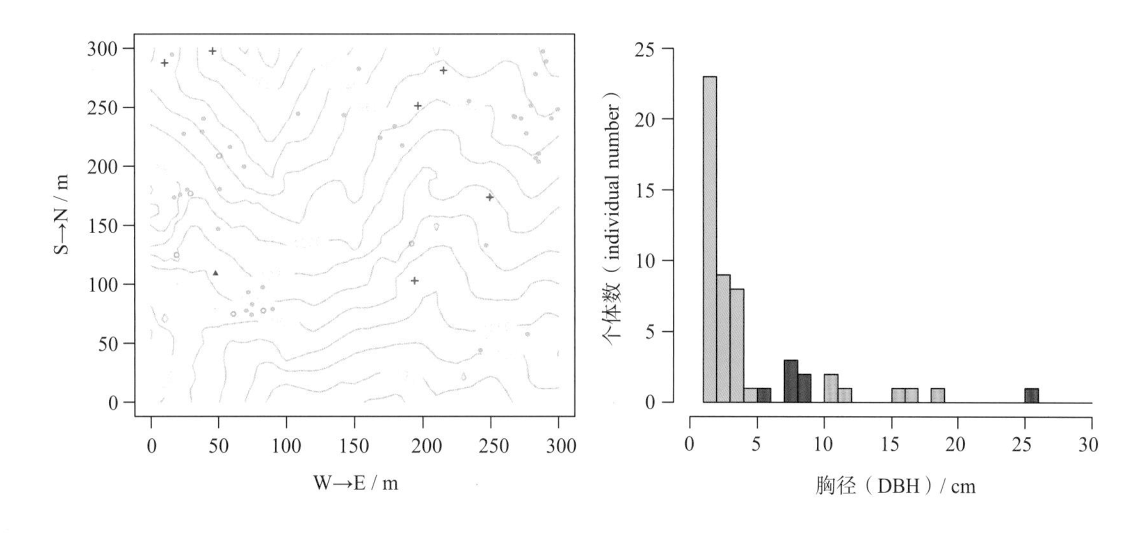

常绿乔木，高可达 15 m。小枝无毛。叶片革质或薄革质，呈长圆形或长圆状披针形，长 6 ~ 12 cm，宽 2 ~ 3.5 cm，先端尾状渐尖，基部呈楔形，边缘疏生不规则锯齿，两面无毛，中脉在上面凹陷，下面隆起，侧脉 7 ~ 10 对；叶柄长 5 ~ 8 mm，上面有宽沟或平坦。聚伞花序簇生于叶腋；花 4 数，呈黄绿色；雄花花梗长 2 ~ 3 mm，花萼裂片呈宽三角形，具睫毛，花瓣呈长圆形，雄蕊与花瓣近等长；雌花簇生于 1 短主轴上，呈假总状，每分枝具 1 朵花，花梗长 2 ~ 3 mm，密被毛，花萼同雄花，花瓣呈卵形，退化雄蕊长为花瓣的 2/3。果近球形，直径 4 ~ 5 mm，成熟时呈红色，果皮平滑；分核 4 枚，呈椭球形或近球形，背面基部具掌状棱及槽。花期为 3—4 月，果期为 8—12 月。

157 榕叶冬青

Ilex ficoidea **Hemsl.**

冬青科 Aquifoliaceae 冬青属 *Ilex*

个体数（individual number/9 hm^2）= 1 095 → 869 ↓

最大胸径（Max DBH）= 31.7 cm

重要值排序（importance value rank）= 26

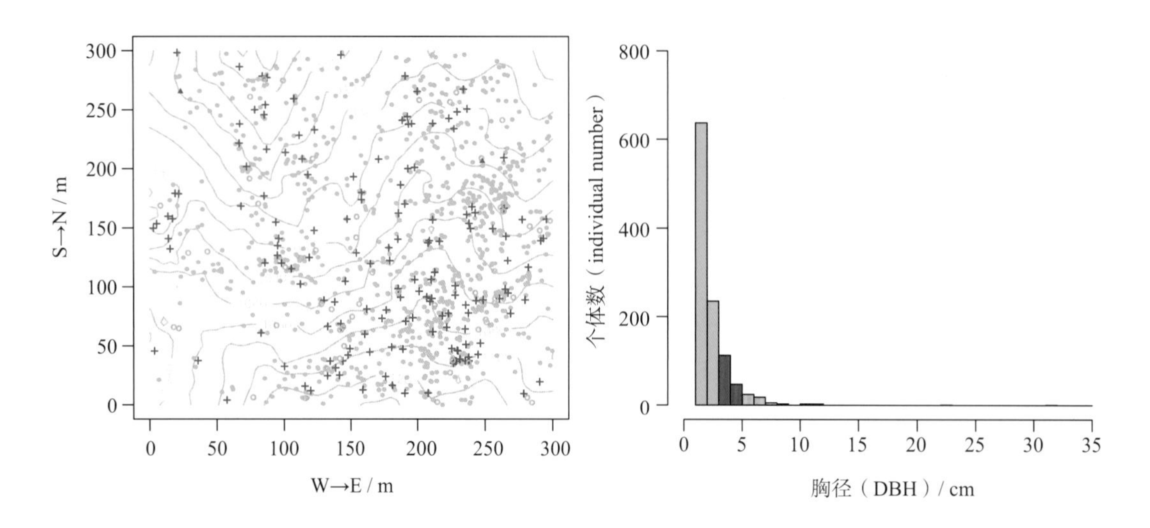

常绿小乔木，高 4 ~ 12 m。小枝无毛。叶片革质，呈卵形、卵状椭圆形、长圆形至倒披针形，长 4.5 ~ 11 cm，宽 1.5 ~ 3.5 cm，先端尾状渐尖，基部呈楔形至近圆形，边缘具不规则的细圆齿状锯齿，两面无毛，中脉在上面凹陷，下面隆起，侧脉 8 ~ 10 对，不明显，上面有光泽；叶柄长 1 ~ 2 cm，上面有深沟。花 4 数，呈黄绿色；雄花组成聚伞花序，每花序具 1 ~ 3 朵花，花萼裂片呈三角形，花瓣呈卵状长圆形，雄蕊稍长于花瓣；雌花序簇生，每花序为单花，花萼裂片呈三角形，龙骨状突起，花瓣呈卵形。果呈球形，直径 5 ~ 7 mm，成熟时呈红色，果皮具细微小瘤点；分核 4 枚，呈长椭球形或近球形，背部具掌状条纹和沟槽，沿中央具 1 条浅纵槽，两侧面具皱条纹及洼点。花期为 3—4 月，果期为 8—12 月。

158　毛冬青

***Ilex pubescens* Hook. et Arn**

冬青科　Aquifoliaceae　冬青属　*Ilex*

个体数（individual number/9 hm^2）= 1 → 1

最大胸径（Max DBH）= 1.2 cm

重要值排序（importance value rank）= 190

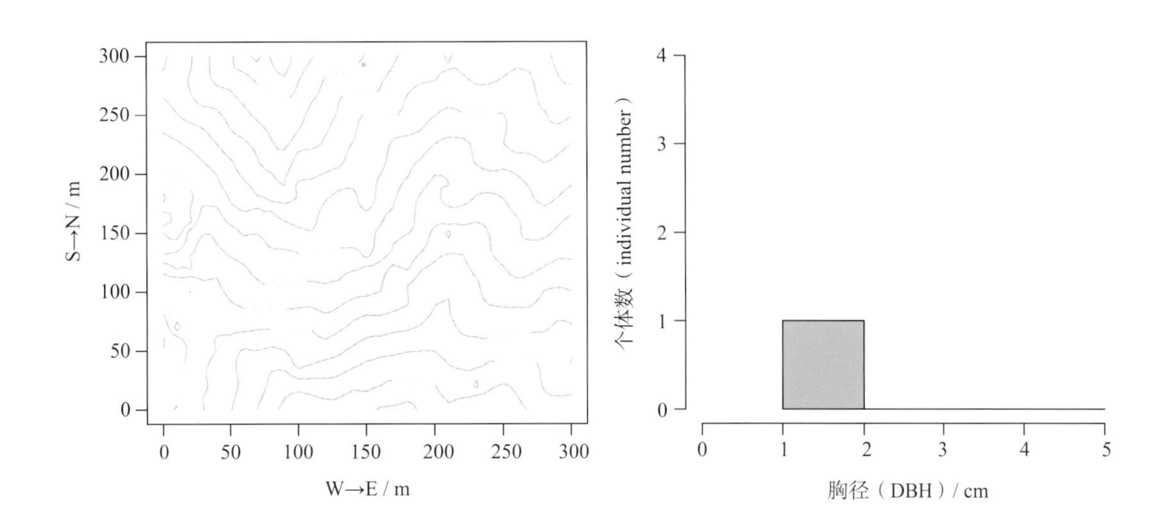

常绿灌木，高 1.5 ~ 4 m。小枝密被开展粗毛。叶片厚纸质，呈椭圆形或长卵形，长 2 ~ 6 cm，宽 1 ~ 2.5 cm，先端急尖或短渐尖，基部钝，边缘具短芒状细齿，叶两面被长硬毛，沿脉更密，中脉在上面平坦或稍凹陷，下面隆起，侧脉 4 或 5 对；叶柄长 3 ~ 4 mm，被毛。花序簇生，密被长硬毛；雄花组成聚伞花序，簇生，花呈淡紫色，花萼裂片呈卵状三角形，花瓣呈卵状长圆形或倒卵形；雌花单花簇生，稀 3 花，花萼裂片呈宽卵形，花瓣呈长圆形。果呈球形，直径 3 ~ 4 mm，成熟时呈红色，密被长硬毛；分核 6 枚，稀 5 或 7 枚，呈椭球形，背面具纵宽的单沟，两侧面平滑。花期为 4—5 月，果期为 10—12 月。

159 厚叶冬青

Ilex elmerrilliana **S. Y. Hu**

冬青科 Aquifoliaceae 冬青属 *Ilex*

个体数（individual number/9 hm^2）= 23 → 20 ↓

最大胸径（Max DBH）= 9.1 cm

重要值排序（importance value rank）= 116

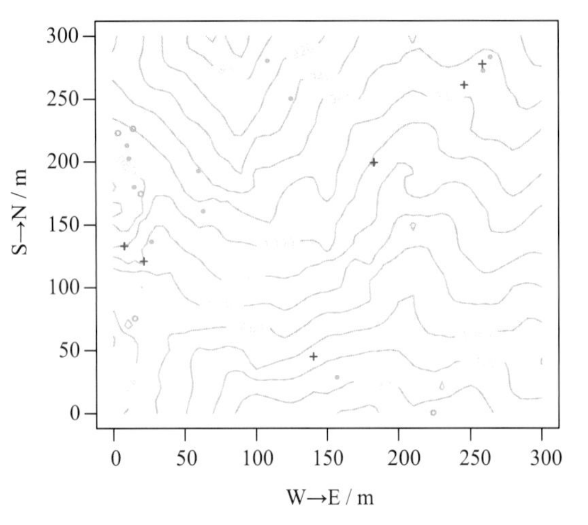

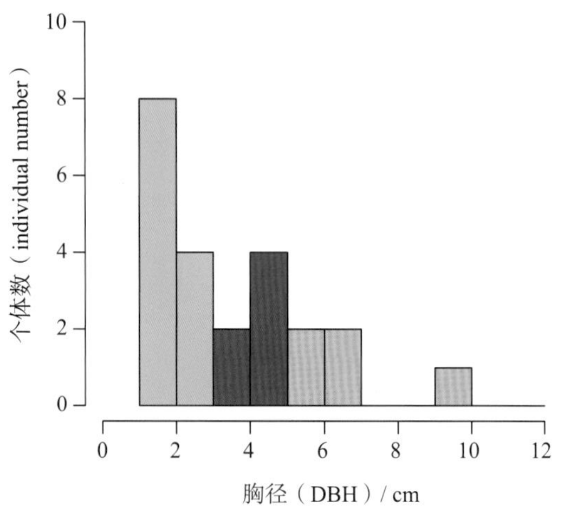

常绿灌木或小乔木，高 2 ~ 7 m。幼枝具棱，无毛。叶片革质或厚革质，呈椭圆形或长圆状椭圆形，长 5 ~ 9 cm，宽 2 ~ 3.5 cm，先端短渐尖，基部呈楔形，全缘，两面无毛，中脉在上面凹陷，下面隆起，侧脉及网脉在两面均不明显；叶柄长 2 ~ 8 mm。花序簇生；雄花序每分枝具 1 ~ 3 朵花，花梗长 5 ~ 10 mm，花萼裂片呈三角形，花瓣呈长圆形，雄蕊与花瓣近等长，退化子房呈圆锥形；雌花序簇生，每分枝具 1 朵花，花梗长 4 ~ 6 mm，花萼同雄花，花瓣呈长圆形，退化雄蕊长约为花瓣的 1/2。果呈球形，直径约 5 mm，成熟时呈红色；分核 6 或 7 枚，呈椭球形，背部具 1 条纤细的脊，脊的末端稍分枝。花期为 4—5 月，果期为 10—12 月，可宿存至次年 2 月。

160　尾叶冬青

***Ilex wilsonii* Loes.**

冬青科　Aquifoliaceae　冬青属　*Ilex*

个体数（individual number/9 hm^2）= 1 607 → 1 465 ↓

最大胸径（Max DBH）= 22.4 cm

重要值排序（importance value rank）= 17

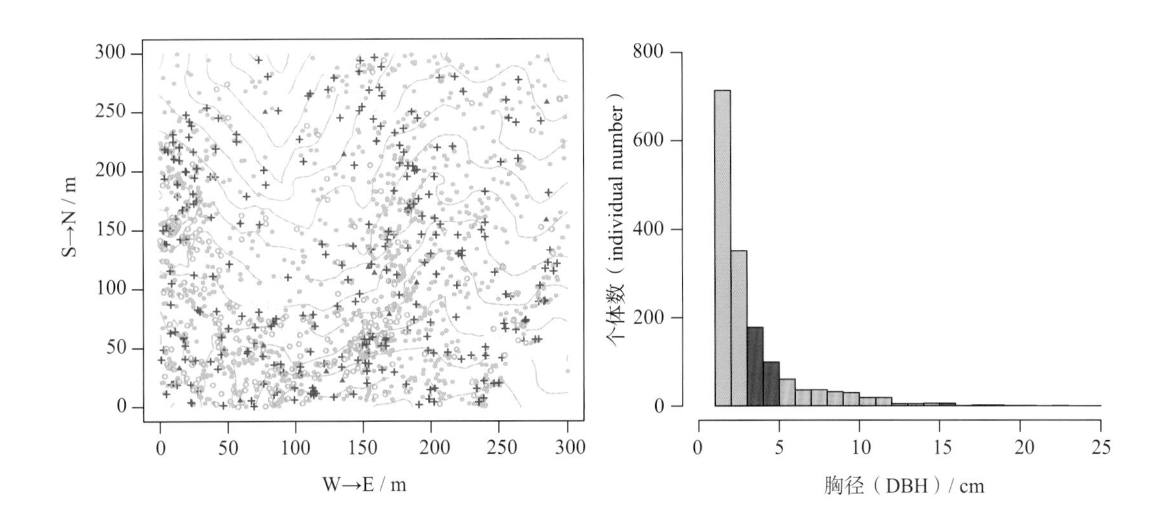

常绿小乔木，高达 10 m。小枝无毛或近无毛。叶片革质，呈卵形或卵状椭圆形，长 4 ~ 6 cm，宽 2 ~ 3 cm，先端尾状渐尖，基部呈楔形，全缘，两面无毛，中脉在上面平坦或微隆起，下面隆起，侧脉 5 ~ 7 对；叶柄长 7 ~ 10 mm。花序簇生；花呈白色，4 或 5 数；雄花花萼裂片呈卵状三角形，花瓣呈卵形，基部稍联合，雄蕊短于花瓣；雌花序每分枝仅具 1 朵花，花萼和花瓣与雄花相似。果呈球形，成熟时呈鲜红色，直径 4 ~ 5 mm；分核 4 枚，呈宽椭球形，背面有 3 或 4 条线纹，无沟。花期为 5 月，果期为 8—12 月。

161 矮冬青

***Ilex lohfauensis* Merr.**

冬青科 Aquifoliaceae 冬青属 *Ilex*

个体数（individual number/9 hm^2）= 5 → 5

最大胸径（Max DBH）= 4.8 cm

重要值排序（importance value rank）= 151

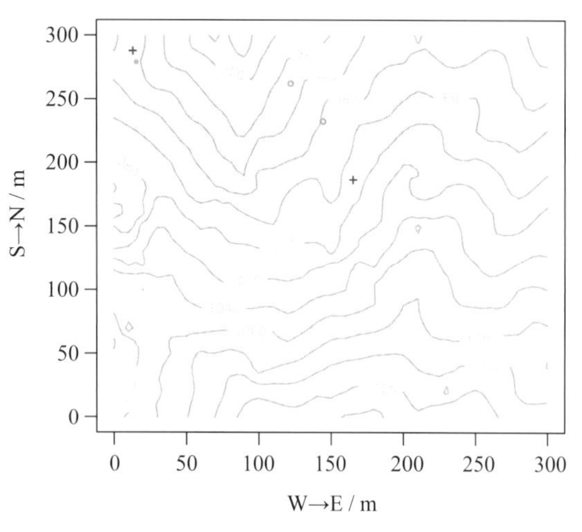

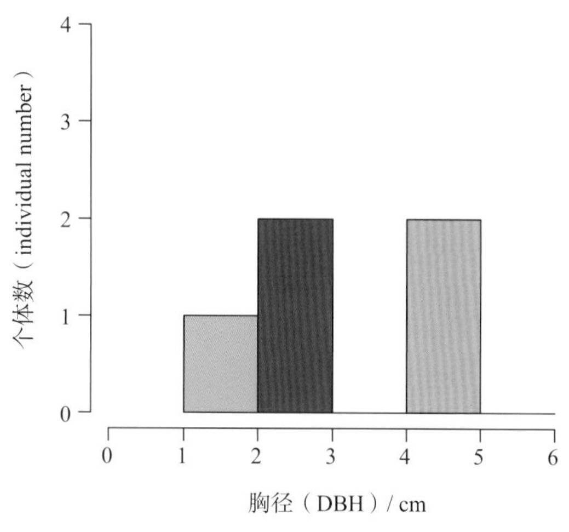

常绿灌木或小乔木，高 2 ~ 6 m。小枝密被毛。叶片薄革质，呈椭圆形至长圆形，稀为菱形或倒心形，长 1 ~ 2.5 cm，宽 5 ~ 13 mm，先端微凹，基部呈楔形，全缘，两面仅沿中脉被短柔毛，中脉两面隆起，侧脉不明显；叶柄长 1 ~ 2 mm，有毛。花呈粉红色或白色；雄花组成聚伞花序，簇生，花萼裂片呈圆形，啮蚀状，花瓣呈椭圆形，雄蕊长为花瓣的 1/2；雌花单朵簇生，花萼与花冠同雄花，退化雄蕊长为花瓣的 3/4。果呈球形，直径约 4 mm，成熟时呈红色；分核 4 枚，呈宽椭球形，背面具 3 条纵纹，无沟槽。花期为 6—7 月，果期为 10—12 月。

162　小果冬青

Ilex micrococca Maxim.

冬青科　Aquifoliaceae　冬青属　*Ilex*

个体数（individual number/9 hm^2）= 54 → 49 ↓

最大胸径（Max DBH）= 40.0 cm

重要值排序（importance value rank）= 64

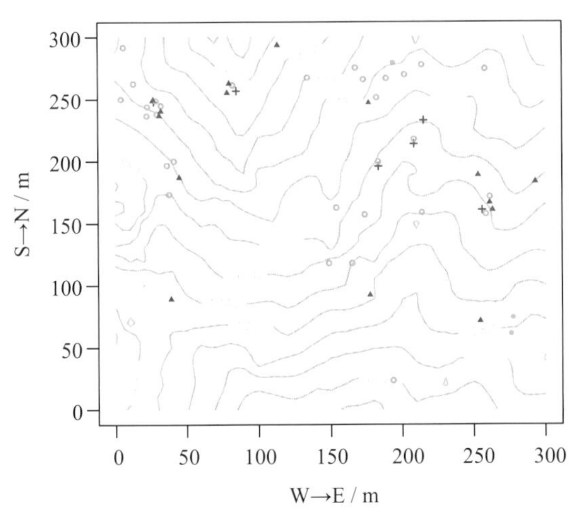

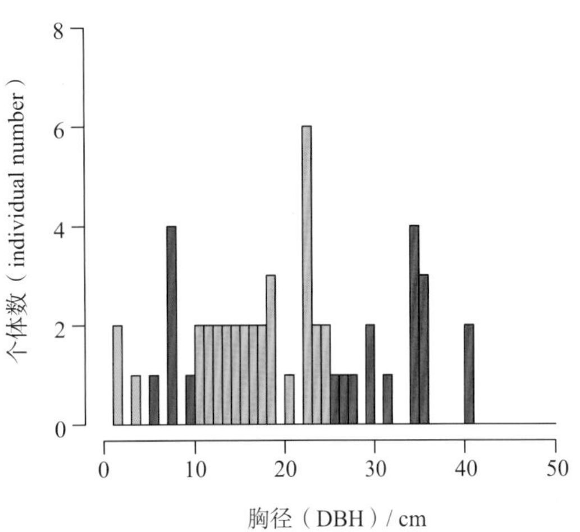

落叶乔木，高达 20 m。主干通直；枝条无长短枝之分，小枝具皮孔，幼枝常紫色，无毛。叶片膜质或纸质，呈卵形至卵状长圆形，长 7 ~ 13 cm，宽 3 ~ 5 cm，先端长渐尖，基部呈圆形或阔楔形，常不对称，边缘近全缘或具芒状锯齿，两面无毛，中脉在上面微下凹，背面隆起，侧脉 5 ~ 8 对；叶柄纤细，长 1.5 ~ 3 cm，无毛，紫色。伞房状聚伞花序单生于叶腋，花呈白色；雄花花萼裂片呈宽三角形，花瓣呈长圆形，雄蕊与花瓣互生且近等长；雌花花萼、花瓣同雄花，退化雄蕊长为花瓣的 1/2。果呈球形，成熟时呈红色，直径约 3 mm；分核 6 ~ 8 枚，呈椭球形，背面略粗糙，具纵向单沟，侧面平滑。花期为 5—6 月，果期为 9—10 月。

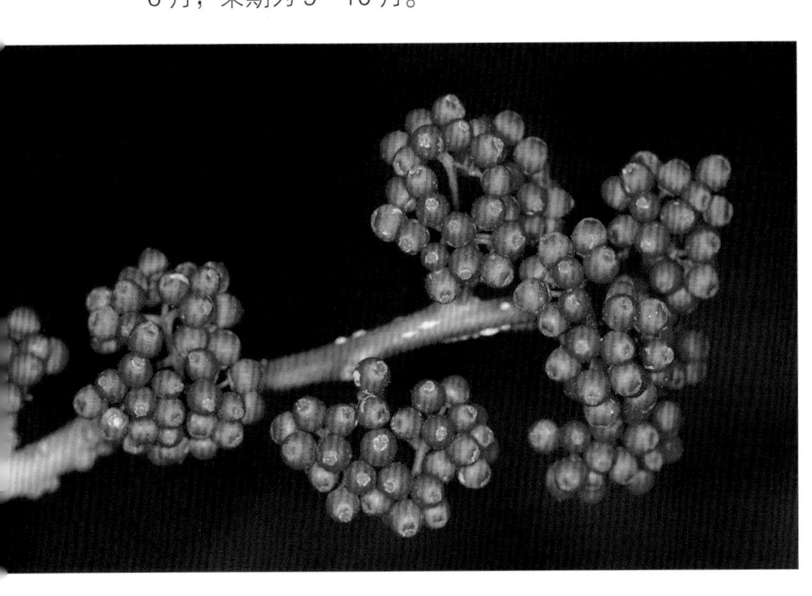

163 野桐（黄背野桐）

Mallotus tenuifolius **Pax**

大戟科 Euphorbiaceae 野桐属 *Mallotus*

个体数（individual number/9 hm^2）= 1 → 1

最大胸径（Max DBH）= 23.0 cm

重要值排序（importance value rank）= 177

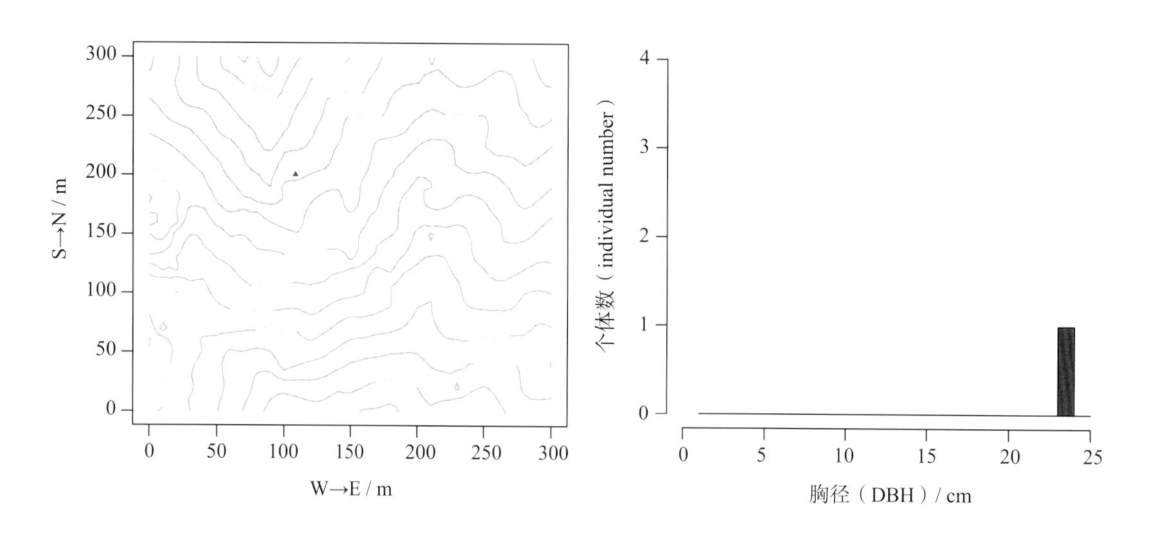

落叶灌木或小乔木。嫩枝、叶柄及花序均密被褐色星状毛。叶片纸质，呈宽卵形或近圆形，全缘或微 3 裂，长 8 ~ 15 cm，宽 5 ~ 12 cm，先端渐尖，基部呈宽楔形至近心形，上面无毛或散生星状毛，下面疏被褐色星状毛，黄色颗粒状腺体清晰可见，基出脉 3 条，基部有 2 条腺体；叶柄基生，长 3 ~ 8 cm。总状花序顶生，不分枝；花单性，雌雄异株，芳香；雄花花萼 3 裂，雄蕊多数；雌花花萼 5 裂，外面密被褐色星状毛，子房 3 室，花柱 3 根。果序成熟时直立或斜举；蒴果呈球形，直径约 8 mm，密被软刺。花期为 5—6 月，果期为 8—10 月。

164　光叶毛果枳椇

Hovenia trichocarpa* var. *robusta

（Nakai et Y. Kimura）Y. L. Chen et P. K. Chou

鼠李科　Rhamnaceae　枳椇属　*Hovenia*

个体数（individual number/9 hm²）= 15 → 14 ↓

最大胸径（Max DBH）= 40.7 cm

重要值排序（importance value rank）= 108

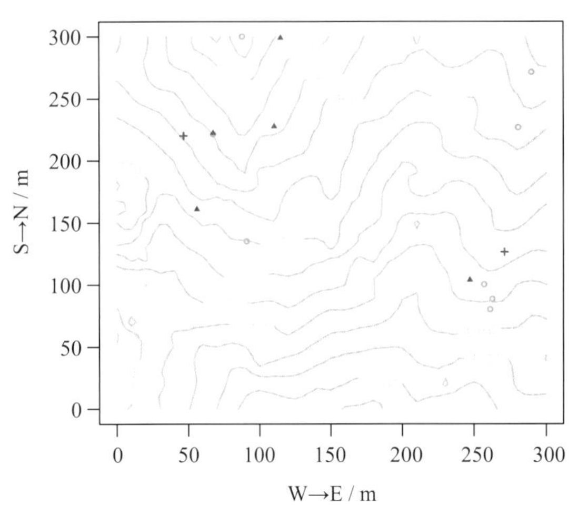

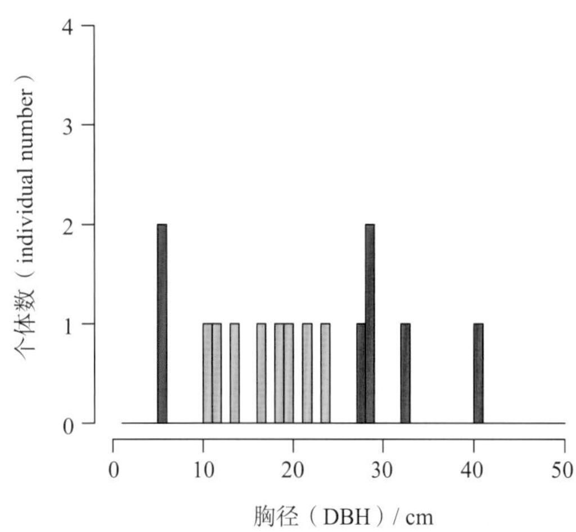

落叶乔木，高达 18 m。小枝无毛，呈褐色或褐紫色，皮孔明显。叶片纸质，呈宽椭圆状卵形、卵形或椭圆状卵形，长 10 ~ 18 cm，宽 7 ~ 15 cm，先端渐尖或长渐尖，基部呈圆形或微心形，边缘具钝圆锯齿，稀近全缘，两面无毛或仅下面沿脉疏被柔毛；叶柄长 2 ~ 4 cm。二歧聚伞花序顶生或腋生，花序轴和花梗密被锈色或黄褐色短绒毛；花萼密被锈色短柔毛，萼片具明显网脉；花瓣呈卵圆状匙形，黄绿色；花盘密被锈色长柔毛；花柱 3 深裂，下部疏被柔毛。浆果状核果近球形，直径约 8 mm，密被锈色或棕色绒毛。种子呈黑色或棕色，直径 4 ~ 5.5 mm，腹面中部有棱。花期为 5—7 月，果期为 6—10 月。

165 东方古柯

***Erythroxylum sinense* C. Y. Wu**

古柯科 Erythroxylaceae 古柯属 *Erythroxylum*

个体数（individual number/9 hm^2）= 11 → 9 ↓

最大胸径（Max DBH）= 6.9 cm

重要值排序（importance value rank）= 138

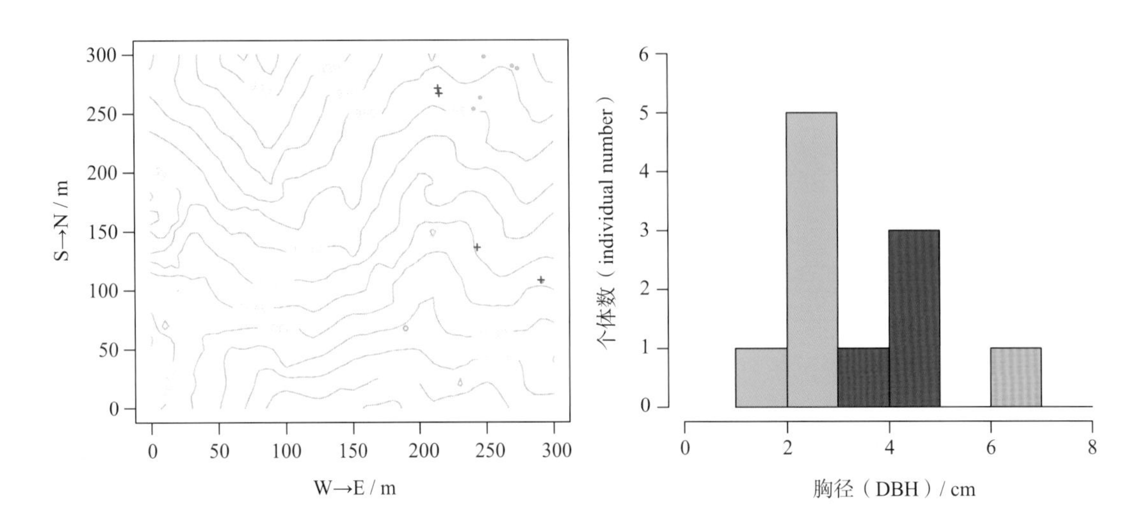

落叶灌木或小乔木，高 1 ~ 6 m。树皮呈灰色；小枝无毛，干后呈黑褐色。叶纸质，呈长椭圆形、倒披针形或倒卵形，长 2 ~ 14 cm，宽 1 ~ 4 cm，先端尾状尖、短渐尖、急尖或钝，基部呈狭楔形，中部以上较宽，幼叶带红色，中脉呈红紫色；托叶呈三角形或披针形，长 1 ~ 3 mm，有时更长，先端渐尖。花腋生，2 ~ 7 朵簇生于极短的花序梗上，或单花腋生；萼片 5 片，基部合生成浅杯状，萼裂片呈深裂至 1/2、3/4，裂片呈宽卵形，顶部短尖；花瓣呈卵状长圆形，内面有 2 枚舌状体贴生于基部；雄蕊 10 枚，不等长或近等长，基部合生成浅杯状，短花柱花的雄蕊几与花瓣等长，长花柱花的雄蕊几与萼片等长；子房呈长椭球形，花柱 3 根，分离。核果呈长椭球形，有 3 条纵棱，稍弯，顶端钝，长 0.6 ~ 1.7 cm，直径 0.4 ~ 0.6 cm。花期为 4—5 月，果期为 5—10 月。

166　钟萼木（伯乐树）

***Bretschneidera sinensis* Hemsl.**

钟萼木科　Bretschneideraceae

钟萼木属　*Bretschneidera*

个体数（individual number/9 hm^2）= 1 → 1

最大胸径（Max DBH）= 16.6 cm

重要值排序（importance value rank）= 178

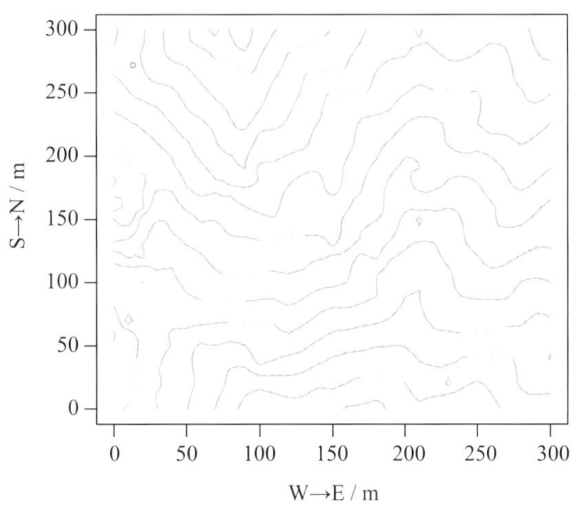

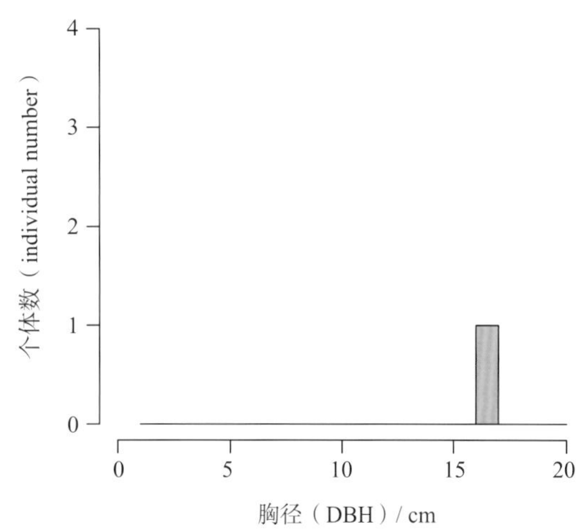

落叶乔木，高可达 25 m。树皮呈灰褐色；芽大，呈宽圆锥形，芽鳞呈红褐色；小枝粗壮，幼时密被棕色糠秕状短毛，后渐脱落，具狭条状淡褐色皮孔。奇数羽状复叶互生，长可达 60 cm；小叶片 7 ~ 15 枚，对生，全缘，纸质或薄革质，呈长圆形、椭圆形、狭卵形、卵状披针形或狭倒卵形，两侧不对称，长 6 ~ 26 cm，宽 3 ~ 9 cm，先端渐尖，基部常楔形，偏斜，上面无毛，下面呈粉白色，有短柔毛，叶脉在两面均隆起，在叶背尤显著，侧脉 8 ~ 15 对；叶柄长 10 ~ 18 cm，与叶总轴被短柔毛，后渐脱落，小叶柄长 2 ~ 10 mm。总状花序顶生，长 20 ~ 35 cm；花序梗、花梗及花萼外面均被棕色绒毛；花冠直径约 4 cm，花瓣呈粉红色或白色，内面有红色纵条纹。蒴果木质，呈椭球形或近球形，三棱状，长 3 ~ 5.5 cm，直径 2 ~ 3.5 cm，被棕褐色柔毛，常混生稀疏白色柔毛；果 3 瓣开裂，果瓣厚 1.2 ~ 5 mm。种子呈椭球形，橙红色。花期为 4—5 月，果期为 9—10 月。该物种为国家二级重点保护野生植物。

167 阔叶槭

***Acer amplum* Rehder**

槭树科 Aceraceae 槭树属 *Acer*

个体数（individual number/9 hm^2）= 38 → 29 ↓

最大胸径（Max DBH）= 36.0 cm

重要值排序（importance value rank）= 89

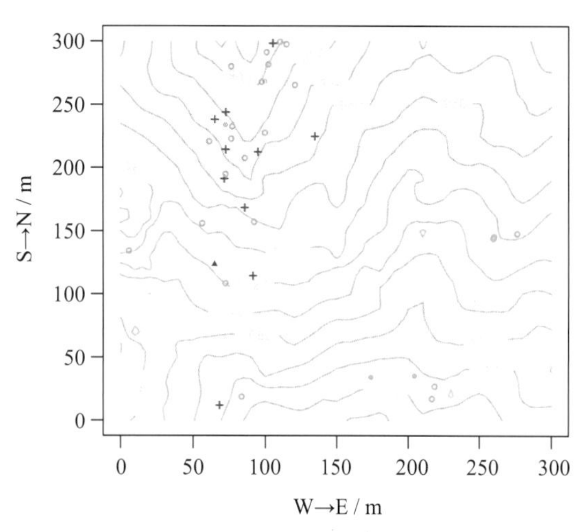

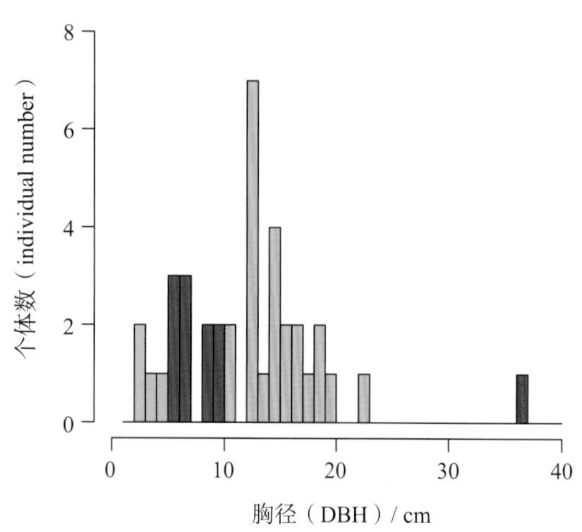

落叶乔木。树皮平滑，连枝条均无木栓层；一年生小枝呈绿色或紫绿色，无毛。单叶；叶片近扁椭圆形，宽常大于长，长 9 ~ 16 cm，宽 10 ~ 18 cm，基部呈近心形或截形，常掌状 5 裂，稀 3 裂或不裂，裂片先端锐尖，裂缺钝形或钝尖，全缘而无纤毛，上面嫩时有稀疏腺体，无毛，下面无毛或仅脉腋有黄色丛毛；叶柄长 6 ~ 10 cm，无毛或嫩时近顶端稍有短柔毛，具乳汁。伞房花序顶生，花序梗长 2 ~ 4 mm，有时无；花呈黄绿色，杂性，雄花与两性花同株，5 数，与叶同时开放；萼片呈淡绿色，无毛；花瓣呈白色，较萼片略长；子房有腺体。翅果长 3.5 ~ 4.5 cm，嫩时呈紫色，成熟时呈黄褐色，小坚果呈压扁状，无毛，翅宽 1 ~ 1.5 cm，两翅张开成钝角。花期为 4 月，果期为 9—11 月。

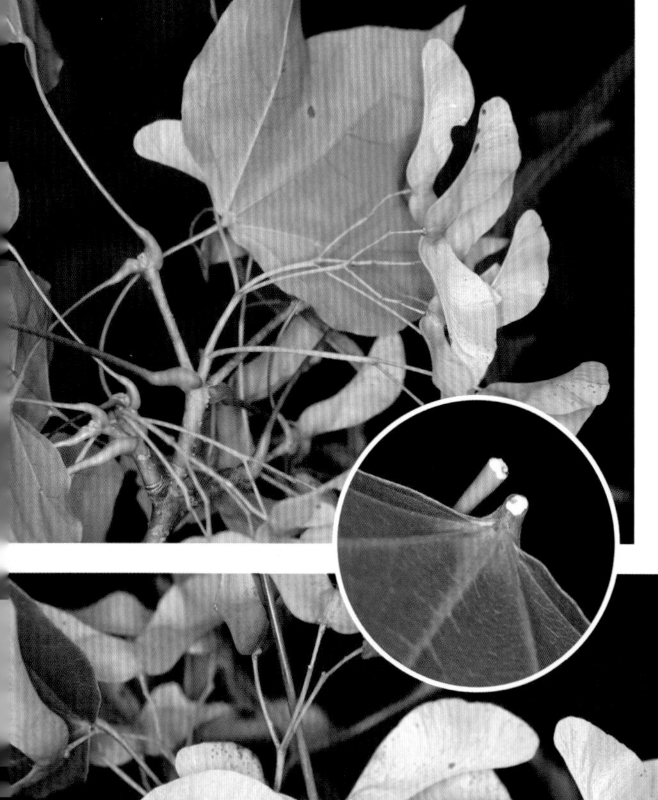

168　秀丽槭

***Acer elegantulum* Fang et P. L. Chiu**

槭树科　Aceraceae　槭树属　*Acer*

个体数（individual number/9 hm^2）= 106 → 87 ↓

最大胸径（Max DBH）= 31.0 cm

重要值排序（importance value rank）= 70

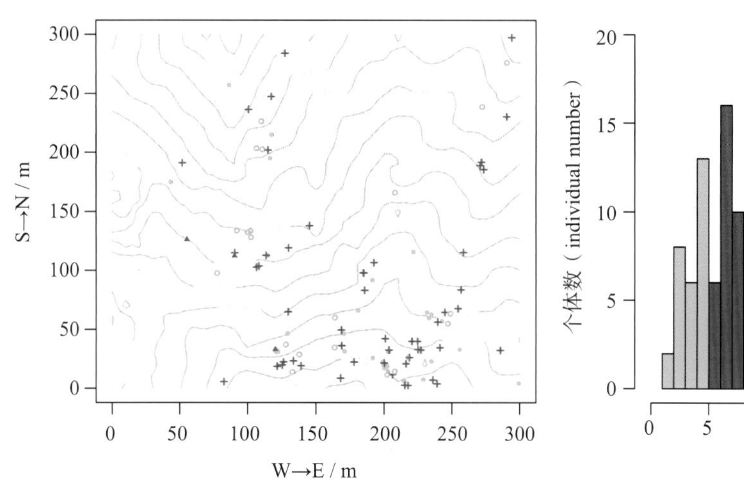

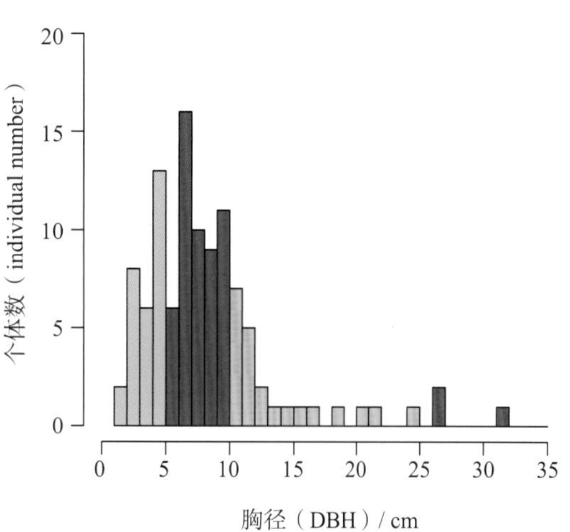

落叶乔木。树皮稍粗糙，呈深褐色；小枝无毛。单叶；叶片薄纸质或纸质，长 5.5 ~ 9 cm，宽 7 ~ 12 cm，基部呈深心形或近心形，掌状 5 裂，中裂片与侧裂片呈卵形或三角状卵形，有时呈长圆状卵形，先端短急锐尖，尖尾长 0.8 ~ 1.8 cm，边缘具低平锯齿，裂缺锐尖，上面无毛，下面初时疏被平伏长柔毛，后仅脉腋具丛毛；叶柄长 2 ~ 5.5 cm，初时被柔毛，后脱净，无乳汁。圆锥花序顶生，长 6 ~ 7 cm，果时长为宽的 1.5 ~ 2 倍或更长，花可达 60 朵以上，花序梗长 2 ~ 3 cm；花杂性，雄花与两性花同株，5 数，与叶同时开放；萼片呈红紫色，无毛；花瓣呈淡红色，与萼片近等长；子房呈紫色，密被淡黄色长柔毛。翅果长 2 ~ 2.8 cm，嫩时呈淡紫色，成熟后呈淡黄色，小坚果突起，呈椭球形或卵球形，有时近球形，无毛，直径约 6 mm，翅宽常达 1 cm，两翅张开近水平。花期为 4—5 月，果期为 10 月。

169 三峡槭

Acer wilsonii Rehder

槭树科 Aceraceae 槭树属 *Acer*

个体数（individual number/9 hm^2）= 27 → 25 ↓

最大胸径（Max DBH）= 30.8 cm

重要值排序（importance value rank）= 110

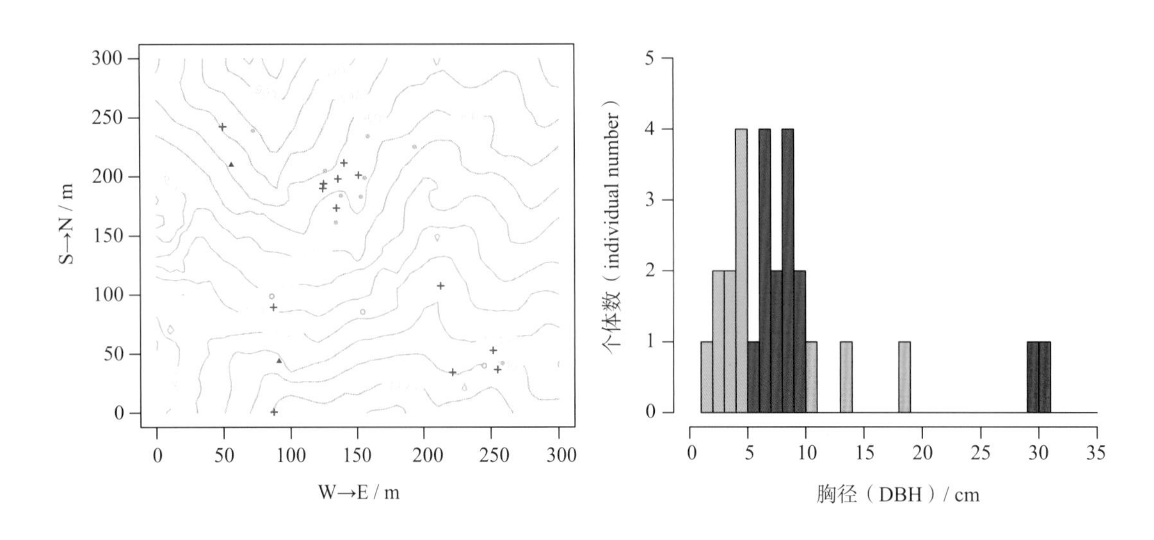

落叶乔木。树皮呈深褐色，平滑；小枝无毛，二年生枝紫褐色。单叶；叶片薄纸质，呈卵形，长 8 ~ 10 cm，宽 9 ~ 10 cm，基部呈圆形，稀截形或近心形，3 裂，裂片呈卵状长圆形或三角状卵形，先端有长 1 ~ 1.5 cm 的尖尾，边缘近先端具细锯齿，上面无毛，下面仅脉腋具丛毛；叶柄长 3 ~ 7 cm，无毛，无乳汁。圆锥花序顶生，无毛，长 5 ~ 6 cm，花序梗长 2 ~ 3 cm；花杂性，雄花与两性花同株，5 数，与叶同时开放；萼片呈黄绿色，无毛；花瓣呈白色，与萼片等长或略长；子房有长柔毛。翅果长 2.5 ~ 3 cm，呈黄褐色，小坚果呈卵球形或卵状椭球形，特别突起，两翅张开，几呈水平。花期为 4 月，果期为 10 月。

170 紫果槭（紫槭）

***Acer cordatum* Pax**

械树科 Aceraceae 槭树属 *Acer*

个体数（individual number/9 hm^2）= 202 → 180 ↓

最大胸径（Max DBH）= 29.8 cm

重要值排序（importance value rank）= 53

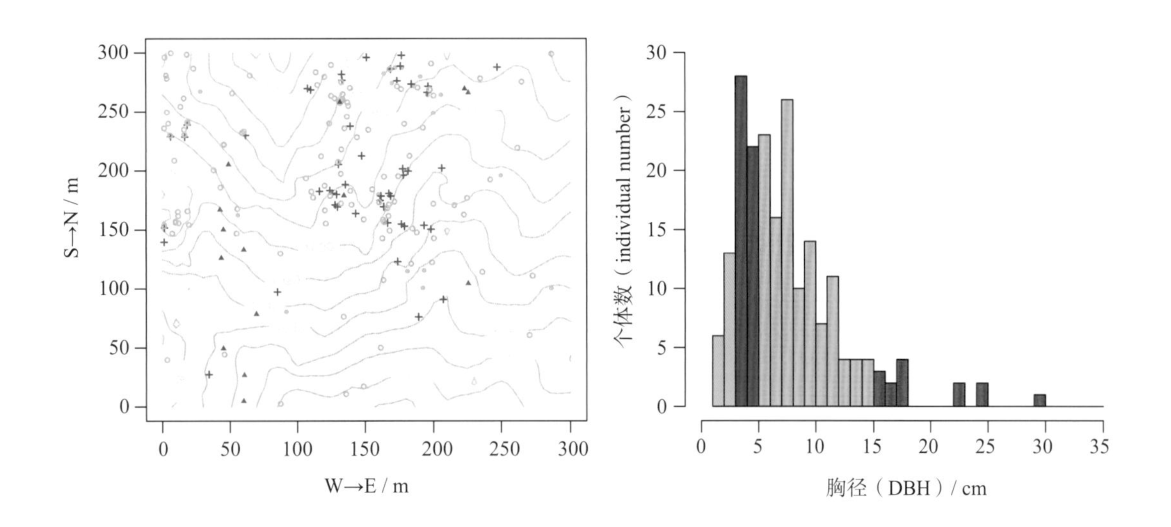

半常绿小乔木。树皮呈灰色或淡黑灰色，不裂；一年生嫩枝呈紫色或淡紫绿色；枝、叶、花序通常无毛。单叶；叶片薄革质，呈卵状长圆形，稀卵形，长 3.5 ~ 9 cm，宽 1.5 ~ 4.5 cm，先端渐尖，基部呈浅心形或近圆形，近先端疏具细锯齿，其余全缘，上面光亮，下面无白粉，基出脉 3 条，最基部 1 对延伸达叶片长度的 1/3 ~ 1/2；叶柄呈紫色或淡紫色，长 0.6 ~ 1.4 cm。伞房花序顶生，具 5 ~ 10（16）朵花，花序梗细瘦，呈淡紫色；花 5 数，与叶同时开放；萼片呈紫红色，边缘或至少内面具毛；花瓣呈淡白色；子房无毛。翅果长 1.4 ~ 2.2 cm，嫩时呈紫红色，成熟时呈黄褐色，小坚果突起，无毛，两翅张开成钝角或近水平。花期为 4 月中旬，果期为 10—11 月。

171 青榨槭

***Acer davidii* Franch.**

槭树科 Aceraceae 槭树属 *Acer*

个体数（individual number/9 hm^2）= 107 → 87 ↓

最大胸径（Max DBH）= 34.9 cm

重要值排序（importance value rank）= 57

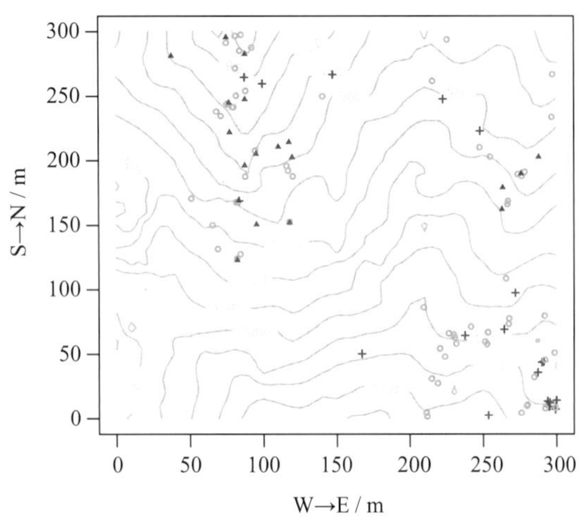

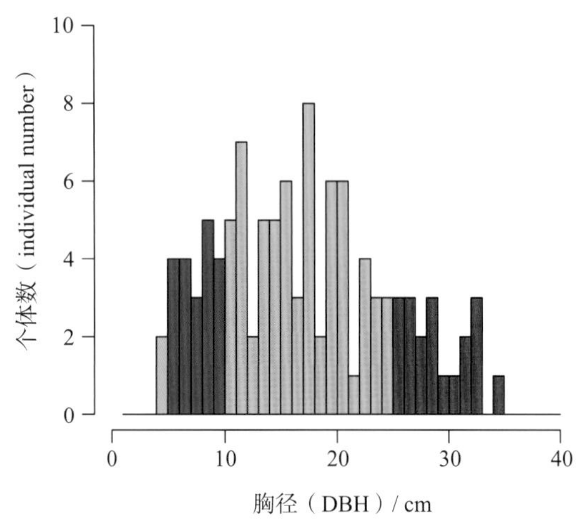

落叶乔木。树皮呈灰褐色；多年生枝呈青绿色，常纵裂成蛇皮状，小枝无毛。单叶；叶片纸质，呈长圆状卵形或近长圆形，长 6 ~ 14 cm，宽 3.5 ~ 8.5 cm，不裂或萌芽枝上的叶 3 裂，先端锐尖或渐尖，常有尖尾，基部近心形或呈圆形，边缘具不整齐的圆钝锯齿，仅下面嫩时沿脉被短柔毛；叶柄长 1.5 ~ 6 cm，仅嫩时被短柔毛，无乳汁。花呈黄绿色，杂性，雄花与两性花同株，5 数，两性花的花梗长 1 ~ 1.5 cm，常 20 ~ 30 朵组成顶生总状花序，下垂，与叶同时开放；萼片与花瓣等长；子房被红褐色短柔毛。翅果长 2.5 ~ 3 cm，嫩时呈淡绿色，成熟后呈黄褐色，小坚果呈卵球形，略压扁状，两翅张开成钝角或近水平。花期为 4 月，果期为 10 月。

172　南酸枣

***Choerospondias axillaris*（Roxb.）Burtt et Hill**

漆树科　Anacardiaceae　南酸枣属　*Choerospondias*

个体数（individual number/9 hm^2）= 11 → 10 ↓

最大胸径（Max DBH）= 48.9 cm

重要值排序（importance value rank）= 102

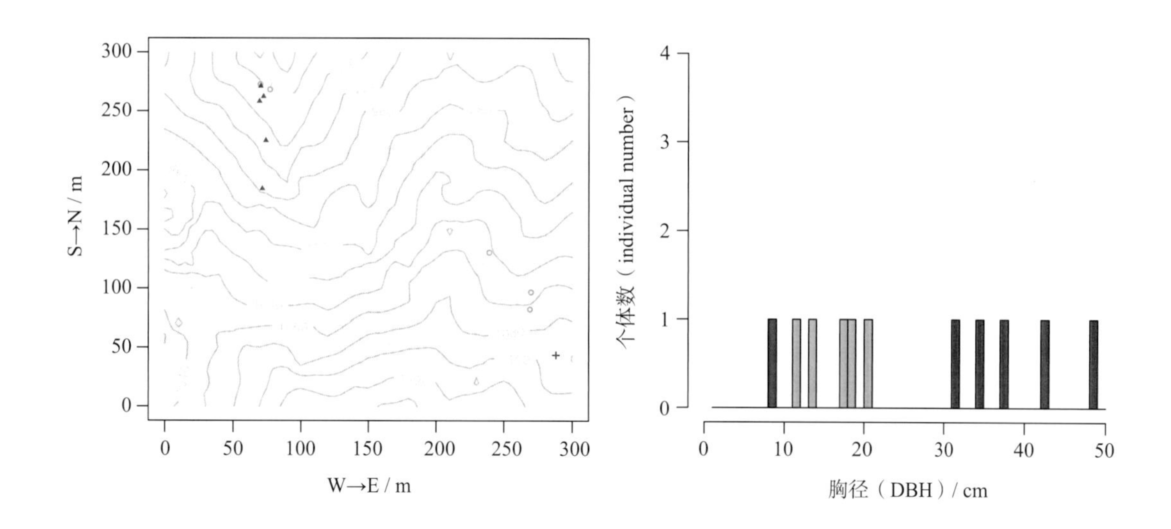

落叶乔木，高 15 ~ 25 m。树皮呈灰褐色，长片状剥落；小枝粗壮，呈紫褐色，具明显皮孔。奇数羽状复叶长 25 ~ 40 cm，叶轴无毛，叶柄基部略膨大；小叶 7 ~ 13 枚；小叶片膜质至纸质，呈卵形、卵状披针形或卵状长圆形，长 4 ~ 12 cm，宽 2 ~ 4.5 cm，先端长渐尖，基部呈宽楔形，偏斜，全缘或幼株叶缘具粗锯齿。雄花序长 4 ~ 10 cm，被微柔毛或近无毛；苞片小；花萼呈杯状，5 钝裂，裂片长约 1 mm，边缘具紫红色腺状睫毛；花瓣呈长圆形，具褐色脉纹，开花时外卷；雄蕊与花瓣近等长；雄花无不育雌蕊；雌花单生于上部叶腋，较大。核果呈卵球形，成熟时呈暗黄色，直径约 2 cm。花期为 4—5 月，果期为 10 月。

173 黄连木（楷树、香莲树）

***Pistacia chinensis* Bunge**

漆树科 Anacardiaceae 黄连木属 *Pistacia*

个体数（individual number/9 hm^2）= 1 → 1

最大胸径（Max DBH）= 15.2 cm

重要值排序（importance value rank）= 179

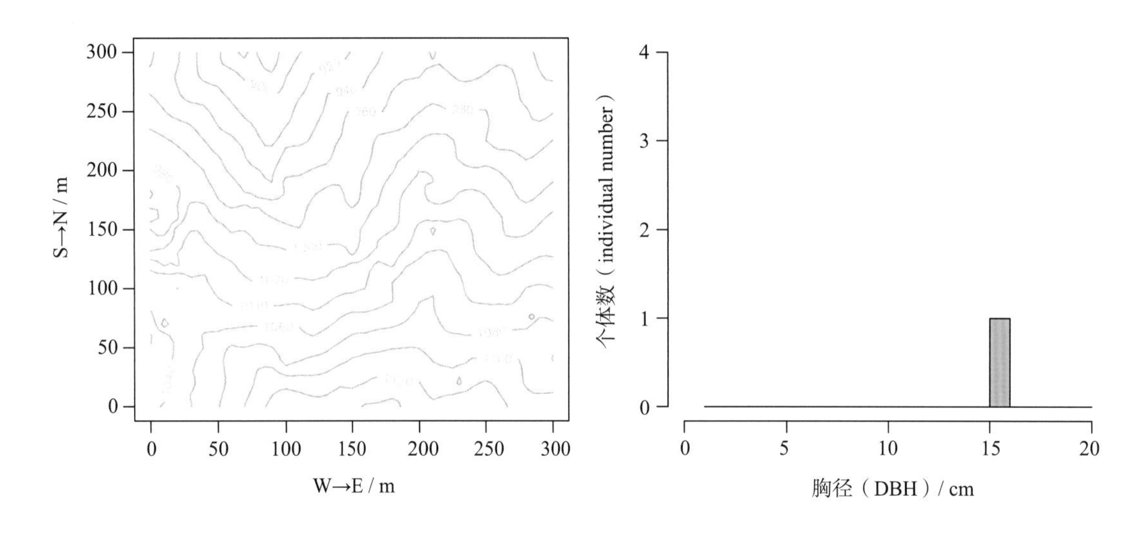

落叶乔木，高可达 25 m。树皮鳞片状剥落；冬芽呈红色，有香气。奇数羽状复叶互生，长 15 ~ 20 cm，顶生小叶常缩小或不发育而呈偶数羽状复叶；小叶 10 ~ 16 枚，对生或近对生；小叶片纸质，呈披针形、卵状披针形或条状披针形，长 5 ~ 10 cm，宽 1.5 ~ 2.5 cm，全缘，基部偏斜。圆锥花序腋生；花小，先于叶开放；雄花花被片 2 ~ 4 片，呈披针形或条状披针形，不等大，雄蕊 3 ~ 5 枚；雌花花被片 7 ~ 9 片，不等大，子房球形，无毛，直径约 0.5 mm，花柱极短，柱头 3 裂，肉质，红色。核果呈倒卵状球形，略扁平，直径约 5 mm，成熟时呈紫红色（多为空粒）或蓝紫色（成熟种子）。花期为 3—4 月，果期为 10—11 月。

174　野漆树

***Toxicodendron succedaneum*（L.）Kuntze**

漆树科　Anacardiaceae　漆树属　*Toxicodendron*

个体数（individual number/9 hm^2）= 212 → 182 ↓

最大胸径（Max DBH）= 30.4 cm

重要值排序（importance value rank）= 44

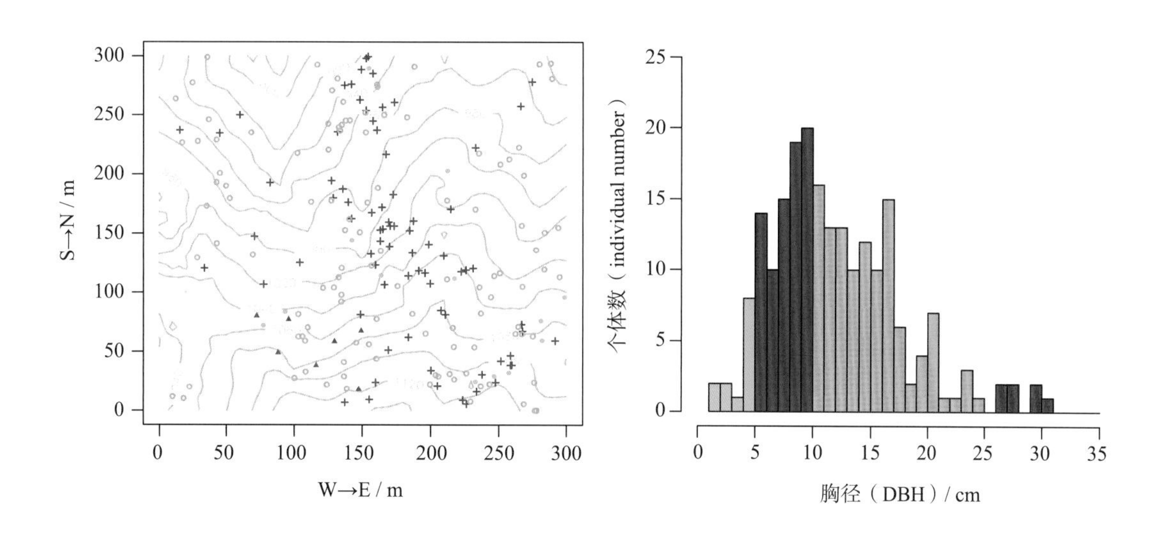

落叶乔木或小乔木，高达 10 m。植株各部无毛或近无毛。小枝粗壮；顶芽大，呈紫褐色。奇数羽状复叶，叶轴和叶柄圆柱形；小叶 9 ~ 15 枚，对生或近对生；小叶片坚纸质至薄革质，呈长圆状椭圆形、宽披针形或卵状披针形，长 5 ~ 16 cm，宽 2 ~ 5.5 cm，先端渐尖或长渐尖，基部多少偏斜，呈圆形或宽楔形，全缘，上面光亮，下面常具白粉，侧脉 15 ~ 22 对。圆锥花序腋生，长 7 ~ 15 cm，为复叶长度的 1/2，多分枝；花小，呈黄绿色；花瓣呈长圆形，长约 2 mm，中部具不明显羽状脉或近无脉，开花时外卷。核果呈斜菱状近扁球形，偏斜，直径约 8 mm，呈淡黄色，无毛。花期为 5—6 月，果期为 8—10 月。

175 苦木（苦树、黄楝树）

***Picrasma quassioides*（D.Don）Benn.**

苦木科 Simaroubaceae 苦木属 *Picrasma*

个体数（individual number/9 hm^2）= 3 → 3

最大胸径（Max DBH）= 10.1 cm

重要值排序（importance value rank）= 167

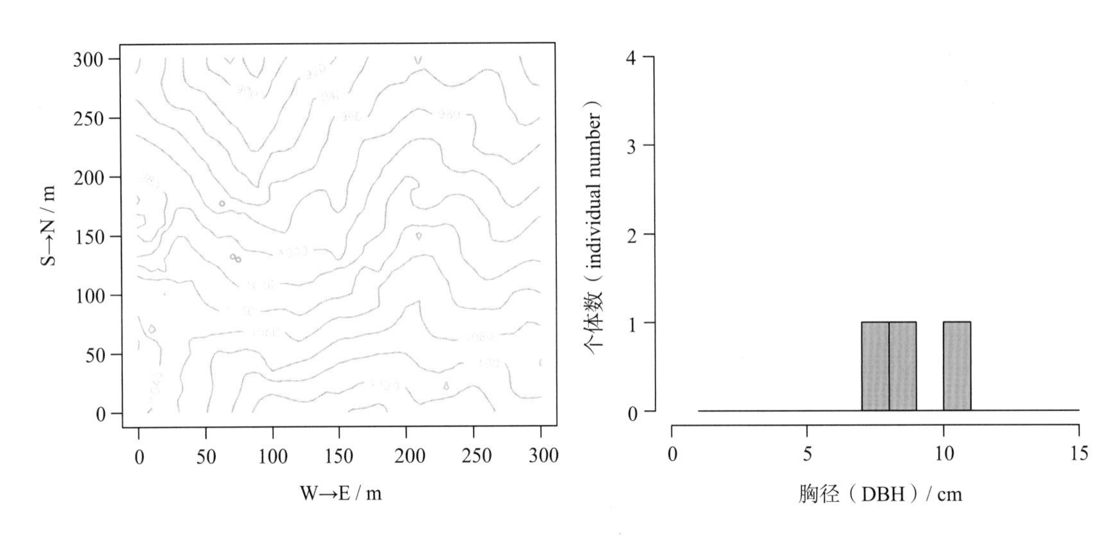

落叶小乔木，高可达 10 m。树皮呈紫褐色，平滑，有灰色斑纹；小枝有白色皮孔；叶和树皮均极苦。奇数羽状复叶，长 15 ~ 30 cm；小叶 9 ~ 15 枚；小叶片呈卵状披针形或广卵形，先端渐尖，基部呈楔形，除顶生小叶外，其余小叶基部均不对称，边缘具不整齐钝锯齿，上面无毛，下面仅幼时沿中脉和侧脉有柔毛，后变无毛；叶柄脱落后留有明显的半圆形或圆形叶痕。花雌雄异株，组成腋生复聚伞花序，花序轴密被黄褐色微柔毛；花呈绿色；萼片 4（5）片，外面被黄褐色微柔毛；花瓣与萼片同数，呈卵形或宽卵形；雄花的雄蕊长为花瓣的 2 倍，雌花的雄蕊短于花瓣；心皮 2 ~ 5 枚，分离，每心皮胚珠 1 个。核果呈卵球形，1 ~ 5 个并生，成熟后呈蓝绿色，长 6 ~ 8 mm，萼片宿存。花期为 4—5 月，果期为 6—9 月。

176　臭辣树（楝叶吴萸）

***Tetradium glabrifilium*（Champ. Ex Benth.）T.G. Hartley**

芸香科　Rutaceae　四数花属　*Tetradium*

个体数（individual number/9 hm^2）= 3 → 2 ↓

最大胸径（Max DBH）= 25.7 cm

重要值排序（importance value rank）= 149

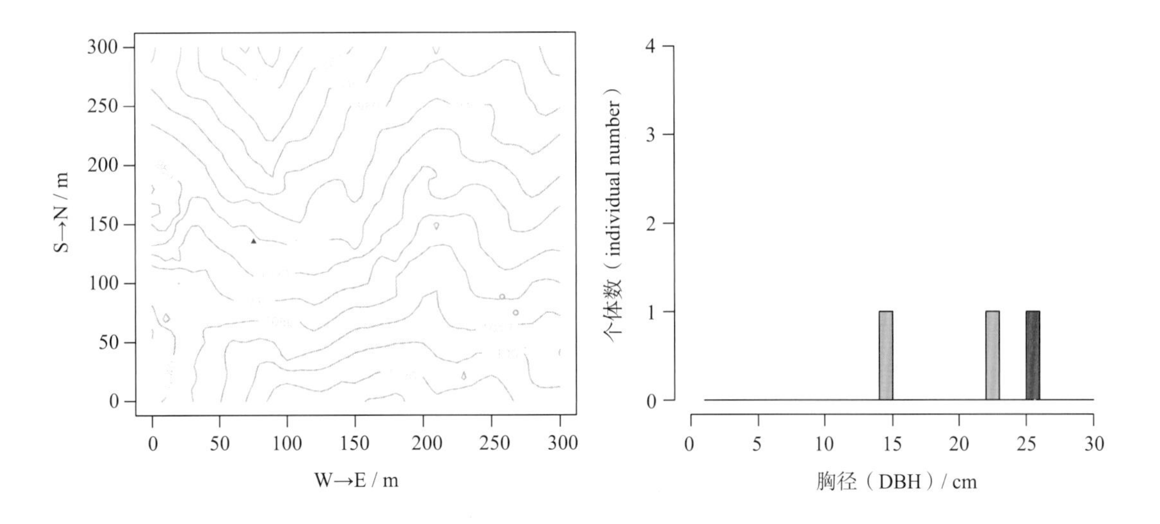

落叶乔木，高达 20 m。树皮呈暗灰色，不开裂，密生扁圆微凸的小皮孔；小枝呈暗紫色，幼时被长毛。小叶 7 ~ 11 枚，稀 5 或更多；小叶片呈斜卵状披针形，长 6 ~ 16 cm，宽 3 ~ 7 cm，两侧明显不对称，全缘或具不明显细钝齿，油点不明显或稀少，仅在齿缝处可见，下面呈灰绿色，沿中脉疏生柔毛，基部及小叶柄上较密。花序顶生，花多；萼片和花瓣均 4（5）枚；花瓣呈白色，长约 3 mm；雄花的退化雌蕊短棒状，顶部 4 或 5 浅裂；雌花的退化雄蕊鳞片状或仅具痕迹，成熟心皮 3（4）或 5 枚。果成熟时呈淡紫红色，4 或 5 瓣裂，每分果瓣种子 1 粒。种子长约 4 mm，宽约 3.5 mm，呈黑褐色。花期为 7—9 月，果期为 10—12 月。

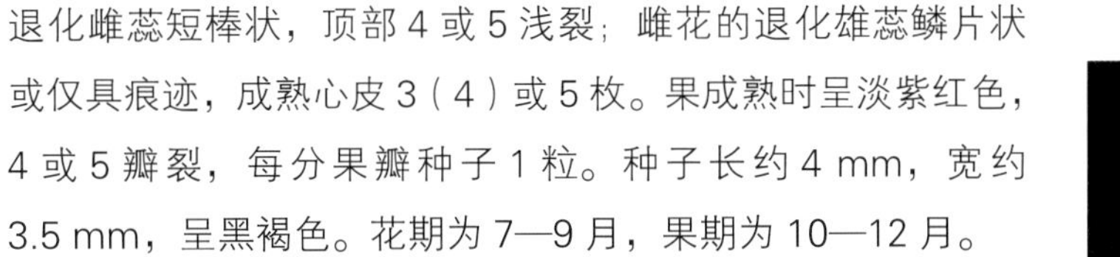

177 树参（木荷风）

***Dendropanax dentiger*（Harms） Merr.**

五加科 Araliaceae 树参属 *Dendropanax*

个体数（individual number/9 hm^2）= 739 → 628 ↓

最大胸径（Max DBH）= 29.9 cm

重要值排序（importance value rank）= 20

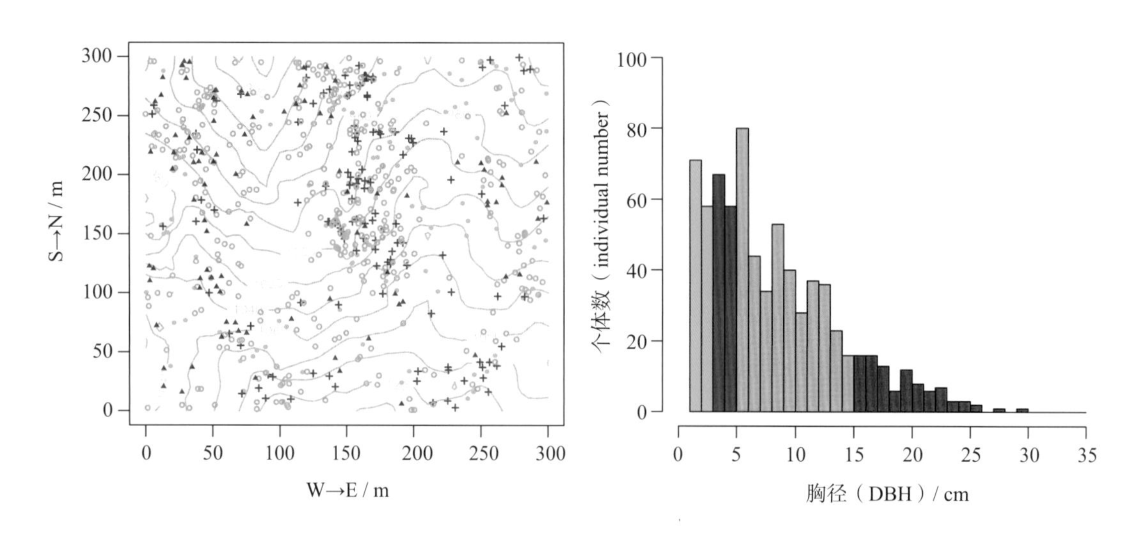

常绿小乔木。叶二型；叶片厚纸质或革质，不分裂者常椭圆形，长 6 ~ 11 cm，宽 1.5 ~ 6.5 cm，先端渐尖，基部呈圆楔形，基出脉 3 条，网脉在两面隆起，有半透明红棕色腺点；分裂者轮廓呈倒三角形，掌状 2 或 3（5）深裂或浅裂；叶柄长 0.5 ~ 8 cm。伞形花序具 6 ~ 25 朵花或更多，单个顶生或 2 ~ 5 个聚成复伞形花序，花序梗粗壮，苞片呈卵形，早落；小苞片呈三角形，宿存；花梗长 5 ~ 10 mm；花萼具 5 小齿；花瓣 5 枚，呈卵状三角形，淡绿色；雄蕊 5 枚；子房下位，5 室，花柱 5，基部合生，顶端离生。果梗长 1 ~ 3 cm；果呈椭球形，紫黑色，长 4 ~ 12 mm，具 5 条棱，每棱有 3 条纵脊。花期为 7—8 月，果期为 9—10 月。

178　浙江大青（凯基大青）

***Clerodendrum kaichianum* P.S. Hsu**

马鞭草科　Verbenaceae　大青属　*Clerodendrum*

个体数（individual number/9 hm^2）= 3 → 2 ↓

最大胸径（Max DBH）= 4.1 cm

重要值排序（importance value rank）= 161

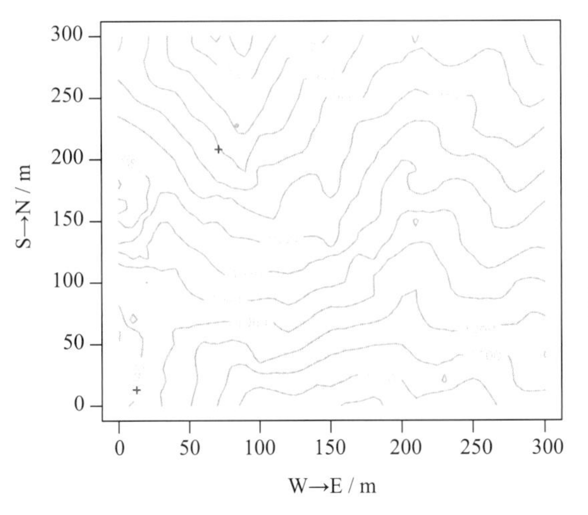

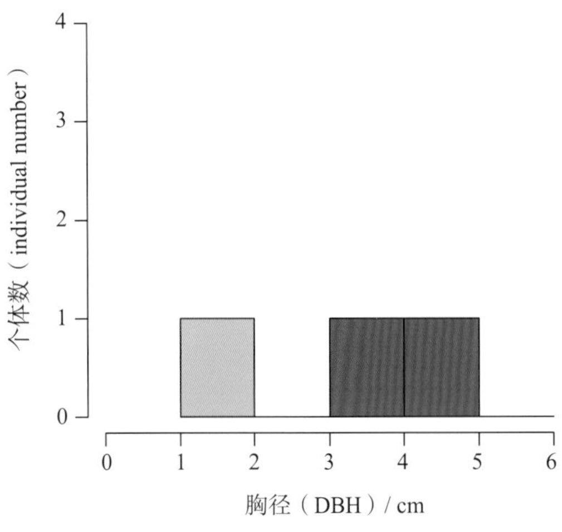

落叶灌木或小乔木，高 2 ~ 8 m。嫩枝略呈四棱形，与叶柄、花序均密被黄褐色、褐色或红褐色短柔毛；老枝呈褐色，近无毛，髓白色，有淡黄色薄片状横隔。叶片厚纸质，呈椭圆状卵形、卵形或宽卵形，长 8 ~ 20 cm，宽 5 ~ 12 cm，先端渐尖，基部呈宽楔形或近截形，两侧稍不对称，全缘，两面疏生短糙毛，脉上稍密，下面基部脉腋有数个盘状腺体，侧脉 5 ~ 6 对；叶柄长 3 ~ 7 cm。伞房状聚伞花序 4 ~ 6 枚生于枝顶，无花序主轴；苞片呈线状披针形，早落；花萼呈钟形，长约 3 mm，外面有数个盘状腺体，顶端 5 裂，裂片呈三角形，长 1 mm；花冠呈乳白色，花冠筒长 1 ~ 1.5 cm，裂片呈卵圆形或椭圆形，长约 6 mm；雄蕊与花柱均伸出花冠外。核果呈倒卵状球形至球形，成熟时呈蓝绿色，直径 0.8 ~ 1 cm，有紫红色的宿萼。花期和果期为 6—11 月。

179 大青（野靛青）

***Clerodendrum cyrtophyllum* Turcz.**

马鞭草科 Verbenaceae 大青属 *Clerodendrum*

个体数（individual number/9 hm^2）= 3 → 1 ↓

最大胸径（Max DBH）= 2.0 cm

重要值排序（importance value rank）= 163

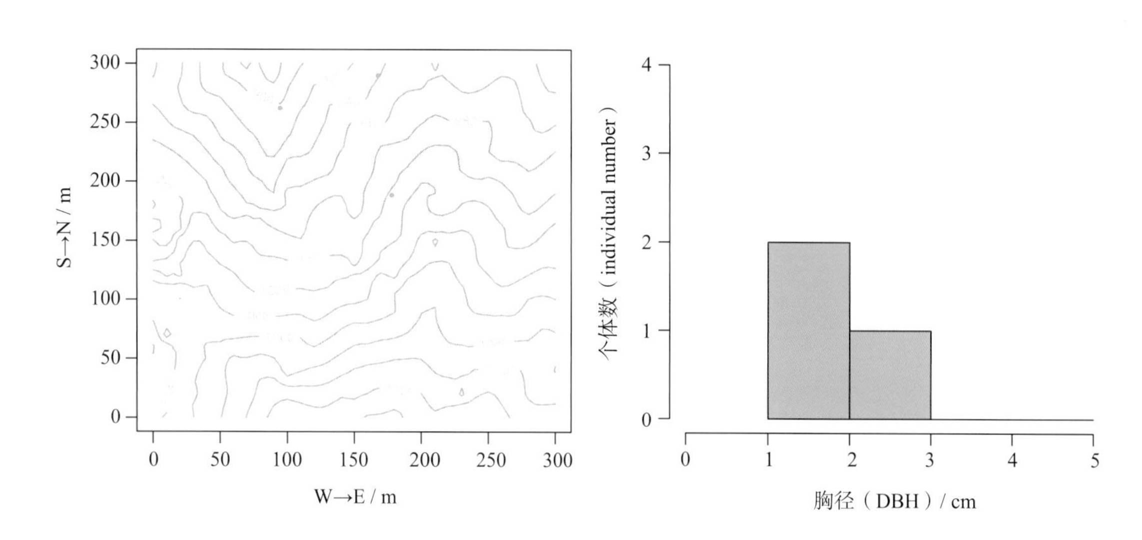

落叶灌木或小乔木，高 1 ~ 6 m。枝呈黄褐色，被短柔毛，髓白色，充实。叶片纸质，有臭味，呈椭圆形、卵状椭圆形或长圆状披针形，长 8 ~ 20 cm，宽 3 ~ 8 cm，先端渐尖或急尖，基部呈圆形或宽楔形，全缘，但萌枝上的叶片常有锯齿，两面沿脉疏生短柔毛，侧脉 6 ~ 10 对；叶柄长 2 ~ 6 cm。伞房状聚伞花序，生于枝顶或近枝顶叶腋；花序梗纤细，常略呈披散状下垂；苞片呈线形，长 3 ~ 5 mm；花萼呈杯状，外面被黄褐色短柔毛，长 3 ~ 4 mm，顶端 5 裂；花冠呈白色，花冠筒长约 1 cm，裂片呈卵形，长约 5 mm；雄蕊和花柱均伸出花冠外；柱头 2 浅裂。果实呈球形至倒卵形，直径约 8 mm，成熟时呈蓝紫色。花期和果期为 7—12 月。

180　苦枥木

***Fraxinus insularis* Hemsl.**

木犀科　Oleaceae　梣属　*Fraxinus*

个体数（individual number/9 hm^2）= 11 → 7 ↓

最大胸径（Max DBH）= 18.8 cm

重要值排序（importance value rank）= 130

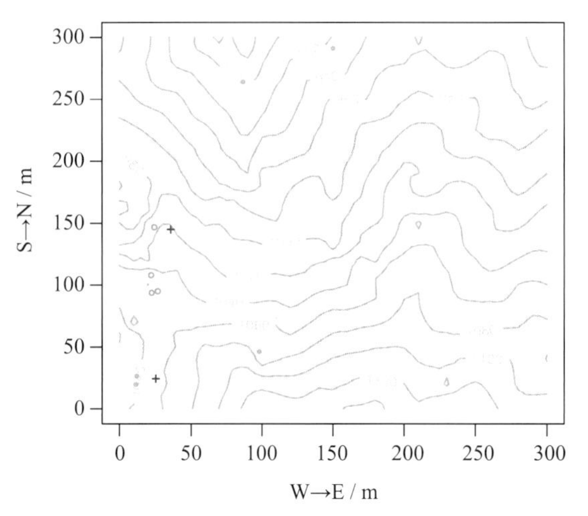

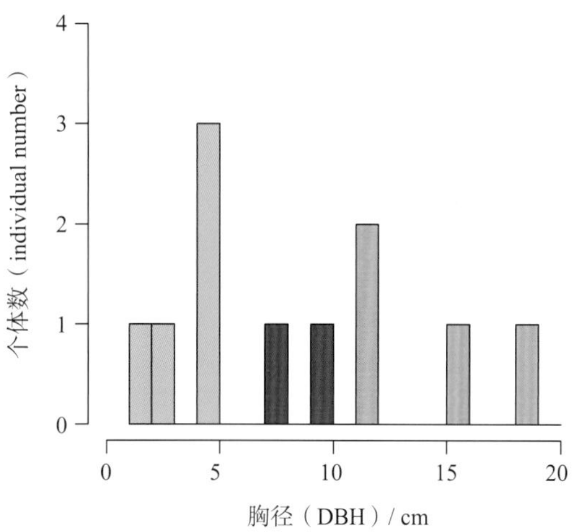

落叶乔木或小乔木，高 5 ~ 10 m。顶芽呈狭三角状圆锥形，干后变为黑色、光亮，芽鳞紧闭。小枝无毛。奇数羽状复叶长 15 ~ 20 cm，叶柄长 4 ~ 6 cm，叶柄、叶轴和小叶柄均无毛，稀沟内有短柔毛；小叶片 3 ~ 5 枚，硬纸质或革质，呈长圆形或长圆状披针形，长 7 ~ 14 cm，宽 3 ~ 4.5 cm，先端渐尖至尾尖，基部呈楔形至钝圆，边缘具钝锯齿或中部以下近全缘，两面除上面中脉有时具微柔毛外无毛，下面散生小腺点；侧生小叶柄纤细，长 8 ~ 15 mm。圆锥花序生于当年生枝端，顶生和侧生于叶腋，无毛，于叶后开放；花序梗基部有时具叶状苞片，但早落；花萼呈钟状，顶端呈啮齿状或近平截；花冠呈白色，稀紫红色或红黄色，长 3 ~ 4 mm；雄蕊伸出花冠外；雌蕊柱头 2 裂。翅果呈长匙形，长 2.5 ~ 3 cm，宽 3 ~ 4 mm，翅下延至坚果上部，宿萼紧抱果的基部。花期为 4—6 月，果期为 9—10 月。

181 白蜡树

***Fraxinus chinensis* Roxb.**

木犀科 Oleaceae 梣属 *Fraxinus*

个体数（individual number/9 hm^2）= 15 → 8 ↓

最大胸径（Max DBH）= 12.2 cm

重要值排序（importance value rank）= 125

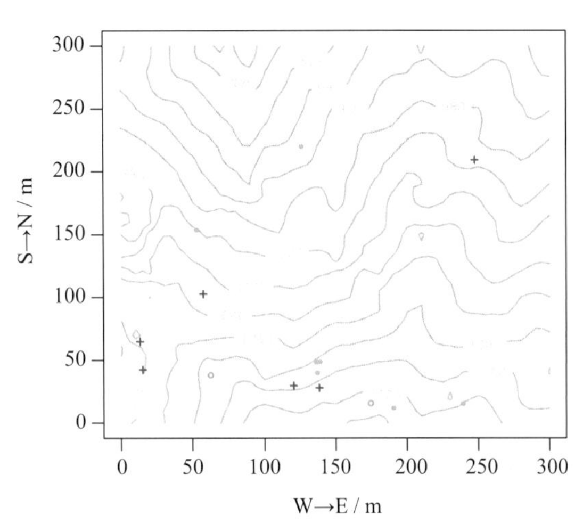

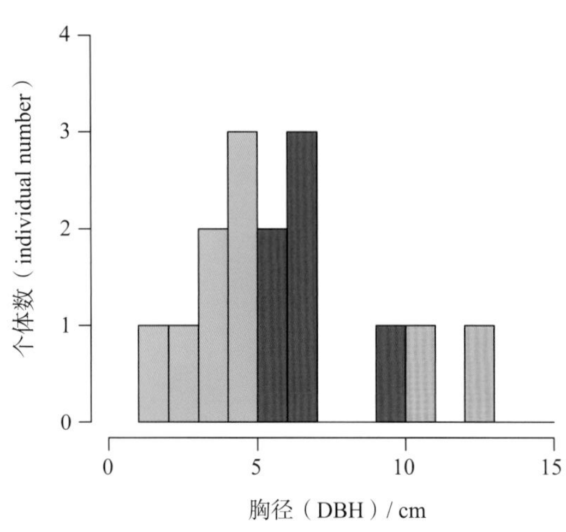

落叶乔木或小乔木，高 4 ~ 10 m。冬芽呈阔卵形或圆锥形，被褐色或黑褐色茸毛。小枝无毛，或幼时疏被长柔毛，旋即秃净。羽状复叶长 15 ~ 22 cm，叶柄长 4 ~ 6 cm，沟槽明显；小叶片 3 ~ 7（9）枚，硬纸质或近革质，呈卵形、长圆状卵形或椭圆形，长 3 ~ 10 cm，宽 1.5 ~ 4.5 cm，顶生小叶片呈椭圆形、卵状长圆形至长圆形，长 6 ~ 10 cm，宽 2 ~ 4 cm，先端渐尖至长渐尖，基部呈楔形或阔楔形，边缘有锯齿，两面无毛，或幼时被长柔毛，旋即秃净，或叶背中脉基部两侧有白色柔毛；侧生小叶柄长 2 ~ 5 mm；叶柄、叶轴和小叶柄均无毛，或幼时被长柔毛，旋即秃净。圆锥花序顶生或侧生于当年生枝梢叶腋，无毛，或有长柔毛，旋即秃净；雌雄异株或雄花与两性花异株，与叶同时开放，无花冠；雄花花萼呈杯状，长 0.5 ~ 11 mm；雌花花萼呈管状，长 1 ~ 1.5 mm。翅果呈匙形或线形，长 2 ~ 3.5 cm，宽 3.5 ~ 4 mm，翅下延至坚果中部。花期为 3—5 月，果期为 8—9 月。

182　牛矢果

***Osmanthus matsumuranus* Hayata**

木犀科　Oleaceae　木犀属　*Osmanthus*

个体数（individual number/9 hm^2）= 3 → 3

最大胸径（Max DBH）= 9.7 cm

重要值排序（importance value rank）= 172

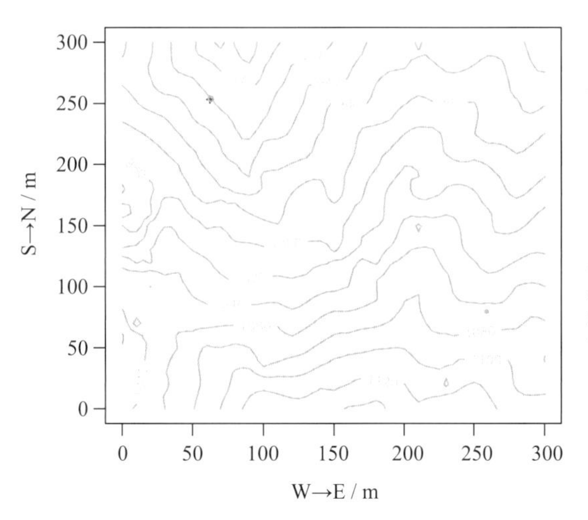

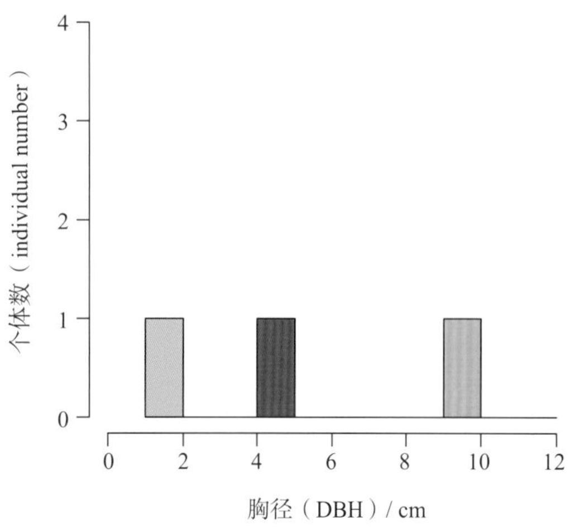

常绿灌木或乔木，高 3 ~ 12 m。小枝无毛。叶片薄革质或厚纸质，呈倒披针形、长圆状倒卵形，有时呈狭椭圆形或倒卵形，长 7 ~ 13 cm，宽 2.3 ~ 4.5 cm，先端渐尖或短尾状渐尖，基部呈楔形至狭楔形，下延至叶柄，全缘或上半部有锯齿，两面无毛，侧脉 5 ~ 10 对；叶柄长 1 ~ 2.5 cm，无毛。圆锥花序腋生，长 1 ~ 1.5 cm，花序梗和花序轴无毛，花序排列疏松；苞片呈宽卵形，无毛或边缘具短睫毛；花梗长 2 ~ 3 mm，无毛或被毛；花萼呈杯形，先端 4 裂，边缘具纤毛；花冠呈淡绿色或淡黄绿色，长 3 ~ 4 mm，4 裂，花冠筒与裂片近等长；花药长约 0.5 mm，药隔不延伸；柱头呈头状，极浅 2 裂。果呈椭圆形，长 1.1 ~ 2 cm，直径 7 ~ 11 mm，成熟时呈紫黑色。核长 1 ~ 1.5 cm，直径 6 ~ 9 mm，具 5 ~ 8 条纵棱。花期为 5—6 月，果期为 10—11 月。

183 浙南木犀

***Osmanthus austrozhejiangensis* Z.H. Chen, W.Y. Xie et X. Liu**

木犀科 Oleaceae 木犀属 *Osmanthus*

个体数（individual number/9 hm^2）= 516 → 487 ↓

最大胸径（Max DBH）= 12.5 cm

重要值排序（importance value rank）= 43

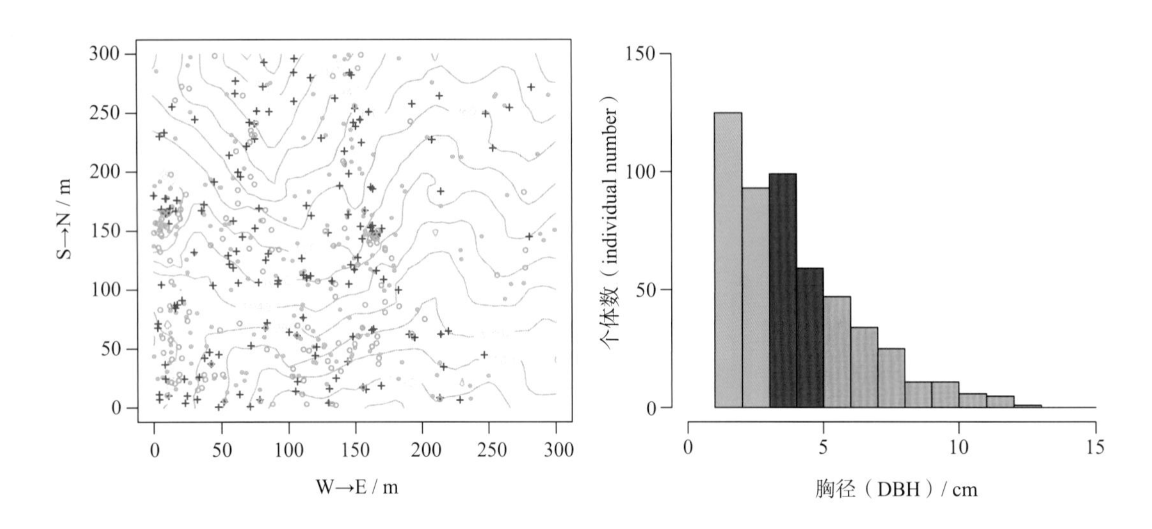

常绿小乔木或灌木，高 3 ～ 5 m。小枝呈灰色，被开展短柔毛，老枝无毛。叶片厚革质，呈倒卵状椭圆形、倒卵形或椭圆形，稀卵形，长 8 ～ 10 cm，宽 3 ～ 4.5 cm，先端急尖或短渐尖，基部呈楔形，边缘稍背卷，中部以上具尖锐细锯齿或全缘，两面无毛，上面呈深绿色，光亮，有稀疏针孔状凹点，中脉在上面凹陷，在下面明显突起，侧脉 8 ～ 10 对；叶柄长 1 ～ 1.5 cm，被微柔毛。聚伞花序簇生叶腋，花梗呈白色，长 4 ～ 9 mm，花萼长 1 ～ 1.1 mm，裂片 4 片，呈三角形，花冠呈白色，长 2.2 ～ 2.3 mm，花药长约 1.2 mm，雌蕊长约 2.0 mm，花柱长约 1 mm，柱头呈头状，核果呈椭圆球形，稍歪斜，长 1.3 ～ 1.5 cm，直径约 8 mm，两端钝，熟时暗紫色，果核长 0.8 ～ 1.2 cm，宽 0.4 ～ 0.7 cm，表面具 10 ～ 14 条肋纹，花期为 9—10 月，果期为次年 4—5 月。

184　蜡子树

***Ligustrum leucanthum*（S. Moore）P. S. Green**

木犀科　Oleaceae　女贞属　*Ligustrum*

个体数（individual number/9 hm^2）= 2 → 2

最大胸径（Max DBH）= 1.4 cm

重要值排序（importance value rank）= 176

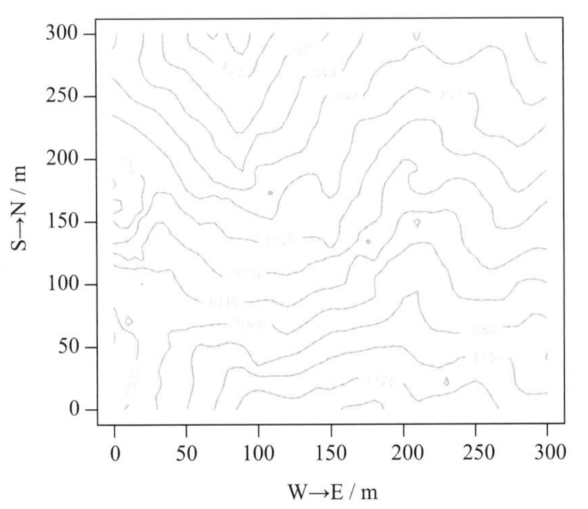

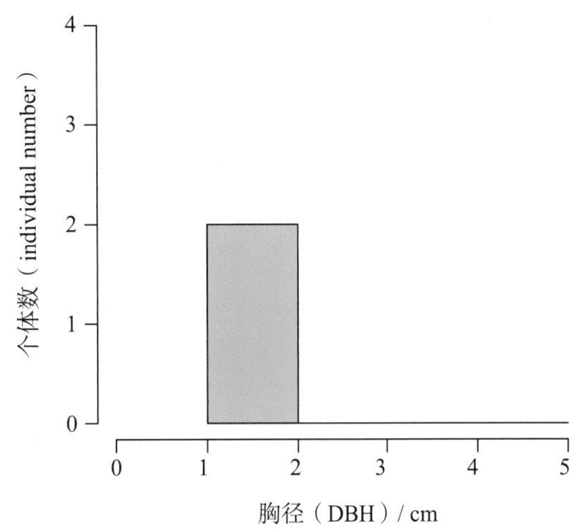

落叶灌木，高 1 ~ 3 m。小枝被硬毛、柔毛或无毛。叶片纸质或近革质，呈椭圆形至披针形，或椭圆状卵形，长 2 ~ 11（13）cm，宽 1 ~ 4.5（5）cm，先端锐尖、短渐尖或钝，常具小尖头，基部呈楔形或近圆形，全缘，上面疏被短柔毛或无毛，或仅沿中脉被短柔毛，下面疏被毛或无毛，常沿中脉被毛，侧脉 4 ~ 6（8）对，上面不明显，下面略突起；叶柄长 1 ~ 3 mm，有毛或无毛。圆锥花序顶生，长 1.5 ~ 5 cm，宽 1.5 ~ 2.5 cm，花序轴被硬毛、柔毛或无毛；花萼长约 1 mm；花冠呈白色，长 5.5 ~ 9 mm，花冠筒长 3.5 ~ 7 mm，裂片长约 2 mm；花药呈披针形，长 2 ~ 3 mm；柱头近头状。果呈宽椭圆形或球形，长 7 ~ 10 mm，宽 5 ~ 8 mm，成熟时呈蓝黑色，内果皮膜质。种子呈椭圆形，长约 7 mm，宽约 4 mm。花期为 5—6 月，果期为 10—11 月。

185 香果树

***Emmenopterys henryi* Oliv.**

茜草科 Rubiaceae 香果树属 *Emmenopterys*

个体数（individual number/9 hm^2）= 1 → 1

最大胸径（Max DBH）= 15.1 cm

重要值排序（importance value rank）= 180

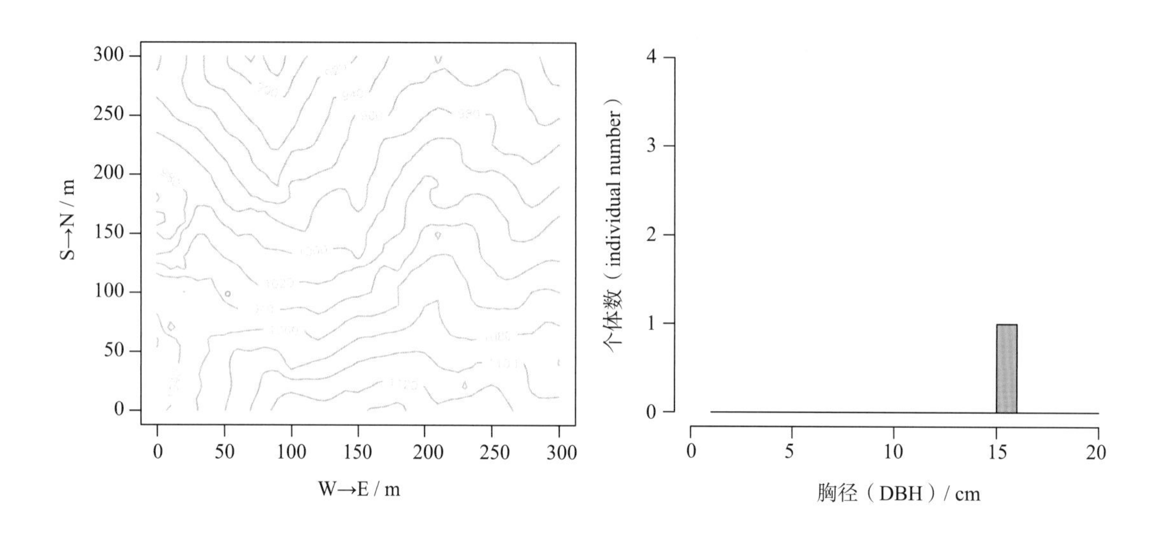

落叶乔木，高可达 30 m。小枝呈红褐色，圆柱形，具皮孔。叶片呈宽椭圆形至宽卵形，革质或薄革质，长 10 ~ 20 cm，宽 7 ~ 13 cm，先端急尖或短渐尖，基部呈圆形或楔形，全缘，上面无毛，下面被柔毛或沿脉及脉腋内有淡褐色柔毛，中脉在上面略平或凹陷，在下面突起；叶柄长 2 ~ 5 cm，具柔毛。聚伞花序排成顶生的大型圆锥状；花大，具短梗；花萼筒近陀螺形，长约 5 mm，裂片呈宽卵形，长 2 mm，具缘毛，叶状花萼裂片白色而明显，结实后仍宿存；花冠漏斗状，长 2 ~ 2.5 cm，呈白色，内外两面均被绒毛，裂片长约为花冠的 1/3；雄蕊着生于花冠喉部稍下，花丝纤细，花药背着，内藏。蒴果近纺锤形，长 2.5 ~ 5 cm，直径 1 ~ 1.5 cm，具纵棱，成熟时呈红色。种子多数，小而具阔翅。花期为 8 月，果期为 9—11 月。

186 栀子（山栀子）

***Gardenia jasminoides* J. Ellis**

茜草科 Rubiaceae 栀子属 *Gardenia*

个体数（individual number/9 hm^2）= 63 → 50 ↓

最大胸径（Max DBH）= 8.1 cm

重要值排序（importance value rank）= 84

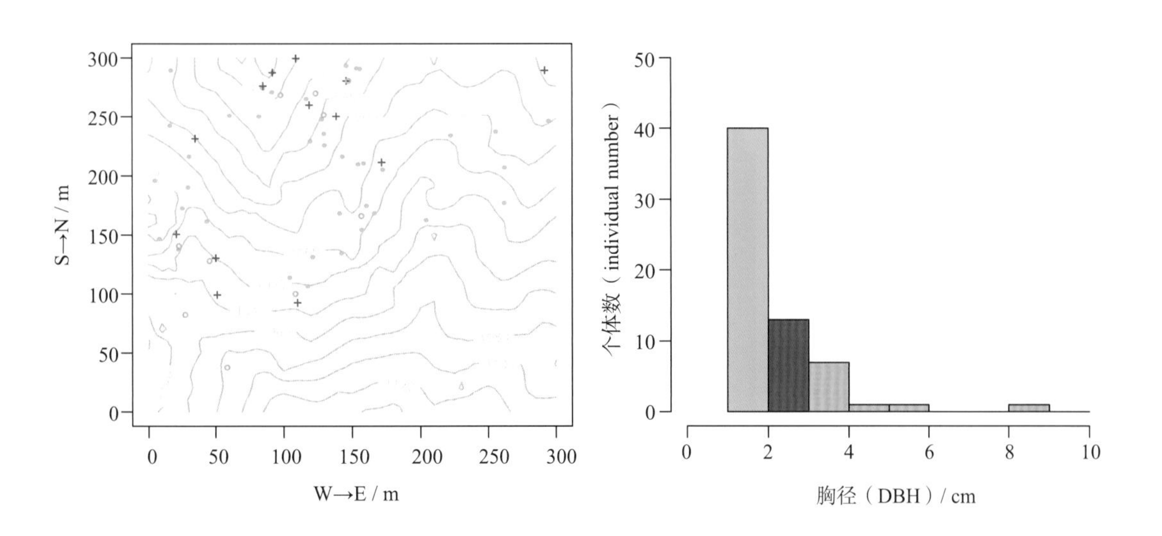

常绿直立灌木，高通常 1 m 以上。小枝呈绿色，密被垢状毛。叶对生或 3 叶轮生；叶片呈倒卵状椭圆形至倒卵状长椭圆形，稀倒卵状披针形或长椭圆形，长 4 ~ 14 cm，宽 1 ~ 4 cm，革质，先端渐尖至急尖，有时略钝，基部呈楔形，全缘，两面无毛，侧脉 7 ~ 12 对；叶柄近无或至长 4 mm；托叶呈鞘状。花单生于小枝顶端，稀生于叶腋，芳香；花萼长 2 ~ 3.5 cm，顶端 5 ~ 7 裂，萼筒呈倒圆锥形，裂片呈条状披针形，长 1.5 ~ 2.5 cm；花冠呈高脚碟状，白色，直径 4 ~ 6 cm，冠筒长 3 ~ 4 cm，顶端 5 至多裂，裂片呈倒卵形或倒卵状椭圆形；花丝短，花药条形；花柱粗厚，柱头扁宽。浆果常卵形，橙黄色至橙红色，长 1.5 ~ 2.5 cm，具 5 ~ 8 条纵棱。花期为 5—7 月，果期为 8—11 月。

187 日本粗叶木

***Lasianthus japonicus* Miq.**

茜草科 Rubiaceae 粗叶木属 *Lasianthus*

个体数（individual number/9 hm^2）= 6 → 4 ↓

最大胸径（Max DBH）= 3.3 cm

重要值排序（importance value rank）= 147

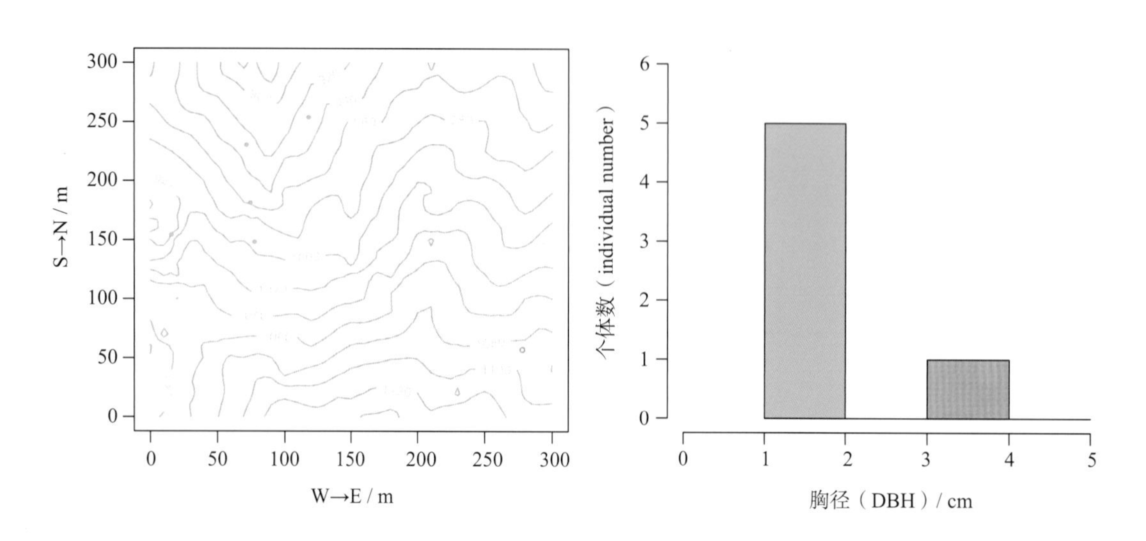

常绿灌木，高 1 ~ 2 m。小枝光滑无毛或多少具伸展柔毛。叶片呈长圆状披针形，稀披针形或宽倒披针形，长 9 ~ 16 cm，宽 2 ~ 4 cm，革质或纸质，先端长尾状渐尖或渐尖，基部呈楔形或略钝，边缘浅波状全缘或呈浅齿状，干后上面变为褐绿色，仅中脉具伏毛，下面中脉连同侧脉、网脉均具伏毛，中脉、侧脉在两面突起；叶柄长0.5 ~ 1 cm，密被淡黄褐色柔毛。花数朵簇生于叶腋；几无花序梗；苞片小，呈三角状卵形，长不达 2 mm；几无花梗；花萼短，外面被柔毛，萼檐 5 裂，裂片齿状，长 0.5 ~ 1 mm；花冠呈漏斗状，白色而常微带红色，内面被绒毛。核果呈球形，蓝色，直径 4 ~ 7 mm，分核 5 枚。花期为 5—6 月，果期为 10—11 月。

188　合轴荚蒾

Viburnum sympodiale **Graebn.**

忍冬科　Caprifoliaceae　荚蒾属　*Viburnum*

个体数（individual number/9 hm^2）= 20 → 15 ↓

最大胸径（Max DBH）= 8.9 cm

重要值排序（importance value rank）= 122

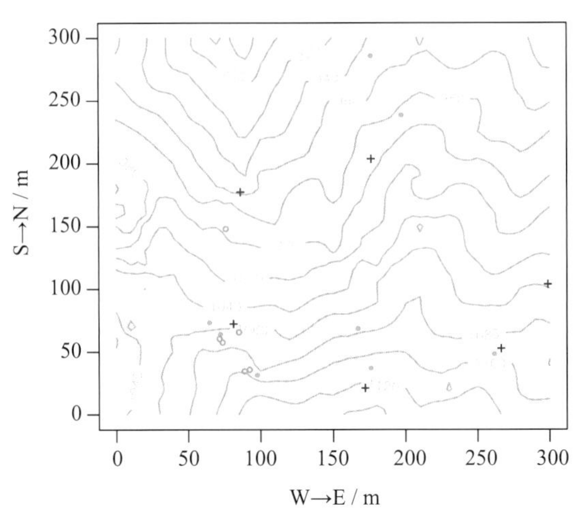

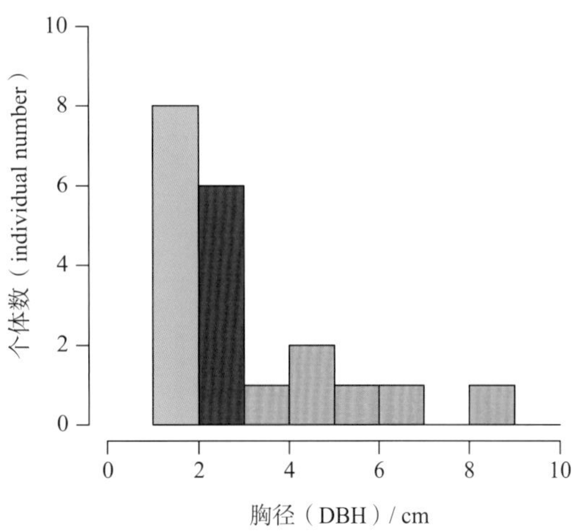

落叶灌木或小乔木。枝有长枝和短枝之分；一年生小枝基部无芽鳞痕。冬芽裸露，初时连同小枝、叶片下面的脉上、叶柄、花序及萼齿均被灰黄褐色的糠秕状星状毛。叶片厚纸质，呈卵形、椭圆状卵形、卵圆形至近圆形，长 6 ~ 13（11）cm，宽 3 ~ 9（11）cm，先端渐尖或急尖，基部呈圆形或微心形，边缘具不规则牙齿状小锯齿，侧脉 6 ~ 8 对，直达齿端；叶柄长 1.5 ~ 3（4.3）cm；通常具托叶，有时不明显或无。聚伞花序着生于短枝上，直径 5 ~ 9 cm，第一级辐射枝常 5 条；无花序梗；花芳香；不孕花位于周边，大型，花冠呈白色或微带红色，直径 2.5 ~ 3 cm；孕性花小，花冠呈白色或微带红色。果实呈卵球形，长 8 ~ 9 mm，成熟时由红色转为紫黑色；核稍扁，有 1 条浅背沟和 1 条深腹沟。花期为 4—5 月，果期为 8—9 月。

189 具毛常绿荚蒾（毛枝常绿荚蒾）

Viburnum sempervirens **K.Koch var.** ***trichophorum*** **Hand.-Mazz.**

忍冬科 Caprifoliaceae 荚蒾属 *Viburnum*

个体数（individual number/9 hm^2）= 47 → 30 ↓

最大胸径（Max DBH）= 1.8 cm

重要值排序（importance value rank）= 109

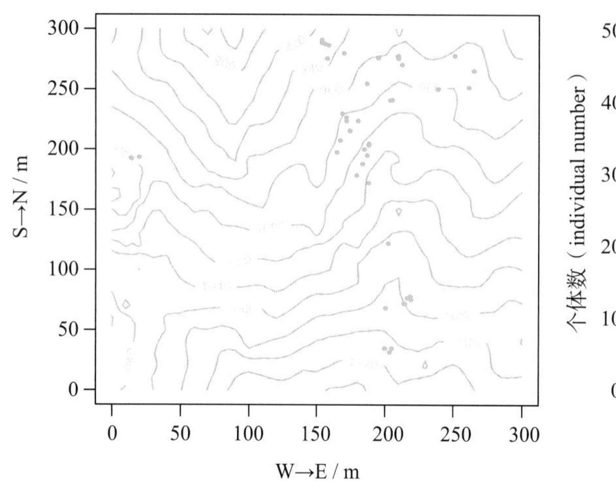

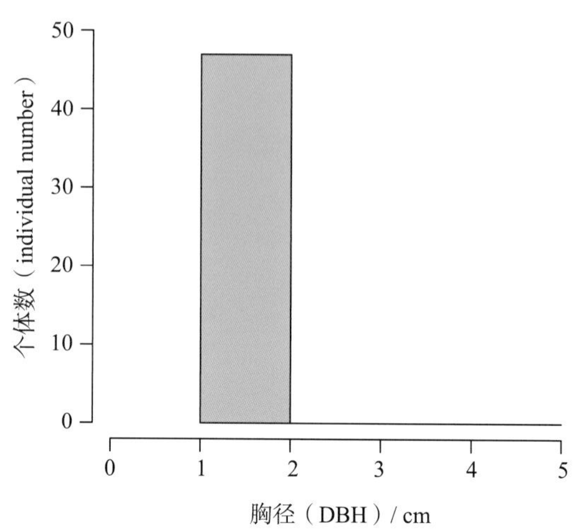

常绿灌木。一年生小枝具 4 条棱，连同叶柄、花序均密被短星状毛，基部具环状芽鳞痕。叶片革质或厚革质，干后变为黑色，呈椭圆形至椭圆状卵形，长 4 ~ 12 cm，宽 3 ~ 5 cm，先端钝尖或短渐尖，基部渐狭至钝形，近先端常具少数浅齿，或全缘，两面无毛，下面全面被细小褐色腺点，侧脉 4 或 5 对，直达齿端或在叶全缘时网结，最下方 1 对常呈离基三出脉状，且其以下区域内具腺体，中脉、侧脉在上面深凹陷；叶柄长 5 ~ 15 mm。复伞形状花序直径 3 ~ 5 cm，第一级辐射枝 4（5）条；花序梗长不及 4.5 cm；花冠呈辐状，白色。果实近球形或卵球形，长约 8 mm，红色，稀黄色；核直径约 6 mm，背面略突起，腹面近扁平，两端略弯拱。花期为 5 ~ 6 月，果熟期为 10—12 月。

190　宜昌荚蒾（蚀齿荚蒾）

***Viburnum erosum* Thunb.**

忍冬科　Caprifoliaceae　荚蒾属　*Viburnum*

个体数（individual number/9 hm^2）= 145 → 75 ↓

最大胸径（Max DBH）= 3.9 cm

重要值排序（importance value rank）= 63

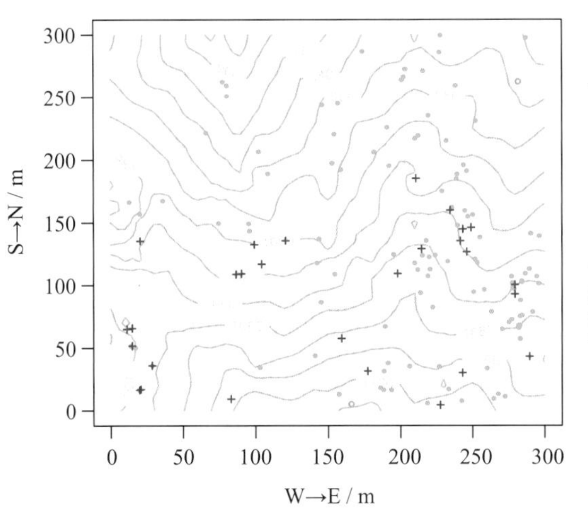

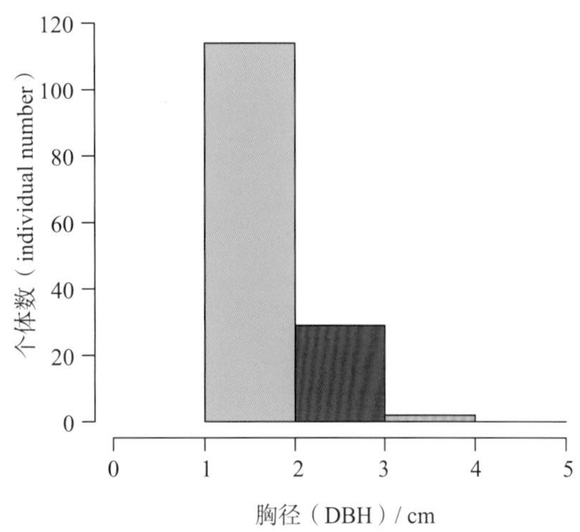

落叶灌木。一年生小枝基部具环状芽鳞痕，连同芽、叶柄、花序和花萼均密被星状毛和长柔毛。叶片纸质，干后不变为黑色，形状变化大，呈卵形、卵状椭圆形或倒卵形，长 3 ～ 7（10）cm，宽 1.5 ～ 4（5）cm，先端急尖或渐尖，基部呈微心形至宽楔形，边缘具尖齿，上面多少被叉状或星状毛，下面密被星状绒毛，无腺点，最下方 1 对侧脉以下区域内有腺体，侧脉 7 ～ 12 对，直达齿端；叶柄长 3 ～ 5 mm；托叶 2 片，呈条状钻形，宿存。复伞形状花序直径 2 ～ 4 cm，第一级辐射枝 5 条；花序梗长不及 2.5 cm；花冠呈辐状，白色；雄蕊长不及花冠的 2 倍。果实呈卵球形至球形，长 6 ～ 7（9）mm，红色；果序梗不下弯；核扁，具 2 条浅背沟和 3 条浅腹沟。花期为 4—5 月，果熟期为 8—11 月。

191 棕榈

***Trachycarpus fortunei*（Hook.）H. Wendl.**

棕榈科 Trachycarpus 棕榈属 *Trachycarpus*

个体数（individual number/9 hm²）= 1 → 0 ↓

最大胸径（Max DBH）= 9.8 cm

重要值排序（importance value rank）= 185

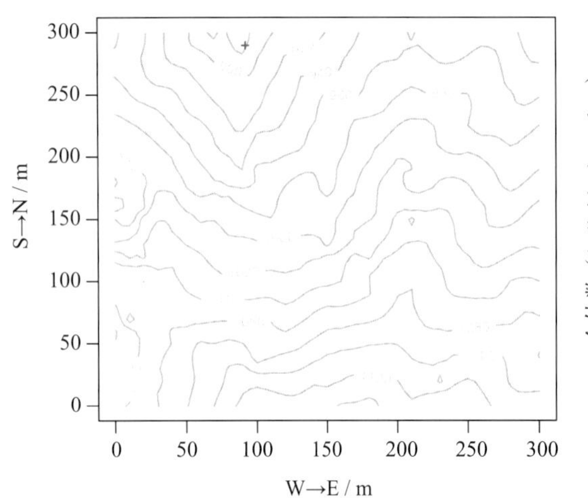

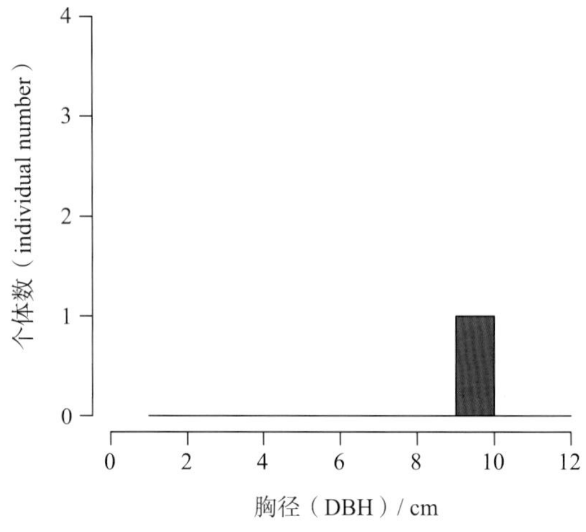

常绿乔木，高达 10 m。树干圆柱形，直径 10 ~ 15 cm，常被残存的纤维状老叶鞘所包围。叶片呈圆扇形，掌状深裂成 30 ~ 50 片，裂片长 60 ~ 70 cm，宽 2.5 ~ 4 cm，先端 2 浅裂，硬挺或顶端下垂；叶柄长 50 ~ 100 cm，两侧具细圆齿，顶端有明显的戟突。肉穗花序圆锥状；佛焰苞革质，多数，锈色绒毛；花小，呈淡黄色，单性，雌雄异株；萼片和花瓣均呈宽卵形；雄蕊花丝分离；子房3室，密被白色柔毛，柱头3裂。核果呈肾状球形，直径约 1 cm，成熟时呈黑色。花期为 5—6 月，果期为 8—10 月。

参考文献

［1］CONDIT R. Research in large, long–term tropical forest plots [J]. Trends in Ecology & Evolution, 1995, 10（1）: 18–22.

［2］CONDIT R. Tropical forest census plots: methods and results from Barro Colorado Island, Panama and a comparison with other plots [M]. Berlin: Springer, 1998.

［3］KIRBY K J, THOMAS R C, DAWKINS H C. Monitoring of changes in tree and shrub layers in Wytham Woods（Oxfordshire）, 1974 - 1991 [J]. Forestry, 1996, 69, 319–334.

［4］RICKLEFS R E. A comprehensive framework for global patterns in biodiversity [J]. Ecology Letters, 2004, 7, 1–15.

［5］WEI B, ZHONG L, LIU J, et al. Differences in density dependence among tree mycorrhizal types affect tree species diversity and relative growth rates [J]. Plants（Basel）, 2022, 11（18）: 2340.

［6］卢品，金毅，陈建华，等．地理距离和地形差异对两个大型森林动态样地 β 多样性的影响 [J]. 生物多样性，2013, 21（5）: 554–563.

［7］宋永昌．植被生态学 [M]. 2 版．北京：高等教育出版社，2016.

［8］杨庆松，刘何铭，杨海波，等．天童亚热带森林动态样地——树种及其分布格局 [M]. 北京：中国林业出版社，2019.

［9］吴征镒．中国植被 [M]. 北京：科学出版社，1980.

［10］丁炳杨，陈德良，骆争荣，等．浙江百山祖森林动态样地——树种及其分布格局 [M]. 北京：中国林业出版社，2013.

［11］《浙江植物志（新编）》编辑委员会．浙江植物志（新编）[M]. 杭州：浙江科学技术出版社，2021.

［12］仲磊，张杨家豪，卢品，等．次生常绿阔叶林的群落结构与物种组成——基于浙江乌岩岭自然保护区 9 公顷森林动态样地的分析［J］. 生物多样性，2015, 23: 619–629.

附录 I　植物中文名索引
Appendix I　Chinese Species Name Index

A

B

C

D

E

F

G

H

J

K

L

M

N

P

Q

R

S

T

W

X

Y

Z

附录Ⅱ　植物学名索引
Appendix II　Scientific Species Name Index

A

B

C

D

E

F

G

H

I

L

M

N

O

P

Q

R

S

T

V

Y